"四川省哲学社会科学高水平研究团队：
四川大中小学思政教育一体化建设研究团队"
资助项目

领悟人生

阎钢 著

四川大学出版社

图书在版编目（CIP）数据

领悟人生 / 阎钢著． — 成都：四川大学出版社，2024.5
ISBN 978-7-5690-6710-1

Ⅰ．①领… Ⅱ．①阎… Ⅲ．①人生哲学 Ⅳ．① B821.2

中国国家版本馆CIP 数据核字（2024）第 047491 号

书　　名：	领悟人生
	Lingwu Rensheng
著　　者：	阎　钢

选题策划：	张宇琛
责任编辑：	张宇琛
责任校对：	于　俊
装帧设计：	张丽斌
责任印制：	王　炜

出版发行：	四川大学出版社有限责任公司
	地址：成都市一环路南一段 24 号（610065）
	电话：（028）85408311（发行部）、85400276（总编室）
	电子邮箱：scupress@vip.163.com
	网址：https://press.scu.edu.cn
印前制作：	四川胜翔数码印务设计有限公司
印刷装订：	四川华龙印务有限公司

成品尺寸：	155mm×230mm
印　　张：	18
插　　页：	2
字　　数：	273 千字

版　　次：	2024 年 5 月 第 1 版
印　　次：	2024 年 5 月 第 1 次印刷
定　　价：	86.00 元

本社图书如有印装质量问题，请联系发行部调换

扫码获取数字资源

四川大学出版社
微信公众号

■ 版权所有 ◆ 侵权必究 ■

引言 FOREWORD

人啊，认识你自己

莎士比亚曾借哈姆雷特之口说："人是一件多么了不起的杰作！多么高贵的理性！多么伟大的力量！多么优美的仪表！多么优雅的举动！在行为上多么像一个天使！在智慧上多么像一个天神！宇宙的精华！万物的灵长！"[1] 然而，面对人的世界，面对芸芸众生，面对个体生命状态时，莎士比亚又借此感叹道："生存还是毁灭，这是一个值得考虑的问题。"[2]

人作为"一件多么了不起的杰作"，为什么还要面对"生存还是毁灭"的问题。这个世界怎么了？人怎么了？其构成"宇宙的精华！万物的灵长"的人类个体生命的精华在哪里？这是一个很深重而又沉闷的问题。

人，本来就活得很累、很累了，再分心去思考这一永无止境却又悬而未决的难解之谜，未免平添烦恼，自讨苦吃。然而，人的古怪就

---

[1] 《莎士比亚悲剧五种》，朱生豪译，人民文学出版社 2016 年版，第 213 页。
[2] 《莎士比亚悲剧五种》，朱生豪译，人民文学出版社 2016 年版，第 225 页。

在于，他总是需要去探寻那些无法考究明白的事情，是否越是这样，也就越是显示人的高贵性和人的自主性。

人是需要研究自己的。大凡是人，总是希望思考着自己的问题，但是，究竟有多少人在真正地探寻着自己，在真正地认识自己呢？或许对于许多人来说，人是一个明白得不能再明白，简单得不能再简单的问题，哪还需要去思考，去认识？其实不然，在今天这个世界上，又有多少人真正地认识了自己，掌握了自己，同时，又认识了他人、懂得了他人？

人啊，认识你自己吧！这并不是 21 世纪的箴言，尽管已经有了几千年的呐喊，到今天，人们又清醒了多少呢？事实上，人类文明史再清楚不过地表明，人的每一次进步，都伴随着人对自身问题研究的日渐深入。只有当人越来越清醒地认识和把握自身，并把自己从自我意识领域中与自然界完全明白地划分开来时，人才能全面地掌握自己的命运，使自己的生命进程在最终极意义上得到完善。

人是多么地需要完善，尤其是个体生命，即个人。追求完善是人的一种期盼、愿望和理想，实现完善却不是每一个人都能完成的业绩。这其中的奥妙，就在于一个人在多大的程度上研究了自己、认识了自己。人的高贵性就在于他非常自觉地、有意识地对自己的生命，及生命的过程进行哲学的思考。

我们不能回避，人确实是一个多灾多难的生命体，人生的命运有时不得不屈从于自然和社会的压力，受到自然力和社会力的制约。但是，人的本能又表现为他又是一个具有强大反抗力的生命体，他总是在不停地抗争：与自然抗争、与灾难抗争、与病毒抗争；与战争抗争、与邪恶抗争、与一切企图阻碍完善人生的事物和势力抗争。这里的问题在于，人们是任凭本能的发展而自在地完善，或者叫终结人生呢？还是有意识地认识和把握自我生命的规律，从而自为地完善自己和生命？这种"自在"和"自为"的差异，必然导致生命质量的优劣，生命价值的高低，和生命的完善或不完善。当我们每一个人都力求将自己的生命转化为"自为"的生命存在和完善时，他就必须认认真真地去认识自己。

人类的生命实践通过千百年的发展证明，人就是力求在同不可预料的命运灾变和斗争中，同看来似乎是不可变更的自然界的斗争中，感觉和认识自己的生存意义和生命价值的，以及最终体现人生的完善的。

人是由无数个体集合而成的，人是扩大化的自我，是一种由许多个体生命所凝聚起来的社会性群体。今天，当我们努力地探寻和完善人的自身时，最终落脚点必然在于每一个具体生命的完善，即每一个人的自我造就和完善。因此，我们希望每一个人对自身感兴趣，对自我的生命历程感兴趣。

人与人生的问题是广大而深邃的问题，企求于大而全是很难做到的。只要我们真正地立足于生命本身，在清楚明了地认识人与人生的基础上，领悟人生的意蕴，切实地思考着人生的价值、症结、课题、迷离、疑难和追求，是能创造好人生的。人的自然生命是有限的，但只要敢于认识自己，就能善待和完美生命！

目录 CONTENTS

第一章 人与人生　　001

一、人　　003
1. 动物的人　　005
2. 人的界定　　009
3. 人的哲学思考　　012

二、人性　　017
1. 善性恶性之争　　018
2. 人性神性之辩　　025
3. 人性的理解　　030

三、人的本质　　032
1. 人的本质规定　　033
2. 人的本质形式　　037
3. 人的本质内涵　　040

第二章 人生的意蕴　　043

一、人生　　045
1. 生命的历程　　046
2. 人生的自然意义　　049
3. 人生观　　053

二、人生的反思	056
1. 禁欲主义	056
2. 享乐主义	059
3. 悲观厌世主义	062
4. 实用主义	065
5. 存在主义	068
6. 非理性主义	071
7. 乐观主义	075
三、生命的体验	077
1. 生命存在的偶然	078
2. 生命形式的苦涩	081
3. 生命永恒的亢奋	083

第三章　人生的价值　　▼　087

一、人生价值内涵	090
1. 人的价值确立	090
2. 自我价值	095
3. 社会价值	098
二、人生价值的实现	103
1. 为天地立志	103
2. 时当勉励	106
3. 成身于学	109
4. 超越自我	113

第四章　人生的症结　　▼　115

一、孤独	118
1. 孤独症	118
2. 孤独的质	121
3. 孤独解除	124

二、自卑	**126**
1. 自卑情结	126
2. 自卑的质	128
3. 自信人生	130
三、恐惧	**133**
1. 恐惧感	133
2. 恐惧的质	135
3. 恐惧释然	137
四、怨恨	**138**
1. 怨恨心	139
2. 怨恨的质	140
3. 憎人不独害	142
五、嫉妒	**145**
1. 嫉妒情感	145
2. 嫉妒的质	147
3. 嫉妒化解	150

第五章　人生的课题　　▼　153

一、生与死	155
1. 有限的生与无限的死	156
2. 生死体验	158
3. 向死而生	161
二、苦与乐	164
1. 绝对的苦与相对的乐	165
2. 苦乐体验	167
3. 乐在苦中	170
三、义与利	173
1. 为他的义与为己的利	173
2. 非义不居	176

3. 见得思义	178
四、荣与辱	180
1. 自尊的荣与不安的辱	180
2. 荣辱体验	182
3. 追求尊严	185
五、顺与逆	188
1. 幸运的顺与厄运的逆	188
2. 顺逆寻思	190
3. 逆水行舟	193

第六章　人生的迷离　▼　197

一、性与爱	199
1. 生命的两极	200
2. 爱之升华	204
二、两性世界	206
1. 男性之美	207
2. 女性之美	208

第七章　人生的疑难　▼　211

一、人生与自由	213
1. 生命的本能	213
2. 相对的自由	217
3. 自由之路	221
二、人生与规范	225
1. 受制约的人生	225
2. 法律的规范	228
3. 道德的规范	231
三、人生与审美	235
1. 生命的张力	236

2. 美的认识	238
3. 生命的美	242

第八章　人生的追求　　▼　245

一、完善人格	**247**
1. 人体与心灵	248
2. 生命的和谐	250
3. 个性·气质·风度	255
二、创造人生	**263**
1. 学不可以已	264
2. 笃志而体	267
3. 立德·立功·立言	270

后　记　　▼　274

第一章

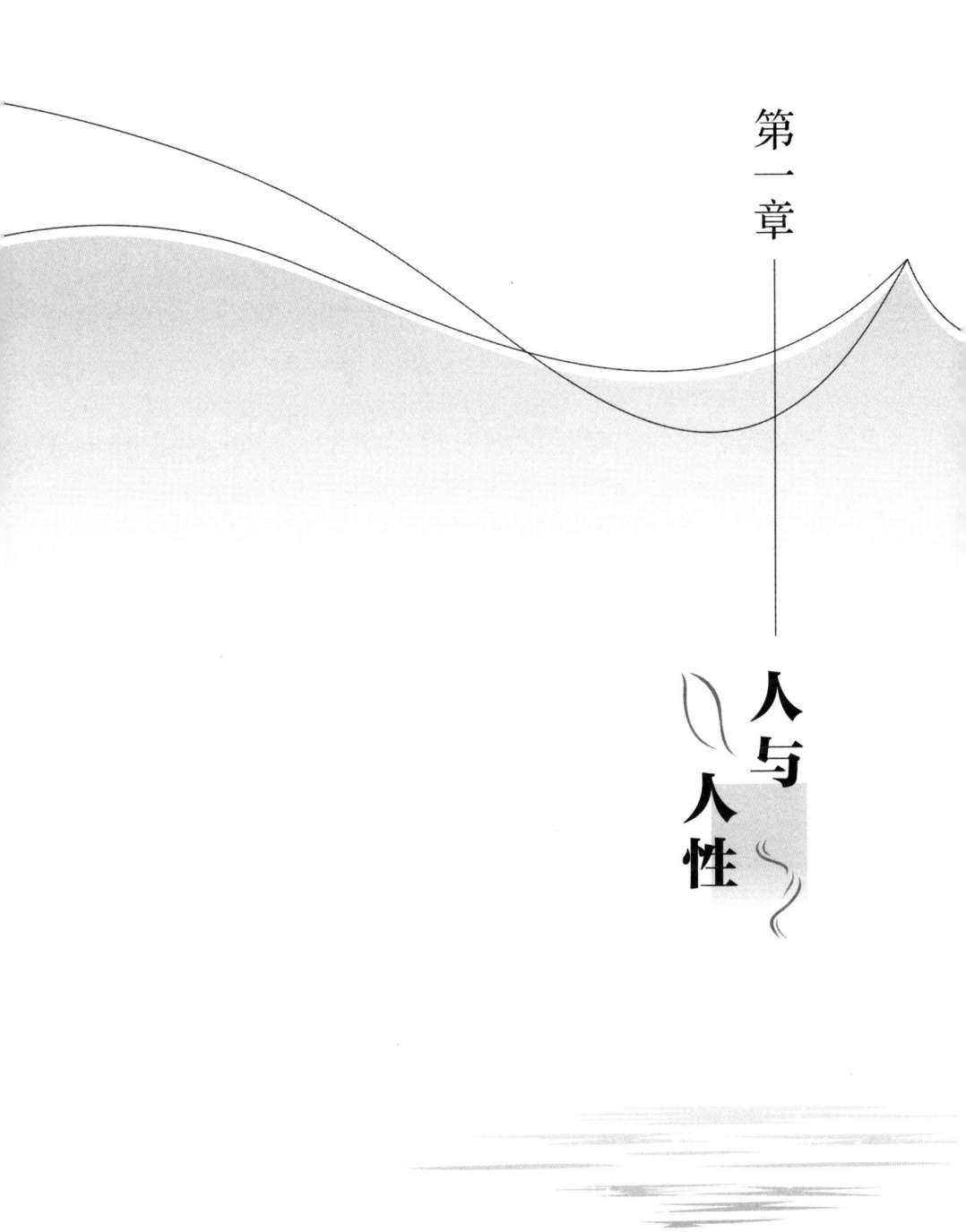

人与人性

人，无论在实践上还是思想上，首先关怀他自己。人类无论以什么样的方式、方法对待和处理他周围的自然界，都是为了他们自己。但是，作为个体的人要认识自己却是一件难事，在现实的人类生活中，并不是每个人都能有意识地来认识自己的。尽管，他也许非常关怀他的生命，看重他的生活。

现实的人太常见了，普通得好像不需要去认识。人、人性，看来更是无需回答的问题。作为人而言，面向自己提问，未免显得有些荒唐可笑。然而、这确实是一个最现实、最需要明确解答的问题。

古人曾说："天地之性，人为贵。"[1]

中国西汉哲学家董仲舒（公元前197—前104）说："人受命于天，固超然异于群生。"[2]

西方古希腊哲学家普罗泰戈拉（公元前481—前411）认为："人是万物的尺度，是存在的事物存在的尺度，也是不存在的事物不存在

---

[1] 〔东汉〕班固：《汉书·董仲舒传》，中华书局2010年版，第2515页。
[2] 〔东汉〕班固：《汉书·董仲舒传》，中华书局2010年版，第2515页。

的尺度。"①

较之于天地间的万事万物，人有着质的差异性，是不同的。但是，人贵于何处？怎样超然异于群生？他作为万物尺度的标志在哪里？千百年来，尽管无数哲人智者反省自身，苦苦求索，人类认识自我的历程看来仍然刚刚开始，人同人类生命一道仍然是一个古老而又常新的谜。

人是什么？古希腊哲学家柏拉图（公元前427—前347）曾把人定义为"双足的无毛动物"，得到了普遍的称赞。于是，同时代著名的犬儒学派主要代表人物第欧根尼（约公元前412—前324）便扒光了一只公鸡的羽毛，带着它来到学校。说："这就是柏拉图所说的人。"②后来，柏拉图的学生，古希腊著名哲学家亚里士多德（公元前384—前322）强调："人类在其本性上，也正是一个政治动物。"③

人是动物吗？人仅仅是有着两条腿的无毛动物吗？中国先秦哲学家荀况（公元前313—前238）认为："人之所以为人者，何已也？曰：以其有辨也。"④这就是说，较之于动物，人作为人，其实质在于有一种特殊的思维辨别能力，即理性。

在荀况看来，人在许多方面与动物没什么差别，比如：饿了会产生求食的欲望，冷了要取暖，累了要休息。但是，人之所以是人，其关键在于有自己的思辨能力。

荀况说，猩猩形体、笑容与人无异，且有两条腿，也无甚多毛，然而人能吃其肉、喝其羹，其差异，就在于人有思辨能力，而猩猩没有。因此："夫禽兽有父子而无父子之亲，有牝牡而无男女之别，故人道莫不有辨。""故人之所以为人者，非特以其二足而无毛也以其有

---

① 北京大学哲学系外国哲学教研室：《古希腊罗马哲学》，生活·读书·新知三联书店1957年版，第138页。
② 〔古希腊〕第欧根尼·拉尔修：《名哲言行录》上卷，马永祥等译，吉林人民出版社2011年版，第354页。
③ 〔古希腊〕亚里士多德：《政治学》，吴寿彭译，商务印书馆1997年版，第7页。
④ 《荀子·非相》。

辨也。"① 荀况远在两千多年前的见解不可不谓真知灼见。

然而，近代法国哲学家拉美特利（1709—1751）却说："人归根结蒂却是一些动物和一些在地面上直立着爬行的机器而已。"② 他宣称：人是机器。人与动物相比不过是一架更加精致、更加复杂的机器。他阐明："人的身体是一架钟表，不过这是一架巨大的、极其精细、极其巧妙的钟表。"③ 相反，德国哲学家费尔巴哈（1804—1872）认为："直接从自然界产生的人，只是纯粹自然的本质，而不是人。人是人的作品，是文化、历史的产物。"④

看来要给"人是什么"做出简明而又准确的概括，不仅在过去千百年间，在今天乃至今后仍然是一种理论挑战，但这又是我们必须回答的问题，这是因为：人是自己历史发展的参与者；人是自身社会实践的执行者；人是自我认识的主要角色。因此，要正确认识人的这一切历史的、现实的、未来的意义，真正把握自身的命运，我们就不能、也无法回避"人是什么"这一棘手的问题。

仔细品味关于"人是什么"的历史性争议，便不难发现，对于"人是什么"，有两种不同的思考角度：一是生物学或生理学的角度；一是社会的或哲学的角度。

由此，便形成"生物的"和"社会的"人之争。实际上，人应该是生物的人和社会的人的统一体。因此，对人的思考，应该从生物学的和哲学的两种不同角度的统一中进行。

1. 动物的人

人的生物学生命或生物的人，是指属于生物分类中脊椎动物门、

---

① 《荀子·非相》。
② 〔法〕拉·梅特里：《人是机器》，顾寿观等译，生活·读书·新知三联书店1956年版，第67页。
③ 〔法〕拉·梅特里：《人是机器》，顾寿观等译，生活·读书·新知三联书店1956年版，第65页。
④ 《费尔巴哈哲学著作选集》上卷，荣震华等译，生活·读书·新知三联书店1959年版，第247页。

哺乳类、灵长目、人科、人属的有机体。这个有机体是迄今生物进化的顶峰，具有一系列不同于其他物种的形态、生理和心理方面的特点，拥有一套独特的基因结构遗传物质，这是人之为人的最基本的物质存在形式。

人不可否认地是地球上生命进化的产物，它具有自动调节、意识、代谢、变异和遗传等一切高级生命的全部属性。人的发展总是以个体发育为中心的，而人的个体发育又总是在特定的46条染色体编码的遗传程序的控制下，在不同的个别有机体中实现的。从这个意义上讲，人与其他动物无异，人首先是动物。

这就是说，今天我们称之为人的人类，并不是以社会化了的人，或文化人为开端的，甚至，他们并非一开始就是人。他们的祖先与其他现代仍还生存着的灵长目动物一样，延伸于邈古之初那些极其有限的生命创造物的土壤之中。正如美国佛蒙特大学威廉·哈维兰教授（1934—）所说："说到底，人类与其他灵长目动物有共同的祖先。今天所见的灵长目动物之间的差异乃是那些使人类以不同方式适应不同环境的进化动力的作用的成果。"[①]

当然，今天的人们，即现代人是极其不乐意把自己看成是动物的，总是想通过不同的外在形式，通过各种不同的文化包装，掩盖自身原本的动物形态。然而，这是人类永远也逃脱不了的事实。也只有承认这一事实，将人放在动物的基点上来认识，才可能分辨出哪些是动物本能的无意识行为，哪些又是人超越动物本能的自觉意识行为。

作为动物的人所属的灵长目物种，最初起源于原始食虫动物。英国著名动物、人类学家德斯蒙德·莫里斯（1928—）在其所著《裸猿》一书中形象地描绘道：

> 当爬行动物主宰着动物世界时，这些早期的哺乳动物个体小，无足轻重，在森林的庇护下紧张地跳来蹦去。在8000万～5000万年以前，随着爬行动物时代的衰落，这些小食虫动物开始

---

① 〔美〕哈维兰：《当代人类学》，王铭铭译，上海人民出版社1987年版，第53页。

进入新的区域。它们在那里繁衍、进化成许多种奇怪的外形。有的靠食植物为生，并在地下挖穴以求平安，或者长出高跷般的腿以便逃避强敌。另外一些则进化成坚牙利爪的猛兽。虽然恐龙类的动物已经消失，但是，广袤的原野又一次成为生死搏斗的战场。

与此同时，在矮小的灌木丛中，小动物仍紧紧依附着森林这层天然屏障。在那里，进化也在进行。早期的食虫动物开始扩大食物范围，并克服消化水果、坚果、浆果、嫩芽和树叶等食物的困难。当它们进化为最低级的灵长目动物时，它们的视野开阔了，眼睛移到了脸的前部，前肢能够用于采果。有了三维的视觉、灵巧的四肢和渐增的大脑，它们越来越成为树枝上的统治者。

在大约3500万到2500万年前的某个时期，这些先辈们已开始进化成猴的身形。它们开始长出长长的、起平衡作用的尾巴，身材也有大幅度的增长。有的朝着食叶能手的方向转化，但大多数仍保持宽而杂的食物范围。日进月增，这些类似猴的动物变重、变大。它们不再跳来蹦去，而是以双臂交替前进吊着树枝往前荡。它们的尾巴已失去了功能。它们的身体，虽然在树林里比较笨重，却可以使它们解除地面攻击的忧患。

……

早期的猿情形如何呢？我们知道，在大约1500万年前的某个时期，气候开始与它们作对，它们赖以生存的森林屏障大幅度地减少。这些祖先在两条道路上必择其一：要么坚守残存的森林；要么，用《圣经》中的话来说，被逐出伊甸园。黑猩猩、大猩猩以及长臂猿的祖先原地未动，不过，它们的数目从那以后却逐渐变少。另一种以最好的方式生存下来的猿——人类的祖先——却独树一帜，走出密林，投入了与早已适应环境的地面动物的竞争。这是一次冒险的抉择，但就其进化功绩来说，是有百利而无一弊的。①

人从低等的动物发展、进化而来，这是毋庸置疑的。虽然，在人的进化过程中，生存的本能必然迫使他们为获取食物而向大自然夺取。劳动，以及劳动带来的社会化在使人摆脱动物性方面起着决定性的作用。

正如恩格斯（1820—1895）所说："劳动创造了人本身。"② "我们的猿类祖先是一种社会化的动物，人，一切动物中最社会化的动物，显然不可能从一种非社会化的最近的祖先发展而来。"③

但是，基于人类起源于动物这一自然基础，人无论表现得多么时髦而高级，也永远只是显示为离动物性远些还是近些。今天的人们总是想把自己从动物状态中更彻底、更完美地剥离出来，可是，这一过程从来没有真正达到彻底和完美的程度。人们今天的一切行为很清楚地表明：这种趋势只得到了部分实现，早期的动物欲念仍在人的身上忽隐忽现。对此，莫里斯通过分析指出：

> 你只要对我们今天的行为稍加留心就会注意到这一点。文化发展已为我们带来越来越多的技术进步，但只要它们与我们的基本生物素质相悖，就会遭到强烈的抵制。无论我们今天的一切多么崇高，早在狩猎猿时代就形成的行为方式可谓古风犹存。如果我们现实生活中的成分——进食、恐惧、性和父母照料——的发展都归结于文化因素的话，那么，我们今天就一定能更好地对之加以控制，并不断修正，使之适应科学发展的急剧需要。但我们并未如此，而是一味屈从自己的动物本性，默认在心中作怪的复杂的兽性。

我们如果坦率些，就会承认，要改变这一点仍需经过几百万

---

① 〔英〕莫里斯：《裸猿》，周兴亚等译，光明日报出版社1988年版，第4～6页。
② 《马克思恩格斯选集》第四卷，中共中央马克思恩格斯列宁斯大林著作编译局编译，人民出版社，1972年版，第508页。
③ 《马克思恩格斯选集》第四卷，中共中央马克思恩格斯列宁斯大林著作编译局编译，人民出版社，1972年版，第510页。

年的时间以及同样的自然选择的遗传程序。同时，只有我们的高度文明不冲撞、压制我们的基本需求时，这种文明才能得以繁荣。只可惜，我们的理智与情感并不十分默契。[1]

把人作为动物来认识，只是对人的认识的开端，在此，绝不能把人等同于动物。

人是动物旨在于从原始的意义揭示出人的面貌，以利于更深入、更清晰明了地认识人。因此，我们必须指出，人作为生物学生命，作为一种高级动物存在至今，在自然的和历史的进化中已经获得了无限发展的能力，已经具有最大容量的遗传多样性和社会可塑性。

所以，人作为人而存在的时候，便已经不再是纯生物生命本身或动物本身了。换句话说，人作为敢于主宰自己并有意识地改造自然的社会化群体，已不再是纯粹的生物个体。这样，就必须从超越动物的人的高度去认识人，才可能对人有本质的认识和完整的了解。

2. 人的界定

中国当代学人陈立夫先生（1900—2001）在其所著《人理学》一书中说道："人与禽兽都赋有生存的本能的天性，所以兽性与人性，初时相差的程度，原本不多。人所以战胜禽兽，不但知道用力，而且知道用工具，能合群与爱群，有理性，能创造。"又说："人类的进化，就是减少兽性，增多人性，由凭力进而凭智，由爱小我的自私，进而为爱大我的为公，由享用及夺取已成之物，进而创造更多之物，供人享用，由现实的世界，进而至理想的世界。"[2]

人基于动物，但又远远超越动物。因此，对人的理论界定，就不能仅困绕于人的生物形态，而应该在人作为人所存在的实质状态中去探寻，由此而比较出人与动物的根本差异性。

---

[1] 〔英〕莫里斯：《裸猿》，周兴亚等译，光明日报出版社1988年版，第20~21页。
[2] 引自《人生哲学宝库》，中国广播电视出版社1992年版，第147页。

中国著名社会学家费孝通先生（1910—2005）说得好："事实上人这个东西既是禽兽又不是禽兽，既创造了神仙又做不到神仙。所谓'人兽之间'就是这么一种辩证关系。既是禽兽又不是禽兽，那是说人的生物基础是和禽兽相同的，他无论如何跳不出生物规律的控制。历代多少帝皇苦于人生朝露，妄想长生不老，到头来还是落得个贻笑千古。但是人究竟创造出了个超越出人寿的'社会'。靠了它，可以在墓碑刻上'永垂不朽'。"[1]

正是如此，人高明于动物的地方，就在于人一开始成为人的时候就具有鲜明的社会化性质，这一性质产生的根源正在于作为人的那种动物求生存的本能。

作为个体的生命，人是最脆弱的，尤其是在人类的猿祖先向人的进化过程中。起初，它的感觉器官并不适应地面生活，它的嗅觉太弱，听觉不够灵敏，它的体质也不适应长途奔波和闪电般的短跑。它们之所以能生存且不断进化的根本，不在于它们的体力和简单适应能力，而在于它们自发联系起的集群性，以及在这种集群性中通过劳动不断产生和丰富着的智慧。因此，我们的猿类祖先是一种社会化的动物，人是一切动物中最社会化的动物。也正如马克思（1818—1883）所说："只有在社会中，自然界才对人说来是人与人之间联系的纽带，才对别人说来是他的存在和对他说来是别人的存在，才是属人的现实的生命要素；只有在社会中，自然界才表现为他自己的属人的存在的基础。只有在社会中，人的自然的存在才成为人的属人的存在，而自然界对人说来才成为人。因此，社会是人同自然界的完成了的、本质的统一，是自然界的真正复活，是人的实现了的自然主义和自然界的实现了的人本主义。"[2]

人在超越其动物状态的进程中所显示出的社会化性质，必然导致没有人会选择孤立状况的自然生存世界，人的本性自然趋向于要求与

---

[1] 引自《人生哲学宝库》，中国广播电视出版社1992年版，第147页。
[2] 〔德〕马克思：《1844年经济学哲学手稿》，中共中央马克思恩格斯列宁斯大林著作编译局编译，人民出版社1979年版，第75页。

他人一起生活，与他人构成整个的、活生生的世界。所以，对人的界定，不能离开人的社会化性质。即使在感觉上好像完全是个人的或个体的存在，他在生命的本质上也同样是社会的存在物。卡尔·马克思就此说得非常明白："个人是社会的存在物。因此，他的生活表现——即使它不直接采取集体的、同其他人共同完成的生活表现这种形式——是社会生活的表现和确证。"①

以社会的形式和活动内容远远超越动物之上的人，还有一个最显赫的特征：即人的主观能动性。中国哲学家张岱年先生（1909—2004）曾说："人是什么？人在生物界中的地位如何？辩证唯物论对此有极好的说明。恩格斯认为，人是能制造劳动工具的动物，是能动地适应环境的动物。只有人能制造工具，别的动物至多只能利用天然的东西作为工具，惟人能依自己的意思改造天然物以为合用的工具。对于环境，别的动物只能作受动的适应，人则能作主动的积极的适应，能改变自然。"②

人的主观能动性应该得到肯定。人，即能思想者、主动者。人的确不只是一个消极被动的有感觉的生物体，而是一个积极主动的有智慧的生物体。只有在禽兽的动作中，自然才支配一切，而人则以主动者的资格参与其本身的动作。禽兽根据本能决定取舍，而人则通过有意识的主动行为决定取舍。人能彻底超越纯动物的自然形态，他与自然界的动物之间最明显的差别在于：禽兽在很大程度上为感官所驱动，很少考虑过去或未来，任凭自然规律的流动，只为保存现实的生命而活着；人却由于具有思想、拥有理性，凭借理性的思维主动地去认识事物的关系，看到万物的原因，理解原因和结果的相互性质，作出类推，寻找自然、社会形成和发展的规律，为自己生命的存在、发展、延续设定道路，指出方向。"一句话，动物仅仅利用外部自然界，单纯地以自己的存在来使自然界改变；而人则通过他所作出的改变来

---

① 〔德〕马克思：《1844年经济学哲学手稿》，中共中央马克思恩格斯列宁斯大林著作编译局编译，人民出版社1979年版，第76页。
② 引自《人生哲学宝库》，中国广播电视出版社1992年版，第147页。

使自然界为自己的目的服务，来支配自然界。这便是人同其他动物的最后的本质的区别。"①

人只有充分地展示自身的主观能动性，才能从积极的意义上肯定自己。人离开动物越远，他们对自然界的作用就越带有体现自身主动性的、经过思考的、有计划的、向着一定的和事先知道的目标前进的特征。同时，人离开动物越远，就越是有意识地自己创造着自己的历史。一方面，人作为自然的、肉体的、感性的和对象性的存在物，和一切生物一样，是受动的、受制约的和受限制的生命体；另一方面，人又是有生命的自然存在物，具有自然力、生命力，是能动的自然生命体。

人是自然的，但是能动的。正如中国当代思想家梁漱溟先生（1893—1988）所说："一切生物的生命原是生生不息，一个当下接续一个当下的；每一个当下都有主动性在。……人心的主动性，则又是其发展扩大炽然可见的。曰努力，曰争取，曰运用，总都是后力加于前力，新新不已。"②

人的生命是自动的、能动的，是主动的，是更无使之动者。只有承认了主观能动性，才承认了人自己，否认了人的主观能动性，也就否认了人本身。

3. 人的哲学思考

显而易见，对人的界定，我们既不能从纯动物的角度去把握，又不能脱离"人是动物"这一生命的基础来认识。同时，人作为自然生命的存在，总是个体化了的，但是人作为人的生命存在，却是以社会化了的形式表现出来。这样，人的生命存在本身在其现实性上就是一种矛盾统一的存在。当我们试图再解这个谜时，就把"人是什么"引

---

① 《马克思恩格斯选集》第三卷，中共中央马克思恩格斯列宁斯大林著作编译局编译，人民出版社1972年版，第517页。
② 梁漱溟：《人心与人生》，学林出版社1986年版，第20页。

入了哲学的思考。

哲学地思考人，人是什么呢？扼要地说，应把握住两个方面：一是生物学生命意义上的人和社会性意义上的人的辩证统一；一是主体的人和客体的人的辩证统一。

首先，我们必须承认，人的生物学生命是人之作为人的最基本的物质载体，没有人的生物学生命，人不作为一种动物体而存在，一切意义上的人的生命便也不复存在。我们知道，人从受精卵开始到最后死亡，在遗传学上具有连续性，这种连续性是人类的生物学生命，同时也表现为人类的个体生命。这种生物学意义上的个体生命贯穿人类生命的始终。

而我们在社会性意义上理解的人类生命仅在生物学生命的某一阶段才发生，具体说来，只有当个体生命（即一个人）脱离母体，与社会发生一段时间的关系后才会发生，而这种社会性生命一经发生，有时并不与一个人的生物学生命一同消失，而是具有某种独立的永恒的生命意义。

其次，我们必须确定，将人同动物界脱离开来，成为真正意义上的人，正是人本能地从自然生命（生物学生命）升华到社会生命（具有社会性意义的生命）。在此，与人的生物学生命相比较，人的社会性意义上的生命的标志是：人的自我意识。

正是这种自我意识，把人与非人灵长类，与受精卵、合子、胚胎、胎儿以及刚出生的婴儿区别开来。正是这种自我意识，使人体发展的全过程发生了质的变化。当人体发生到产生自我意识时，人的生物学生命便发展成为人类社会性意义上的生命，人的个体生命便发展为具有人类共性的社会人。然而，当一个人不可逆转地丧失自我意识时，便复归为自然状态下的生物学生命，为此，也就丧失了人类社会性意义上的生命权力。

当然，人的自我意识的确需要一定的生物学基质——人脑作为前提。但是，仅有生物学生命，有人脑，有人的遗传物质是不能产生自我意识的，自我意识不可能在封闭的、静止的个体生命的孤立状态中产生。自我意识作为人类社会性意义上的生命的特征，是在人的生物学生命的基础上同他人的交往、联系中产生的，即在社会关系中产生的。所以，当我们说一个人在其生物学生命发展到一定阶段产生自我意识，这就隐含着这样一个前提：

这个人的自然生命能够正常地处于人类社会的关系中，同时，这个人在一定的社会关系中扮演着一定的角色，并通过这个角色，与社会中，即他周围的人发生相互作用，这种社会作用便使他产生一种将其自身与他人明确区别开来，并对自我和他人进行判别、思考的能力——自我意识。

从人的自我意识产生的前提、条件来看，人的生物学生命与社会性意义上的生命通过人类社会的关系这个中介辩证地统一起来了。于是，从这个意义上我们可以对人作出这样的哲学规定：

人是具有自我意识的生命实体。一方面，人是自然生命的产物；一方面，人又是社会生命的实体。

作为具有自我意识的社会生命实体，人的生命是一个动态的过程，他在社会生活中不可或缺地扮演着自己的角色，也就是说，每一个人总是以这样那样的、不尽一致的生命形式表现着自己。因此，当我们剥离掉人的生命表现的具体形式和角色，从人类在整个社会活动中所处的地位、身份来把握人自身，回答"人是什么"，便构成哲学地思考人的第二个方面。

从这个方面思考："人是什么？"简要地说，人首先是主体，认识和实践、社会和历史的主体；同时又是客体，自我认识、自我改造和自我确立的客体。因此，人是主体和客体的统一。

首先，人作为主体，就是社会和历史的全部内容。我们可以用每一个历史事变，每一种社会成分和形态的存在、变化、发展，可以用人类创造的一切，来为人的主体地位作证。人是社会的唯一的有机构成要素，从原始人群到以国家为标志的现代意义上的社会，这个可以称之为人类社会生成的过程，绝不是上帝一手操纵和表演的"天国喜剧"，也不是上帝操纵由人来表演的"人间傀儡剧"，而完全是人类出于自身需要，自编自导自演的"创作历史剧"。到目前为止，考古学家还没有拿出确切的资料来证明有"天外来客"参与了这场"演出"。

人不仅自我创造了社会，而且还自身构成着社会。事情如此的简单不过，不是上帝，不是神明，不是圣人，创造人类社会的全是人们自己。社会每时每刻都充满着生机，而这生机不过是人的生命而已；社会呈现着丰姿多彩，而这丰姿多彩不过是人的"表演"而已。

这正如英国当代哲学家罗素（1872—1970）所说："是我们创造了价值，是我们的欲望授予了价值。在这个王国里我们是国王，如果我们向自然界卑躬屈节，我们就降低了自己国王的身份。应该由我们来决定高尚的生活，而不是由自然来决定——哪怕是由人格化为上帝的自然来决定也不行。"① 为此，不管人们怎样自我蒙蔽和欺瞒、自我分裂和排斥，他总是社会的主体，因为他总是这些现象和根据的原因。实际上，人过去是、现在是、将来是——永远是社会主体、社会有机性的唯一根据。

人本来是自然的产物，现在却以主人的身份，利用自然规律并按照自己的意图来改造自然、控制自然。人是大自然唯一的一个敢于忤逆的儿子，人总爱以主体的姿态面对自己的一切活动、一切活动的产物和人自身。人通过劳动实践证明自己是历史的有目的的创造者，人为自己而创造，人为自己而劳动。人从事劳动创造，目的不仅使自然物发生形式的变化，而在其中实现人的需要，并且一开始人就知道这个目的。

当人的活动不合乎自身的需要时，人就会失去生活的兴趣。因此，人生来就不同于牛马，天性不适于做奴隶。人通过人自己为实现自己的目的而奋斗，在人的奋斗中，人能自觉地将自己当作认识和改造的对象，力求在改造和创造客观世界的过程中，认识自己、确立自己、控制自己、改造自己、创造自己、发展自己。人，俨然是自身及

---

① 引自《人生哲学宝库》，中国广播电视出版社1992年版，第155页。

世界的主人。

其次,人作为客体,就是人作为主体的自我对象化。这种对象化是通过人的自我意识完成的,实际上,自古以来,人根本上就是一个与其主体性相伴随的客体,一个被主体自我认识和确立的客体。当我们谈到人一旦具有社会性意义上的生命时,人也就开始了自我意识,而主体的自我意识一开始就是作为思考主体的自我完善的形式和手段出现的。所以,作为主体的人同时既是自我意识的对象,又是实践活动的对象,即意识的客体、实践的客体。

这是因为,作为具有自我意识的生命实体,人不仅要以主人翁的身份去思索、探寻客观物质对象,而且常常在思索、探寻客观物质世界是什么?为什么?以及当其如何被人征服时,总避免不了对其自身的思索、探寻,例如:"人是什么?""人的生命意义何在?""人究竟应当成为什么样的人?"等等。这样一来,人就把自己摆到了客体的位置。

因此,当人作为思维主体被实践时,他同时便是一个被思维和被实践着的客体。这里的意思:一是,人一边作为主体活动,一边对自身进行着自我认识,因而是被认识的客体;一是,人作为主体的活动本身,在对事物的创造过程中,在对自然界的改造过程中,不可避免地要改造自己、创造自己。人正是在不断地改造自身的过程中,发展和完善着人类历史,以及发展和完善着个体生命的。因而,人又是被实践着的客体,即实践的对象。

总之,人是这样一种远远超出纯动物形态的生命实体,他不仅具有明确的主体意识和认识能力,也因此使他本身成为一个经常自我反省、自我认识和自我完善的客体。这种自我反省、自我认识和自我完善的能力是其他一切生命,包括灵长目动物所远远不可企及的,是人独具的基本生命特征,这种特征给了人以无限发展的可能性。

在社会活动过程中,人的生命实践形式是同时作为主体和客体存在着的,所以,人在社会的生命进程中,既扮演着主体的角色,又扮演着客体的角色,人就是主体和客体的统一。概括人的哲学总体形态就是：人，一种将有机生命和自我意识，主体和客体辩证统一在一起的高度社会化的动物。

人性

人的存在是有机生命进化到最高阶段的产物，人通过社会化实践不断创新和完善自身，不断创造和延续着自己的历史。"人是最名副其实的社会动物，不仅是一种合群的动物，而且是只有在社会中才能独立的动物。"① 人，一旦作为人而存在的时候，他就不是一个空洞的有机躯壳，也不是一个与自然界完全同一的生命体。人之为人就有着属于人的特性。

尽管，在人的生命现象中，每一个具体的生命，即个人，看起来是多么地不同，不同思想、不同行动、不同信仰、不同习惯，以及不同生活方式，但在所有的人身上都有一种基本相同的东西，都有一种属于自我、属于整个人类的东西，那就是人性。正如印度著名诗人泰戈尔（1861—1941）所说："只要我们能认识人性的本质，它就能透过一切微小和不完整的现象，显示出一种巨大而美妙的本质东西，通过它，世世代代礼拜神灵的奥秘就可以揭穿了。"②

应该说，人对自己属性的认识已经不是一个新的话题了，人的自我意识一趋向成熟，就开始了对人性的思索和探寻，换句话说，只要一个人感觉或意识到他是作为人而存在着，就必然会对自己的属性给予思考和认识。但是，对人性的认识，迄今仍然是一个争论不休、难

---

① 《马克思恩格斯选集》第二卷，中共中央马克思恩格斯列宁斯大林著作编译局编译，人民出版社1972年版，第87页。
② 〔印〕泰戈尔：《戈拉》。引自《人生哲学宝库》，第163页。

有定论的话题。千百年来，中外古今众多的认识观念实难统一，形形色色的理论确实也极大地丰富着今天人们的思想。避开杂芜，关于人性的认识，总括起来，无非集中表现为善与恶之争、人性与神性之辩。在此，认识这些关于人性的争议问题，有助于我们得出一个较为切合实际的、较完善的人性认识。

1. 善性恶性之争

早在中国春秋战国时代，对人性的探索、思考就围绕性善、性恶展开了激烈的争论。人性善论者首推孟子[1]。孟子认为：人性先天是善的，因为人性先天含有仁义礼智这些美德的萌芽。他说："恻隐之心，仁之端也；羞恶之心，义之端也；辞让之心，礼之端也；是非之心，智之端也。人之有是四端也，犹其有四体也。"[2] 这就是说：一个人的同情之心是仁的萌芽，羞恶之心是义的萌芽，谦让之心是礼的萌芽，是非之心是智的萌芽。人有这样的四种善的萌芽，正如一个人有手足四肢一样是天生的自然而然的事。

由此孟子说：人皆有不忍人之心。这里的道理就在于：例如有人突然看到一个小孩子要跌到井里去了，任何人都会在当下产生一种惊骇同情的心情。这种心情的产生，不是为着要去和这个小孩的父母攀结交情，不是为着要在乡里朋友中间博取名誉，也不是因为讨厌那小孩的哭声，它是人性自觉的知觉，是人性内含仁义礼智萌芽的冲动。

所以，孟子强调："由是观之，无恻隐之心，非人也；无羞恶之心，非人也；无辞让之心，非人也；无是非之心，非人也。"[3] 在此认识的基础上，孟子反对当时另一学派告子[4]的性无善无不善学说，并与之展开了激烈的争论。

---

[1] 孟子（约公元前372—289），名轲，战国时思想家，中国儒家学说的集大成者。
[2] 《孟子·公孙丑上》。
[3] 《孟子·公孙丑上》。
[4] 告子，生卒年不详，战国时人，主张性无善无恶论，与孟子相对立。

告子说：人性好比急流水，从东方开了缺口便向东流，从西方开了缺口便向西流。人性没有善和不善之分，这就如同水性没有确定的东西流向一样。

孟子反驳说：水性虽然没有东流西流的定向，难道水也没有向上或者向下的定向吗？人性的善良，正像水性的向下流。人没有不善的，水没有不向下流的。

告子说：事物自然生成的物质就叫作性。

孟子说：如事物自然生成的特质就叫作性的话，好比一切东西的白色叫作白吗？

告子说：正是如此。

孟子追问道：白羽毛的白犹如白雪的白，白雪的白犹如白玉的白吗？

告子又答道：正是如此。

孟子由此质问：那么，狗性犹如牛性，牛性犹如人性吗？

告子于是强辩：食色，性也。

孟子不以为然，认为告子没有指出人之为人所应具属性的特征，而是将人的自然属性：食，色——饮食男女，这一人的自然生存欲望与禽兽的自然属性混为一谈了。孟子认为，人之异于禽兽就在于人有善性，就在于有"不学而能，不虑而知"的良知善端。

所以，当孟子的学生公都子请教孟子时说："告子认为：性无善无不善；又有人认为：性可以为善，可以为不善；还有人认为：有些人本性善良，有些人本性不善良。而如今老师你说人本性善，那么，是他们都错了吗？"

孟子慨然回答说："从人天生的属性来看，是可以使人善良的，这就是我所说的人性善。至于有些人不善良，不能归罪于他的属性，这应是他不能充分发挥人性本善的缘故。因为恻隐之心，人皆有之；羞恶之心，人皆有之；恭敬之心，人皆有之；是非之心，人皆有之。恻隐之心，仁也；羞恶之心，义也；恭敬之心，礼也；是非之心，智也。仁义礼智，非由外铄我也，我固有之也。只是人们不曾探求它罢了。因此，一经探求，便会得到；一加放弃，便会失掉。即'求则得之，舍则失之'。"[1]

孟子的人性善思想奠定了中国儒家学派关于人性学说的基础。几千年来受儒家学说影响的中国历代思想家，以及东方其他国家的一些学者们在论及人性时，基本上沿袭这一思想。

应该肯定的是，孟子人性善思想，一方面从一定的认识论高度将人性与物性区别了开来，触及了人性所含括的社会性，这一人区别于万事万物的本质特征方面，从根本上肯定了人及人性的积极意义，即人有人的特有属性，人的属性的本质含义是应该与人的自然属性相区别开来的。

另一方面，孟子人性善思想的逻辑起点，是通过强调人性的先天性善端揭示人之所以为善的源泉和基点，目的是劝人为善、导人为善和诱人为善。这一逻辑起点，一直是中国各种人性学说遵循的思想基础，就是连极力主张"人性恶"的荀子，也不外如此。

针对孟子的性善论，荀子提出了著名的性恶论观点。荀子认为："人之性恶，其善者伪也。"[2] 也就是说，人的先天之性是恶的，人之所以性有善者，是后天行为的结果。在此，荀子力求克服孟子人性一开始就具有先知先觉的思想，以及人性一开始就具有完善性的思想。

因此，在荀子看来，如果人性一开始就具先知先觉，就具完善性，那么后天也就不至于再劝学向善了。人性早已完善，也就没有再治学的道理。所以，荀子认为，应该将人后天治学向善所形成的善性，与人先天形成的自然之性相区别。人初始之性仅是人的自然生理属性，"生之所以然者谓之性"[3]。先天而自然生成的属性就是人性，这种人性主要表现为"饥而欲食，寒而欲暖，劳而欲息，好利而恶害。""凡人有所一同。"人的这种"所生而有""无待而然者"的本

---

[1] 参见杨伯峻：《孟子译注》下，中华书局1984年版，第253~259页。
[2] 《荀子·性恶》。
[3] 《荀子·正名》。

性是人人相同的，圣人和普通人，君子和小人，"其性一也"①。

人这种"好利""恶害"的自然生理本性带有利己的功利效益，是与仁义礼智相抗衡的，含有恶的萌芽，易在人世间产生争夺、残贼、淫乱。对此，荀子亦有言："今人之性，生而有好利焉，顺是，故争夺生而辞让亡焉；生而有疾恶焉，顺是，故残贼生而忠信亡焉；生而有耳目之欲，有好声色焉，顺是，故淫乱生而礼义文理亡焉。然则从人之性，顺人之情，必出于争夺，合于犯分乱理而归于暴。"②

因此，荀子通过性恶论，将人的自然属性与人的社会属性区别开来：人的自然属性与万物同一，无法将人与物相区别，且浑然一样，故性恶；人的社会属性与万物相区别，性各异，且集仁义礼智为一体，故性善。所以，荀子极力倡导人们向学求善。"学至乎礼而止矣，夫是之谓道德之极。"③

从积极的意义来理解孟子与荀子的性善恶之争，可以看到：孟子的性善论，美化了人的自然属性，昭示了人应不断向善的原始驱动力；荀子的性恶论，指出了人的自然属性的局限性和以此随意发展的危害性。但是，孟子的性善论具有极浓的天命色彩，对人们的后天向善力具有极大的消极影响，而荀子的性恶论却弥补了孟子性善论学说的缺陷，它对人们重树自我、完善自我具有积极向上的推动力。

孟子与荀子的人性学说极具两极性，以至于针锋相对。所以，西汉时期的哲学家扬雄（公元前53—18）便提出了一个折中的观点，他认为，人性先天是善恶相混的，不能说它本是善，也不能说它原是恶。人性的善恶之分，只有在后天才能鉴别。这主要取决于后天的德行修养，凡是能加强德行修养的，就能扬善降恶；凡不能加强德性修养的，就会朝恶的方向发展。为此，扬雄说道："人之性也，善恶混。修其善则为善人，修其恶则为恶人。"

在西方思想史上，人们对人性善恶的探索与思考同样源远流长。

---

① 《荀子·荣辱》。
② 《荀子·性恶》。
③ 《荀子·劝学》。

早期古希腊哲学家德谟克利特（公元前460—前370）认为，不仅世界的本原是物质性的原子，人也是由原子构成的，人的本性由人的灵魂所决定，灵魂由圆而精致的原子组成。灵魂主宰着人自身，"幸福和不幸居于灵魂之中"①。因此，人性的真正表现，不是来自肉体的享乐，而是一种精神快乐，一种灵魂的善。由于人性被灵魂所主宰，人性表现灵魂的善就意味着人性的趋向性是善的，人性应该是善的。德谟克利特说道："凡期望灵魂的善的人，是追求某种神圣的东西，而寻求肉体快乐的人则只有一种容易幻灭的好处。"② 人应当追求神圣的精神快乐，而不应当追求容易幻灭的肉体快乐，这是人性的实质。

出生于雅典名门贵族的柏拉图，基于一种客观唯心主义的观念，把带有客观精神色彩的理念看作世界的本原，并在此基础上力图把真与善统一起来，真就是善，善就是真。把善本身作为最高、最终极的观念，是具体事物善的本原，它不仅是万物的本原，而且也是人、人性的本原。按照柏拉图的观点，人、人性是善本身通过灵魂而造就的。灵魂不灭，灵魂本质上是追求善的，所以，灵魂所造就的人、人性也是追求善的，人性趋善。不过，柏拉图的善所指的是客观的最高精神实体——理念，因此，柏拉图的人性善思想便带有浓重的神秘色彩。

然而，作为柏拉图的学生，亚里士多德竭力反对柏拉图这种神秘的终极意义上的善本身。他说："就其为人而言，说'人本身'或说'一个人'，并无差别，据此，就善之所以为善言，'善本身'与殊别的种种善，也不能有何不同。"③ 因此，不存在脱离具体善的所谓善本身，善只能是个别具体的善。亚里士多德承认，人性是追求至善的，但是，人性所求的至善并不是超越现实的理念，而是现实人的自我完善，至善就是幸福。善是现实的，"人类的善，就应该是心灵合乎德

---

① 北京大学哲学系外国哲学教研室：《古希腊罗马哲学》，商务印书馆1961年版，第113页。
② 北京大学哲学系外国哲学教研室：《古希腊罗马哲学》，商务印书馆1961年版，第107页。
③ 周辅成编：《西方伦理学名著选辑》上卷，商务印书馆1987年版，第284页。

行的活动"①。亚里士多德的这一人性善思想对晚期古希腊罗马,以及17、18世纪西方文艺复兴、启蒙运动时期人们对人性的探索、思考和规定影响极大。

当然,在西方世界中,并不是所有思想家都认定人性善。人性恶观点最典型的代表,首推17世纪的英国著名哲学家托马斯·霍布斯(1588—1679)。霍布斯把对人性的分析完全建立在他的机械唯物论的基础之上,在他看来,人是自然界的一部分,只不过是一种特别的实体而已。在《利维坦》②一书中,霍布斯认为:从人类的整个活动来看,其特征均在于生命的保持和延续,由此而表现出人的属性,可以说其质都倾向于自我,都倾向于趋乐避苦,归根到底都在于生命的自我保存,在于人的自爱性。既然人的本性是自爱,因此,人类在未进入社会状态之前,由于没有任何公共的权力存在,人类各行其是,无所不为,其自爱的天性暴露无遗,从而使人的自爱本性在人类的自然状态中以恶性表达出来。

在霍布斯看来,出于人性的自爱原则,人类个体为了自身的利益会犬牙相见、争斗不休。他说:"如有任何两人欲求相同的事物,而这事物却不能为他们共同享有时,他们便成了敌人。"③ 人性恶,恶生成于人的自爱,因此,人类的状态便是,"人对人像狼"的状态,人类的关系便是"伤害与被伤害"的关系。

霍布斯进一步认为,人性恶主要是由人类自爱的三种表现形式支使的:一是求利;二是求安;三是求荣。求利促使人相互竞争;求安让人彼此猜忌;而求荣则使人追求名位,让他人敬畏自己。霍布斯说,人的这种求利、求安、求荣之心是无止境的,其贪婪程度甚至比动物有过之而无不及,因此,人们终日处于一种敌对的战争状态,人人自危,不得安宁。

---

① 周辅成编:《西方伦理学名著选辑》上卷,商务印书馆1987年版,第287页。
② 利维坦(Leviathan),圣经里记载的一种巨大的水生怪物,霍布斯用它来比拟国家,来象征人性的恶。
③ 周辅成编:《西方伦理学名著选辑》上卷,商务印书馆1987年版,第659页。

尽管，从积极的意义上讲，霍布斯关于人性恶的思想，在揭露当时人类社会中存在的不合理现象，尤其是批判中世纪基督教神学专制统治的残忍性方面有着振聋发聩的作用。但是，由于早期机械唯物主义世界观所限，霍布斯的整个人生哲学思想是建立在绝对利己主义基础之上的。在霍布斯眼里，人们不可能有纯粹利他的行为。霍布斯的一位朋友曾讲过一件关于霍布斯的轶事：一次，霍布斯对一个乞食僧布施。他的朋友问道：你如何用人性恶理论解释你这种行为？霍布斯答道：我给他布施，并不表明我的怜悯和仁爱，而是为了减轻我看到他这种可怜相的痛苦。

与霍布斯相反的，也是对人性探索得最多、最深刻，对后人影响很大的应是18世纪法国的启蒙思想家们。他们从感觉论出发，认为人性先天是善的，人的本性本质上就是"趋乐避苦"，"人是能够感觉肉体的痛苦和快乐的，因此他逃避前者，寻求后者"。[①] 趋乐避苦这种自爱自保的本性，是人永远不可改变的本性，人永远不可能为别人的幸福牺牲自己的幸福，就像河水不能倒流一样。由于人的自爱自保性，所以从广义的角度来说，人的本性是自私的。

法国著名思想家让-雅克·卢梭（1712—1778）说得明白："人类天生的独一无二的欲念是自爱，也就是从广义上说的自私。"[②] 在《社会契约论》一书中，他这样写道："人的第一条法则是维护自己的生存，人最先关怀的是他自己。"[③] 然而，人对自己的关心，人的"趋乐避苦"性，都不能被看成人的本性的恶，而刚好说明人性的善。在法国启蒙思想家看来，人基于为我的本性所表现的实质是先天的无伤害性。他们认为，人在社会中并不是孤立的，被一些和他同类并且具有同等感觉的实体包围着，他们也同样追求幸福，逃避痛苦。因此，人为了追求自己的幸福，不应去妨碍别人的幸福。使别人不幸的

[①] 北京大学哲学系外国哲学教研室：《十八世纪法国哲学》，商务印书馆1979年版，第503页。
[②] 〔法〕卢梭：《爱弥儿》上卷，李平沤译，商务印书馆1979年版，第95页。
[③] 北京大学哲学系外国哲学教研室：《十八世纪法国哲学》，商务印书馆1979年版，第163页。

人，自己也不能获得真正幸福。从这一意义上讲，人性是善的。因为："人为了自保，为了享受幸福，……为了使自己幸福，就必须为自己的幸福所需要的别人的幸福而工作；它将向他证明，在所有的东西中间，人最需要的东西乃是人。"①

所以，从自我保存和追求幸福的角度出发，人也是不愿去做违反德行、于人有害而于己未必有利的事。后来德国哲学家费尔巴哈继承了这一思想，并更深一层地补充道："人的第一个责任便是使自己幸福。你自己幸福，你也就能使别人幸福。幸福的人但愿在自己周围只看到幸福的人。"②

人性善否？恶否？人类探索、思考、争论了几千年，至今仍难趋于一致，善与恶能否确定为人的属性，也仍然悬置。那么，人性究竟在何处？！

2. 人性神性之辩

人性是现实的，还是非现实的？也就是说人性是人自己的属性，还是非人自己的属性。

对这一问题的争议，就把人们带向了人性与神性之辩。关于这一点，至今也无法在活生生的人类意识中得到统一。

认识自己并不是一件简单的事情。人对自己的认识与不认识总是一对相辅相成的孪生兄弟，对自身属性的理解和不理解更是如此。因此，当人们的意识成熟到对自己的本性进行解释时，便迷惘在能否对自己进行解释的矛盾状态之中。当人们对人性给予善或恶的确定时，仅满足于对人性在其现象上的归纳，并没有从实质上证明人性善或恶的归属性，即它是人自身形成的，还是并非人自身造就的。

如果立足于把人性确定在人自身之外，人性并非人的特性，人性

---

① 北京大学哲学系外国哲学教研室：《十八世纪法国哲学》，商务印书馆1979年版，第649页。
② 《费尔巴哈哲学著作选集》上卷，荣震华等译，商务印书馆1984年版，第249页。

是属于创造人的那个超自然物的属性，就把人性确立为了神性；如果立足于把人性确定于人自身，人性就是属人的特性，人之外无任何人的属性存在，这就确定的是人性。

在此，认识人自己自然形成了两种截然不同的含义：一是认识人性就是认识人自我，认识人的自我属性。这就是现实的人的自我认识，而不是超越人本身的认识；一是认识人性就是通过人这个对象，认识人的非自我属性，认识潜在于人自我中的神性。这就是把人作为现实认识手段，达到超越人本身之外的非现实物的认识。

在古希腊早期，由于人们无法解释自身所表现出来的属性，便希望把人的一切善良属性寄托在一种超越人自身之外的物体上，本来是属于人的本性的东西便形成了神性。比如，人有生存的属性，有渴求生命的愿望，于是就有了主宰万物之灵的"众神之父和万人之王"宙斯；人有积极向上追求理想的属性，于是就有了"太阳和光明之神"阿波罗；人有能克服现实社会中一切困境的聪明才智，于是就有了"智慧之神"雅典娜；人有爱和追求美的属性，于是就有了"爱与美之神"维纳斯；人有勇敢和富于献身的属性，于是就有了"创造和造福于人类的伟大之神"普罗米修斯，等等。人性成为神性，人根据自己创造了神，反过来，人却把神当成了自己的造物主、创造者。神性成了人性！

同样，早期中国对人性的认识中，也总是通过神话和传说将人性所归属的东西借用"神"的塑造表现出来，如"女娲""共工""羿""颛顼""炎帝""大禹"等等。如果说早期的人类对于人性的困惑不得不借助于外在之物——一种臆造的形象来说明人的属性，为人性找到依附的实体。那么，后来发生在人类当中的宗教却是力争要把人性归之于神性，把神性当作人性。

人性何处觅？按禅宗的话来说：人，无我相，无众生相。人，一个臭皮囊，人既然无实体存在，人性何处可寻？人，如果非要承认他的实体存在，也应是佛形、佛相，非要说他有其性，也无非佛性——无性。即《坛经》所言："身是菩提树，心如明镜台。""菩提本无树，明镜亦非台，本来无一物，何处惹尘埃。"① 人相无，人性无，只存佛性。佛性何在？"菩提只向心觅，何劳向外求玄？所说依此修行，西方只在眼前。"又说："一切般若智，皆从自性而生，不从外入。"② 佛教在根本上是否认人性的，这一点清楚明了。但其在将人性归之于神性上却显得含糊其词、吞吞吐吐，不如基督教来得干脆。

基督教对"人性是什么"说得十分透彻。人根本没有"本性"，即没有单一的或同质的存在，人的本质之谜在于上帝。人不要狂妄自负地听从自己去探索人的本性，人必须学会使自己沉默，以便倾听一个更高更真的声音：啊，人！你在干着什么呀！你是在用天生的理性来寻找你的真正本性吗？傲慢的人啊，当你醒悟过来时，你就会知道，你是一个什么样的狂人！你自身是卑贱的；理性是不起作用的。低能之辈，沉默吧！要懂得，人无限地超越了人，应当从你的主人那里去听取一无所知的你的真正身份！听从上帝吧！③

当人们企图反抗的时候，当人们用人的根本属性——理性来对抗神性的时候，中世纪神学大师圣·奥古斯丁（354—430）却说：理性本身是世界上最成问题、最含混不清的东西之一，理性不可能向我们指示通向真理和智慧的道路。因为，人由于亚当始祖偷吃禁果而丧失了上帝赋予的力量，使理性的一切原初力量被遮蔽了起来。理性并不能重建人自身，只有靠神的启示才能解决。在奥古斯丁看来，由于人类始祖亚当的犯罪，一切人从一开始便有罪。他说："我是在罪孽中生成的，我在胚胎中就有了罪。"④ "谁能告诉我幼时的罪恶？因为在你（上帝）面前没有一人是纯洁无罪的，即使是出世一天的婴孩亦然如此。"⑤ 人的原罪学说必然把人性的探索导向神性的探索。人的本性并不是犯罪，人通过现实的罪恶生涯向善回归，这就是人的本性，但这种本性是神性的展现。因为，在宗教神学看来，无论在任何地

---

① 任继愈主编：《中国哲学史》第三册，人民出版社1979年版，第85页。
② 任继愈主编：《中国哲学史》第三册，人民出版社1979年版，第86页。
③ 参见阎钢等：《理性的灵光》，四川民族出版社1987年版，第16页。
④ 〔古罗马〕奥古斯丁：《忏悔录》，周士良译，商务印书馆1982年版，第11页。
⑤ 〔古罗马〕奥古斯丁：《忏悔录》，周士良译，商务印书馆1982年版，第10页。

方——不管是在人之中还是人之外——都暗示着一个不可捉摸的神（佛教是"佛"，基督教是"上帝"，伊斯兰教是"真主"）。因此，每一个人实际上就是隐秘的神。

人性就是人的属性。对这一问题的确定，并不是近代才发生的。事实上，当人们企图思考将人从神话和传说中摆脱出来时，这个问题就得到了肯定的答复。古希腊普罗泰戈拉的那个千古命题："人是万物的尺度，是存在的事物存在的尺度，也是不存在的事物不存在的尺度"[1]，就是力图赋予人以人的地位，给予人以最至高无上的神圣性。德国著名哲学家黑格尔（1770—1831）对此非常赞赏。他说："普罗泰戈拉宣称人是万物的尺度，就其真正的意义说，这是一句伟大的话，是一个伟大的命题。"[2]

正如黑格尔所说，无论后来的人们对这个命题中"人"这一概念有多么不同的争议，有一点必须肯定，这一命题冲破了传统的人与神、人与自然关系思想的束缚，把人置于历史舞台中心，某种程度上反映了人类摆脱动物界，摆脱原始的蒙昧状态，不断提高控制自然能力的历史趋势。人就是人自身，不是神，不是物，其本性在于自身的主动性。至于神，普罗泰戈拉说：我既不知道是否存在，也不知道他们像什么东西。

较普罗泰戈拉晚些时候的另一位古希腊哲学家苏格拉底（约公元前469—前399）更是把人的问题的思考放到了现实基础之上。在他看来，"哲学应当是人学"，他说："未经思考的人生是没有价值的人生。"所以，对人最有用的知识莫过于关于人类自身的知识，"认识你自己"，研究人类精神的自我灵魂和宇宙精神的逻各斯（Logos），才是哲学的真正使命，才能使人过一种幸福的生活。[3] 可以说，苏格拉底所知道的以及他的全部探究所指向的唯一世界，就是人的世界。人

---

[1] 北京大学哲学系外国哲学教研室：《古希腊罗马哲学》，生活·读书·新知三联书店1957年版，第138页。
[2] 〔德〕黑格尔：《哲学史讲演录》第二卷，贺麟、王太庆译，商务印书馆1983年版，第27页。
[3] 参见周辅成主编：《西方著名伦理学家评传》，上海人民出版社1987年版，第7页。

较之于动物更先进的地方就在于，人能认识自己所能认识的一切，即他不仅有意识，而且有自我意识，可以"反躬自认"。

黑格尔说："苏格拉底的原则就是：人必须从他自己去找到他的天职，他的目的，世界的最终目的、真理和自在自为的东西，必须通过他自己而达到真理。"① 为此，苏格拉底曾不厌其烦地分析人的各种属性，并试图用概念规定下来。他认为，人的属性应包括善、公正、节制、勇敢，等等。进而，这一切人的属性都是人的理性思辨的产物，因此人性的第一要义是：理性。

正如德国人恩斯特·卡西尔（1874—1945）在《人论》一书中所说："我们概括苏格拉底的思想说，他把人定义为：人是一个对理性问题能给予理性回答的存在物。"②

值得一提的是，中国古代许多思想家如儒家学派对人性的把握，大体是从人本身去挖掘。尽管各说不一，存有争议，但是并没有将人性赋之于神性，这是人之所以能"修身"、能"养性"的根本所在。

当人类跨入思想全面启蒙的时代以来，神性与人性之争便不断呈现：人性是人的属性，而非神的属性的思想逐渐占据上风，并开始主宰人类的思想进程。其中最杰出的人物是德国近代唯物主义哲学家路德维希·费尔巴哈（1804—1872）。他说："人的产生，不可能是先验地由于基督教的创世说或某种哲学上的构思。"③ 因此，人性的主要内容应从自然的、肉体的、感性的人中间去找，"对人来说，人就是上帝——这就是至高无上的实践原则，就是世界史的枢轴"④。在费尔巴哈看来，一个完善的人，必定具备思维力、意志力和心力。思维力是人性的认识之光，意志力是人性的品质之能量，心力是人性之爱，爱是人性之核心，人性充满爱。这种爱包括自爱和他爱，首先是自爱，人存在，就意味着爱自己。

---

① 〔德〕黑格尔：《哲学史讲演录》第二卷，贺麟、王太庆译，商务印书馆1983年版，第41页。
② 〔德〕卡西尔：《人论》，甘阳译，上海译文出版社1985年版，第9页。
③ 《费尔巴哈哲学著作选集》上卷，荣震华等译，商务印书馆1984年版，第362页。
④ 《费尔巴哈哲学著作选集》下卷，荣震华等译，商务印书馆1984年版，第15页。

费尔巴哈的思想完全起到了反宗教神学的作用，他从人的自然生命本源中努力探寻、强调和肯定了人的属性，充满生命的积极性和人的哲学思考的光彩。

当然，人性与神性之辩至今仍无法了结，事实上也难以了结，因为将人性确定于人自身而思考有时显得太真切、太痛苦、太艰难了；而将人性确定于神性中，尽管显得荒谬、虚幻、浅薄，却轻松、容易、省事得多。有时，人们宁愿乞求荒谬轻松，也不愿探寻真实的艰难。若如此，人性又应该怎样理解？

3. 人性的理解

今天，人类社会中的科学、技术、文化、思想已经达到任何时代都无法比拟的高度，如果还将人性与神性等同，不是无知，就是故意的愚蠢。虽然，这种争辩还将继续，但那已经不是原初意义上对人性的理解了。因此，关于神性与人性的辨析，无非旨在指出神性的荒谬和人性的真实。我们确信，对人性的理解，只能以自然的、活生生的现实的人为基础，人性是人的属性。

那么，是否可以用善或恶来揭示、规定人的属性？尽管，人们已经探索、思考、争论了几千年。我们认为，仅从善或恶的角度看，人之初并无善、恶之性，人既不是先天的善人，也不是先天的恶人。

善，或者恶，是人类关系发展中的产物，是与人们合目的性的功利原则相联系的评价标准。

善或恶都是人作为自我意识的有机生命实体存在后，在其与他人相互依存的社会活动中产生的功利或非功利效益。从这个意义上讲，善或恶不能显示人的属性本身，它仅是人的属性表现在人生某一阶段的效果，是人本性之外的行为产物，很难由此被规定为人的属性，当然，也不是人的本性的实质。善或恶是人的个体或类行为的产物，没有人的行为及其结果，就没有善，或者恶。相反，没有一定的善或恶，并不能由此确认没有人的属性。因此，不能以人性是善还是恶这样的思考方法来探索和研究人性，或下结论。

人是具有自我意识的有机生命实体，参与社会活动时又是主体和客体的统一体。作为有机生命实体，人首先是动物；作为具有自我意识、主体和客体的统一体，人又是严格区别于动物界的社会活动实体。因此，人性作为人的属性必然包括两个方面：一是人的生物学生命实体属性，即动物性；一是人的社会活动实体属性，即社会性。简言之，人性应是人的自然属性和社会属性的辩证统一。

人类发展史证明，人同任何动物一样，作为自然界的一员，首先是一个自然存在物，因此，在人的身上，有着同一般动物相类似的自然本能。这种自然本能与人的机体功能相联系，如神经反射。人需要食物充饥以维持生命，需要御寒之物以保持体温，需要睡眠、休息以调剂机体和消除疲劳，需要两性结合以延续种族……而这一切都为着一个本能的目的：人的生存。

可以说，求生存是人本能的最核心要素。人的生存包括两层含义：一是个人的生存；二是人类的生存。

因此，当个人要求生存时，他必然具备自保、自爱的本能意识。个人总是在与他人的相互关系中求得生存的，所以，从自保、自爱出发，个人必须具有适应他人、同他人竞争或适应于竞争的属性。同时，人又不只是仅满足于个体生命存在的生命体，他具有延续类生存的本能性，通过性的成熟来强化自身的繁殖性。

人类正是通过个体之间的性的结合，繁殖和延续其种类的。所以，人需要繁殖，由此便产生性的渴求与冲动。这样，从人的自然有机生命体所显示出的人的自然属性就应充分表现为：自保、自爱、生存竞争、饮食满足、性的渴求与冲动。这些都属于人的生命有机体求生存本能的自然倾向，是人的本能属性。这是人类得以生存和延续的前提条件，是人其他一切属性的物质载体。

由求生存这一本能所展示的人性自然特征，究其本质，是非善非恶的，也绝不是神性的。人性的善或恶表现，只有当人的求生本能作为一个过程活动开来，并在人的社会中产生功利关系后才可得以确认。所以，人的自然属性是必须确认的，不可否认或扼杀。正因如此，恩格斯说："人来源于动物界这一事实已经决定人永远不能完全摆脱兽性，所以问题永远在于摆脱得多些或少些，在于兽性或人性的程度上的差异。"① 恩格斯在这里所指的"兽性"主要是指人的生物学生命属性，即人的自然属性。显然，人首先应具有吃穿住行的本能，满足了吃穿住行这一本能欲望的基础之上，才可言及人的思想、精神以及由此而形成的上层建筑，意识形态领域。

当然，仅满足或停留于通过人的求生存本能把握人的属性，对于人而言太低级了。虽然，人的自然属性与动物的自然属性还是有一定差别的，比如，在自然需求的获得和需要的内容上。但是，从人的自然属性与动物的自然属性都体现并服从于自然界的一般规律来看，从人与动物的生理和有机体功能需要的一般性意义上来看，人和动物没有根本的区别。所以，对人性的认识不能仅囿于人的生物学属性，而应力求将其与人在参与社会、创造生活中所表现出的人的社会性意义上的生命属性结合起来，也就是说，应该将人的自然属性与社会属性结合起来，只有这样才能从根本上把握和理解真正属于人的特性。当然，这便是深层意义上的理解了。

人的本质

人，无论怎样证明他来源于自然界，也无论怎样证明他与一切自然生命具有相同的属性，但是，人就是人。人之所以为人，不能同自

---

① 〔德〕恩格斯：《反杜林论》，中共中央马克思恩格斯列宁斯大林著作编译局编译，人民出版社1971年版，第98页。

然界其他生命画等号的原因，恐怕没有一个有着自我意识的人不为此肯定：人有着自己的本质和特性。人认识自己的关键，就在于究竟在多大程度上能正确地揭示和认识人的本质与特性。

恩斯特·卡西尔说："人总是倾向于把他生活的小圈子看成是世界的中心，并且把他的特殊的个人生活作为宇宙的标准。但是，人必须放弃这种虚幻的托词，放弃这种小心眼儿的、乡下佬式的思考方式和判断方式。"① 毫无疑问，这是正确的。

对人的本质的认识，必须跳出个人生活的小圈子，必须跳出个体生命的自然局限性。人不能局限于在自己的生物生命之中，不能总是以孤立的单一个体生命而生存、发展，没有人会在孤立的状况中生活下去。人的本性要求与他人相连，人也总是以类的、团伙的、群体的活动显赫于世。因此，关于人的本质的认识便是在更高深的意义上说明人、人性是什么的一个基本理论问题。

本质这个概念，是相对于现象和非本质的东西而言的。指的是某一事物最根本的属性，即事物的内部联系，是一事物区别于他事物的特殊的质的规定。本质所表现的是主要的东西，这种东西能说明事物的特性、事物内部最重要的方面、事物内部深处所发生的过程。人的本质，就是人的最根本的属性、人之所以是人的标志，以及区别于动物的特殊的质的规定。

1. 人的本质规定

由于人直接地是自然存在物，又由于人永远摆脱不了"兽性"，因此，人在人类思想史上，不仅阻扰常人对其自身特性的认识，还妨碍了许多伟大的思想家对人的本质属性的正确规定。从人的生命的直观上把握，也不难发现人与自然界其他生命的差异。比如：人有思维，有意识，有思想，有理性，有感情；人能劳作以及有属人的人

---

① 〔德〕卡西尔：《人论》，甘阳译，上海译文出版社1985年版，第20页。

格，等等。

德国近代著名哲学家康德（1724—1804）就曾认为："人，实则一切有理性者。"[①] 另一德国哲学家叔本华（1788—1860）则说："人是什么，他本身所具有的一些特质是什么，用一个词来说，就是人格。"[②] 同样是德国人的卡西尔在《人论》一书中写道："如果有什么关于人的本性或'本质'的定义的话，那么这种定义只能被理解为一种功能性的定义，而不能是一种实体性的定义。……人的突出特征，人与众不同的标志，既不是他的形而上学本性，也不是他的物理本性，而是人的劳作。正是这种劳作，正是这种人类活动的体系，规定和划定了'人性'的圆周。"[③] 费尔巴哈在卡西尔之前更认为：人的本质是理性，意志和爱心。[④]

不难理解，这些对人的本质的规定对于将人从自然界划分出来，找到人之为人的特殊性，确实具有积极的意义。仅在人与自然界的差异性上，这些人的本质的规定尽管不全面，但不可否认它们的正确性。问题是，对人的本质规定仅限于人自身所反映和表现出来的特征是不够的，尤其是将每一个人都具有的那种特性抽象出来给予形而上的概括，在总体意义上，可以找到人的共同特性（与自然界分离开来的那种特性），但是，它却很难说明在同一类人中，不同人之间的差异性。而且，这种认识也只满足了人的世界的一个方面，即静止地观察人自身活动的特征。然而，人的世界，即人的存在、生存、发展的最重要的另一方面，人的动态的社会活动特性却没有概括和显示出来。

马克思认真分析了费尔巴哈关于人的本质规定后说：费尔巴哈从孤立的个人概念出发理解人的本质，他"撇开历史的进程，孤立地观察宗教感情，并假定出一种抽象的——孤立的——人类个体；""把人

---

① 引自《人生哲学宝库》，中国广播电视出版社1992年版，第152页。
② 引自《人生哲学宝库》，中国广播电视出版社1992年版，第153页。
③ 〔德〕卡西尔：《人论》，甘阳译，上海译文出版社1985年版，第87页。
④ 参见全增嘏：《西方哲学史》下册，上海人民出版社1985年版，第359页。

的本质理解为'类',理解为一种内在的、无声的、把许多个人纯粹自然地联系起来的共同性。"因此,费尔巴哈没有看到"他所分析的抽象的个人,实际上是属于一定的社会形式的"①,所以,他也无法理解人的本质本身是社会的产物。

对人的本质规定,作为一种认识、一种观念形态,应该脱离人自身,脱离单个的、抽象的个体生命存在形式去确立。这是因为,不言而喻,人们的观念和思想是关于自己和人们的各种关系的观念和思想,是人们关于自身的意识,关于一般人们的意识(因为这不仅仅是单个人的意识,而是同整个社会联系着的单个人的意识),关于人们生活于其中的整个社会的意识。我们不能脱离人们所生活的那个社会,或那个社会的关系去确定人的本质。换句话说,人的本身只能被确定在一定的社会活动形式和一定的社会关系形态之中。

由于只有人才有具备自我意识的社会活动,也只有人才有具备自觉意识的社会关系,这不仅从人的生存的物质形式上将自然界以及自然界中的其他生命体划分了开来,也从生存的观念形态上远远超越了动物界。人这一独特的社会活动、社会关系不仅决定着人的本质的一般特征,而且也决定着人的本质的个体特征。人是怎么样的,个人是怎么样的,往往取决于他们赖以生存的不以人的主观愿望为转移的那种客观的生活方式,和由此决定的活动方式。"个人怎样表现自己的生活,他们自己也就怎样。"② 在此,基于社会生活和社会关系中去考察人的本质,不仅划清了人与自然的界限,也将人与人划分了开来。

因此,对人的本质的规定不能只作感性的直观或纯理性的概括,而必须确立到人的社会活动、社会关系中。对此,马克思、恩格斯在对费尔巴哈人的本质论进行共同批评时讲得清楚明了:"诚然,费尔巴哈比'纯粹的'唯物主义者有巨大的优越性:他也承认人是'感性

---

① 《马克思恩格斯选集》第一卷,中共中央马克思恩格斯列宁斯大林著作编译局编译,人民出版社1972年版,第18页。
② 《马克思恩格斯选集》第一卷,中共中央马克思恩格斯列宁斯大林著作编译局编译,人民出版社1972年版,第25页。

的对象'。但是，毋庸讳言，他把人只看做是'感性的对象'，而不是'感性的活动'，因为他在这里也仍然停留在理论的领域内，而没有从人们现有的社会联系，从那些使人们成为现在这样子的周围生活条件来观察人们；因此，毋庸讳言，费尔巴哈从来没有看到真实存在着的、活动的人，而是停留在抽象的'人'上，并且仅仅限于在感情范围内承认'现实的、单独的、肉体的人'，也就是说，除了爱与友情，而且是理想化了的爱与友情之外，他不知道'人与人之间'还有什么其他的'人的关系'。"① 于是，在此基础上，马克思指出："人的本质并不是单个人所固有的抽象物。在其现实性上，它是一切社会关系的总和。"②

这一对人的本质的规定，应该说是人类思想史上关于人的问题探索过程中，至今也难超越的思想。这一人的本质规定至少满足了四个对人的本质进行规定的基本要素：

一是指出了一切人的共性所在。本质作为事物内部的联系、最重要的方面，它必须是共通的，也就是说，同一类事物中的每一个具体事物都应具备的。人的社会关系属性满足了这一要求，只要是人，就不可能脱离现实的社会及社会关系，必然具有社会关系所反映出来的基本属性。

二是指出了人类整体中，个体与个体、集团与集团之间的差异性。在现实社会中人是有差异的，人的成长进程是不同的，然而，这种差异和不同又不能破坏人的本质特征的共同性。那么，人为什么会有差异，人的进程为什么不同，不是因为人之中还存在其他的特性，而正是由于人们所处的社会关系状况不同，特别是经济关系状况的不同，便在人们的生活方式、思想面貌、观念意识上产生现象上的差异性，但归根到底都无法脱离人的关系世界。

---

① 《马克思恩格斯选集》第一卷，中共中央马克思恩格斯列宁斯大林著作编译局编译，人民出版社1972年版，第50页。
② 《马克思恩格斯选集》第一卷，中共中央马克思恩格斯列宁斯大林著作编译局编译，人民出版社1972年版，第18页。

三是指出了人的本质的现实性依据。人的本质不应该只是理论的抽象，它应该在现实中是可以把握到的。人的社会关系不可能是超现实性的，它一定是实际的、生动的和眼前发生的，因此，人的本质是人的社会关系的现实性反映。

四是人的本质不是个别物的单独抽象，它不是反映事物的某一个方面、某一个特征和某一个规律，它应是综合的、全面的概括和反映，因此，"人的本质是一切社会关系的总和"正满足了本质所要求的这一要素。

人的本质不同于其他一切事物的本质，它必须在同一性中见出差异性，在现实性中把握全面性。马克思关于人的本质的规定正是蕴含了这样的全部内容。概言之，人总是处在一定的社会关系中的现实的人，无论哪一个人，都生活在一定历史阶段的多种社会关系总和中，即都生活在一定的经济关系、政治关系、地缘关系、民族关系，阶级关系、文化关系、师生关系、朋友关系、亲情关系、家庭关系等各种社会关系的整体运动过程之中，都要受社会关系的影响和制约，任何人都无法避免。因此，人之为人的根本特征——本质，必然由社会关系所规定。

2. 人的本质形式

人的本质并不是纯粹抽象的东西。尽管，人的本质反映的是人类属性中最一般的观念意识形态和最深层次的东西，但是，人的本质在现实生活领域还是具有特定的感知形态的，是可以被捕捉、被认识和被把握的。

我们确认，人的本质是一定的社会关系的总和，这个"总和"当然是观念意识形态的东西，是一种抽象、一种概括，但是无论如何，这种总和也不可能掩盖社会关系本身的现实性、可感觉性与可知性。"总和"是抽象的、观念的；"关系"却是具体的、形象的。在现实生活中，人与人之间的关系无论多么不相像，有多么大的差别，都会通过社会化的形式表现出来，换句话说，关系总是社会性的。

我们不能避开社会关系去谈人的本质，当然，也就不能脱离社会性去说明人的属性。如果说"本质"难以把握和认识，那么人所具有的"社会性质"则是可以感知和确定的。事实上，社会性质就是人的关系属性的外化表现，人类通过关系构成社会、发展社会，反之，人类又通过社会稳定关系、完善关系。关系是社会的内容，社会是关系的形式。因此，当人们将自己与动物界相比较，在直观上所一目了然的差异就是：人有社会性，而动物没有。

社会性作为人的本质感觉形式，之所以能被人感知和确认，具体有如下两个原因。

一是，劳动的社会化性质，使人们能直观感受到自己行为的社会性，从而把人自己的本质特征通过社会化形式确定下来。我们知道，人是自然界的一员，是自然界的组成部分。首先人与一般动物一样，要求生存，要满足吃穿住行的自然本能需要。但是，人与动物不同之处就在于他不是消极地、被动地适应客观世界，而是通过自身能动的创造力、自觉地从事积极改造大自然的活动，这种活动就是劳动。

人的劳动一开始就不是单个人的随意活动，而是在一定的社会形式下进行的有计划、有目的、有创造性的活动。人在劳动中不仅形成了人与自然的关系，同时形成了人与人之间一定的由经济关系支撑而延展开的社会关系。离开了这种社会关系，人就无法进行生产，就无法形成劳动，也就不能生存，不能成其为人。劳动一开始就具备社会的形式，构成关系的内容。人不能须臾离开劳动，也就不可能片刻脱离社会。劳动创造了人本身，同时也就产生了既定的社会形式，形成了确定的社会关系。

二是，人的本性中所含的社会化性质，使人总是通过社会性的透视，才有可能把握其本质。人类发展史证明，人一开始便是他人的产物，受社会的制约。一个人的生命的发展总是取决于和他直接或间接交往的其他一切人的生命的发展，并且彼此发生关系的个人的世世代代是相互联系的。后代的肉体的存在是由前代决定的，后代继承着前代积累起来的生产力和交往形式，这就自然且不以人的主观意志为转移地决定了此一代与彼一代的相互关系。这也就决定了作为个体的人，无论怎样总是与他人、与社会相联系的。个人是社会的存在物。

由此而确定，人的本性不可能是单纯的个体生命的属性表现，人的本性的内涵，更多地表现、反映着他人和社会的特性。没有纯粹的个人，个人只能在社会化形式中生存。

社会性作为人的本质的表现形式，应该说，仍然是一般的、较为抽象的形式，而且笼统、含糊，没有具体的表征，使人较难把握。在现代社会中，透过社会性形式的那种抽象和一般，我们还可以看到两种不同质、不同类的人的本质形式，这就是"自私"和"为公"。

"自私"和"为公"作为人的本质的表现形式，是社会性形式的具体化表征。无论两者有多么不同，在生命的表现过程中有多么大的差异性，毫无疑问，"自私"和"为公"都是人的社会关系在一定发展程度上的属性表现，两者仅只能被确定为人的本质的社会关系属性的外在表现化，不是人的社会关系属性本身。因此，当人们从现象上把握"自私"或者"为公"时，决不能将"自私"或者"为公"与人的本质等同起来。

当我们将人的本质表述和规定为"人的社会关系的总和"时，我们便确定了人的本质中的一个永恒不变的要素，即"社会关系"要素。因为，没有任何一个人在任何一个时代可以不处在特定的社会关系之中。但是，我们并没有确定某一种社会关系属性的永恒性。特定的社会关系，便具有特定的属性，而特定的社会关系属性，便决定着人的本质属性及其表现的形式。

我们知道，在人的社会关系总和中，起决定性作用的是经济关系。有着什么样的经济关系形态，由此而决定的政治思想、道德观念、法律意识等一系列意识形态，必然反映到人的属性之中，又通过特定的外在形式表现出来。"自私"作为一种本质形式，不难表现在人们的本性特征和形式上。

"自私"是一个历史的范畴，不是人类固有的本质；"为公"也同样是一个历史的范畴，也不是人类恒定的本质。人类的社会关系总和不是空洞的抽象，它必然取决于某种具体的社会经济关系，因此，人的本质的现实化就必然会通过"自私"或"为公"这样的感觉化形式表现出来。

今天，人类也无法摆脱这样的生命本质形式。受经济关系的制约，人们生命本质的表现，可以说更多地是以"自私"这样的社会性形式外化于世的。因此，许多人生命的本能冲动就不得不更显得自私自利化。对于这一点，当我们企图把握人自身的时候，应该有一个正确的、清醒的认识。也正因如此，"自私"，这种人的本质形式，为现时代人们超越生命赋予了更艰涩和更深刻的意义，这也就是说，一个人超越生命的跨度多少，取决于对"自私"这种本质形式的突破程度。

3. 人的本质内涵

我们知道，作为人的本质的并不是社会关系本身，而是由一定的社会关系总和所体现出的特定的属性。社会关系是实在的、客观的，它构成人的现实生活。从社会现象上看，人的本质属性总是与人的现实生活紧密相连的，人的现实生活活动是生成人的本质属性最直接、最明显、最感性的源泉。因此，人的本质内涵应包括人的现实生活活动的全部内容及其属性。

人的现实生活从完整的意义上理解，严格说来，它表现为两种生活领域，一是人的个体生活领域；一是人的群体生活领域，或一般意义上的社会活动。由此推论，人的本质内涵在现实生活中应展现在这两个不同的领域。换言之，人的本质内涵应是人的这两个不同生活领域所体现的人的属性的统一。

人的本质在人的个体生活领域的展现主要是人的个体属性，即个性。尽管，历史唯物主义告诉我们，人的生活是没有绝对的个体生活的，人总是在与他人的关系中生存和发展。然而，仔细地考察现实社会中的人的生活，就会发现每个人总是有着与他人不同的个体生活领域及其形式——人们在内心世界、生活方式和活动方式上具有不同的甚至相反的特点。以至于人的意识的全部内容、观点、判断、意见也都具有个人的特色，它们甚至在不同的人所共有的条件下，也总含有某种"各自的"特点，每一单个人的需求都是个人化了的，一个人的所作所为，都会留下个人的痕迹。在此，我们可以这样说：如果社会活动是将人与其他动物相区别开来的本质标志的话，那么，在人这个"大我"中，将自我与自我区别开来的标志就是人的个体活动。人的个体活动形成人的个性。

一般说来，人的个性表现为人的自然素质和精神特质，如记忆力、想象力、气质、性格的特点以及人的品格及其生命力的多样化。但是，人的个性化却是最终在社会活动中完成的，所以，人的个体属性应是人的本质属性不可分割的一个重要方面。

人的本质在人的社会活动领域中主要表现为四个层次的内涵和三种基本属性，即民族性、时代性和阶级性。

由于人不可能脱离社会共同体而独立生存，人只有在社会中才能从事一切活动，才能最终规定人的本质。因此，人的本质属性在现实生活中便具有四个层次的内在涵义。

一是人的共存关系中的相互依赖性，即人们脱离了社会就不能生存；二是人际关系中的交往性，即人们之间的各种往来、接触、联系性等等；三是人的伦理关系中的道德性，即人在与他人交往和与社会发生关系时，总是依据某种行为规范而活动的倾向性；四是人在生产关系及劳动过程中的合作性。

又由于人的本质总是要通过现象具体地表现出来，尽管它可以透过社会性形式外展，但一般说来，人的本质在现实活动中的表现，总是使人只感觉到它内含的民族性、时代性和阶级性（政治性）。

民族性。民族就是指生活在同一地域的人，由于受同一个地理环境等自然条件的影响，在长期的生产劳动和社会实践中，在特定的社会关系活动中，逐步产生了一种共同的经济生活，使用同一种语言，有着共同的心理素质，而形成的一个稳定的共同体。每个民族都有自己的特点，而每一个现实的人由于历史的、地理的原因，总是从属于一定的民族，受着民族特性的制约。在同一民族中，个人之间、阶级之间、团体之间尽管存在某些差异或对立，但并不妨碍民族性的存在。

时代性。又可看作历史性。现实生活中的人，无一例外地都生存在一定的历史范围之内，总是在一定的时代、一定的社会关系条件下生活。社会生活在本质上是实践的、不断变化发展的，因此，人的社会关系属性也是不断变化发展的，并总是反映出时代的特殊性。

阶级性，或叫政治性。当人类进入阶级社会，人们社会生活中的一切关系，由于受一定经济关系的制约，集中体现为代表一定经济利益的政治的或阶级的关系。人们的思想风貌和社会行为，都是一定的阶级或政治关系及其利益的体现。在阶级社会中，人总是阶级的人，超阶级的人是不存在的，人的属性必然是具体的，带有阶级性和政治性。

总之，我们看到，人的本质内涵在现实生活中通过社会性形式是可以把握得到的。人的个体生活领域与人的群体生活领域构成了完整的社会关系活动领域，构成了完整的社会生活。由此而表现出来的个体和群体的属性构成了人的本质属性的全部内涵，即民族性、时代性、阶级性（政治性）和个性，以及依赖性、交往性、道德性和合作性。

人正是通过这些属性的全部总和，将自己与自然界中的其他生命体明晰地划分了开来，人不是精灵、不是神、不是纯动物，人，就是人自己！

第二章

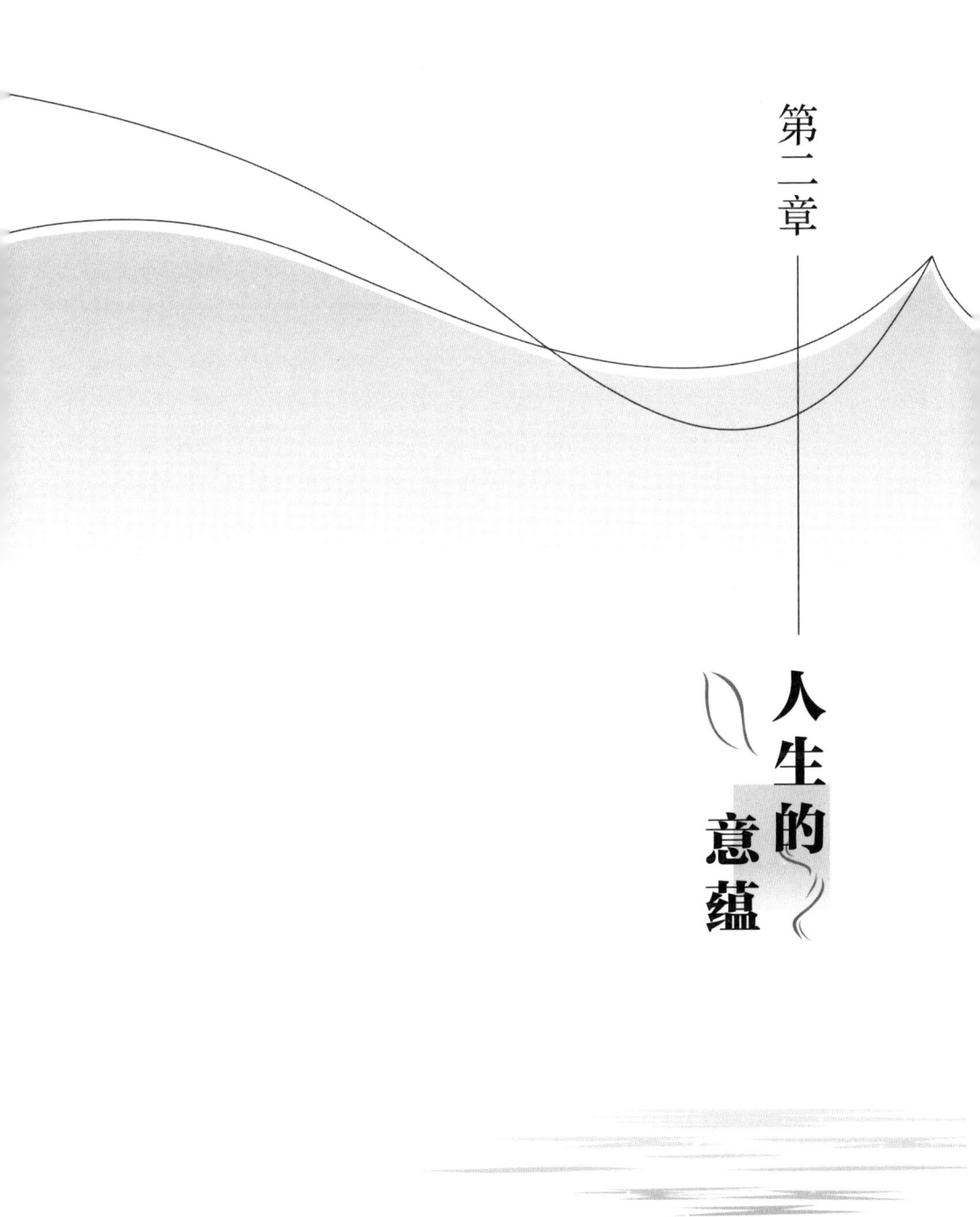

人生的意蕴

人，一个活的生命体。作为人，每一个人都有着自己的生命历程，或长，或短；或顺利，或坎坷；或快乐，或痛苦。从古到今，没有哪一个人能逃脱生命的局限。相传彭祖活了八百余岁，但也终有一死，这是生命自然的规律，任何人也无法抗争。

因此，当人发展到能追思过去、远虑未来的时候，无论自觉还是不自觉，每个人都要对自己的生命历程进行程度不同的思考和总结，并以其思考和总结的经验来指导自己未来的生命历程。由于每一个人的生命历程是不尽一致的，对其人生的感慨和反思也就各异。曹操可以在感叹人的生命短促、自己晃眼已到暮年时，出于对自己生命历程的总结而唱出千古绝句："老骥伏枥，志在千里，烈士暮年，壮心不已"[1]，以亢奋生命的活力。

那么，我们今天又该怎样认识、体验和领悟自己的人生呢？

人生

每个人都逃脱不了生命的束缚，无论每个人的具体生命形态怎样，他都在以不同的形式和内容走着自己的生命之路。人生多有偶然

---

[1] 曹操：《步出夏门行·龟虽寿》。

的发展，作为个体的人确实也无法决定自己生命的由来，但是，看似偶然的生命，在其自身的展开中又有着特定的必然规律。把握自己的生命，是人摆脱自然而升华自己永恒的基础。人生是什么？人生的意蕴何在？应该是力求自己的生命不被自然湮没而争取生命主动的人思虑的焦点，对人生的把握也正是将人的认识引向深入的关键所在。

1. 生命的历程

人的生命历程，简言之就是我们通常所说的人生。人生究其实质，又可说是人们完善自身，由此完善社会的生命实践历程。人生是人的自然有机生命体与社会实践生命相依相存统一发展的进程。人生一方面是以人的自然有机生命体不可逆转的向前发展，为其基础和依托的；另一方面又是在改造自然、改造社会，与他人的生命联系中延伸并显示其发展方向的。应该说，这是最一般意义上的理解。

但就人的生命所经历的具体过程来看，人的生命历程是一种什么状态呢？对这一问题的认识是形成人们人生观的重要基础，也是准确把握人生的重要基础。

古希腊曾记载了这样一个神话故事：庇比斯城的人得罪了天神，天神震怒。天后赫拉为了惩罚庇比斯城人，在庇比斯城外的峭崖上降下一个名叫斯芬克斯的人面狮身的女妖。她背上长着鹰的翅膀，上半身是女人，长着美女的头，下半身却是狮身，尾巴是条蛇。她向每一个路过峭崖的庇比斯城人提出一个谜语：

> 在早晨用四只脚走路，中午两只脚走路，晚间三只脚走路，在一切生物中这是唯一的用不同数目的脚走路的生物。脚最多的时候，正是速度和力量最小的时候。

对于这个奥妙费解的谜语，凡猜中者即可活命，猜不中者一律被吃掉。当过路的庇比斯城人被斯芬克斯全部吃掉以后，科仁托斯国王波里玻斯的养子，聪明勇敢的俄狄浦斯路过此地，会见了女妖，并猜中了这神秘奥妙之谜。他说：

这是人呀！在生命的早晨，人是软弱而无助的孩子，他用两手两脚爬行；在生命的当午，他成为壮年，用两脚走路；到了老年，临到生命的迟暮，他需要扶持，因此拄着拐杖，作为第三只脚。

谜语被猜中了，斯芬克斯就从巍峨的峭崖上跳下去摔死了……

斯芬克斯之谜不是一般的谜，而是蕴含深刻的人生哲理之谜。一方面，它论证了一个发人深省的道理，为什么看来如此简单的谜题，必使得人们在付出极大的现实生命代价后，也就是说，人们必须遭受极大的生命磨难之后，才可能有一个清楚明了的认识和正确的答案。在这方面，斯芬克斯之谜在今天仍然具有现实的意义。

另一方面，它通过人的生命历程的必经阶段来概括人，指出了人的生命历程的发展、变化性。即人的生命历程，大体上由幼年、成年、老年三阶段组成。此外，对斯芬克斯之谜的破解确认了这样一个事实：一旦人们能明白正确地认识人自身和他的生命历程，任何法力（女妖作为象征）也就失去了全部的魔力，人的自我，也就是真正意义上的现实的人就能确立。

当然，神话只是一种现实的表征或一种寓言，它不能说明生命历程的全部事实。对人的生命历程的思考不乏历史与现实的论据。在中国早期思想家们看来，人出生入死的生命历程，大体上有四种不同性质的生命阶段：一是婴孩时期，一是少壮时期，一是老年时期，一是死亡将至。正所谓："人自生至终，大化有四：婴孩也，少壮也，老耄也，死亡也。"①

西方文艺复兴时期的意大利著名诗人但丁（1265—1321）却认为："人生可分为两个时期，第一个叫作青春期，即生命的'增长时期'；第二个叫作成年时期，即成就的时期，它可以提供完满的东西。"他又说：对第一个时期没有人会有疑问，每个聪明人都同意，

---

① 《列子·天瑞篇》。

它持续二十五年，因为直到这时，我们的灵魂主要是给肉体以成长和美，这时人身上发生了许多大的变化，而理性的部分还没有完全分离，理性虽然正在建立，但在这个时期之间，有某些东西如果没有成年人的指导是不能做的。第二个时期是我们一生的真正顶峰，与已发生的时期有很大的差异，但是且不管哲学家和医生对它写过什么东西，这个时期持续二十年。生命的活力的顶点是在三十五岁，而生命的全盛时期是在四十五岁完成的。因而，"青春时期持续二十五年，攀登到生命的全盛时期，然后走下坡路，即继全盛时期之后的时期，这样的时期到七十岁结束"[①]。埃及诺贝尔文学奖获得者纳吉布·马哈富兹（1911—2006）用一种轻松而诙谐的笔调写道："精虫与卵子相遇，而成为受精卵，尔后滑入子宫，变成人的胚胎，胚胎又长成肉和骨骼，然后来到人间，未看到世界而先发出哭声，温和的天性从此开始成长，随日月推移，有了信仰、见解，渐而长成大人。"[②]

无论人在自身的生命历程上存在多么大的认知差别和不同理解，但都肯定着人的生命历程的阶段性，感知到生命状态的差异性。我们认为，从人类学的意义上来把握，一个完整的人的生命总体是由两种状态、十个阶段构成的连续系统。即每一个完整的人的生命总是"潜在的人"和"现实的人"，或者是"正在成为的人"和"已经生成的人"这样两种状态的统一体，也可以说是生物学意义上的生命和社会性意义上的生命历程的统一体。这样两种状态具体表现为一个由受精卵、合子、胚胎、胎儿、婴儿、儿童、少年、青年、中年、老年等十个生命阶段所组成的生命连续系统。

其中，受精卵、合子、胚胎、胎儿这四个生命阶段应该属于人的生命的第一种状态，即"潜在的人"，或"正在成为的人"；儿童、少年、青年、中年、老年这五个生命阶段无可置疑地是人的生命的第

---

① 〔意大利〕但丁：《宴会》。引自《人生哲学宝库》，中国广播电视出版社1992年版，第132页。
② 〔埃及〕马哈福兹：《恩宫街》。引自《人生哲学宝库》，中国广播电视出版社1992年版，第122页。

二种状态，即"现实的人"，或"已经生成的人"；婴儿这个阶段，严格意义上把握，应该是人的生命由第一状态向第二状态过渡的中介阶段。刚脱胎而出的婴儿不能一下就判定为"现实的人"或"已经生成的人"，而应该在其具有一定的生命活力和确实具有自我意识功能时，婴儿才真正地向人的生命的第二状态发展，这时他才具有人的真实而完整的意义。所以，处在第一状态的生命仅是生物学意义上的自然生命，只有将人的生命升华为第二状态时，人的生命才具有社会性的意义，才开始人的生命历程。

正是由于人的生命整体包含着生物学意义上的生命历程和社会性意义上的生命历程，凡处在生物学意义上的生命历程阶段，这时在人的生命的整体发展过程中，必然表现为一种"潜在的"，或"正在成为的"人的状态，这一状态的人的生命只是一种处于"可能性"状态的人的生命，因此，这种生命还不是我们所理解的真正意义上的人的生命，这种生命过程也不是真正意义上的人的生命历程。

真正意义上的人的生命历程，应该是人的社会性意义上的生命历程，即一个脱胎于母体，并与母体相对立，力图寻求母乳的那一刻起，直到心脏停止跳动，大脑不可逆转地丧失了自我意识的完整生命历程。这是一个一开始就将人的个体生命置于他人的生命关系网络之中的生命历程。一方面，它不可能摆脱掉他人所组成的社会生命网；另一方面，它总是随着自身自然生命的进程发生着不可逆转的向上运动，即从婴儿向老年的发展，从生到死的过渡。

2. 人生的自然意义

人的生命历程，即人生是一个完整的系统，在这个系统的任何一个阶段都有着相互联系又各自不同的特征，并由此显示出人生阶段的不同的自然意义。当人的生命从纯生物学意义上的生命脱颖出来，他的生命便具有更显然的自然意义。而生命的自然意义是随着生命历程的自然进展而表现出来的，这就是说，人的生命历程的阶段不同，人的生命所表现的特征及其意义也就不一样。

古波斯《卡布斯教诲录》第九章如此认为："人一直到三十四岁，都是处于上升的发育阶段。从三十四岁到四十岁是属于既不上升又不下降的持续阶段。正像午时的太阳，移动得很缓慢。之后便开始下降。从四十岁到五十岁，便感到一年不如一年；从五十岁到六十岁，便感到一月不如一月；从六十岁到七十岁，便感到一星期不如一星期；从七十岁到八十岁，便感到一天不如一天，一过八十岁，每过一个小时，都感到比前一个小时增加了痛苦。生命的顶点是四十岁。一到四十岁，便开始走下坡路。但这不像下梯子，一蹬一蹬的，而是像来时那样，逐步地下降，并且每个小时都伴随着令人同情的痛苦和难受。"[①] 这是一种对人的生命历程的自然特征描述。人的生命确实是这样：从无到有，从有到旺盛，从旺盛到成熟，从成熟到衰亡。尽管，生命的途径是固定的，自然只安排这样的一条运行轨迹，而且每一个人只能跑上一回，但是，人的生命阶段的自然特征中却饱含着生命的意义。

正如德国伟大诗人、思想家歌德（1749—1832）所说："人生每一阶段都有某种与之相应的哲学。儿童是现实主义：他对梨和苹果的存在深信不疑，正像他对自己的存在深信不疑一样。青年人处于内在激情的风暴之中，不得不把目光转向内心，于是预感到他会成为什么样的人：他变成了理想主义者。但是成年人有一切理由成为怀疑主义者：他完全应当怀疑他所选择的用来达到目的的手段是否正确。他在行动之前和行动当中，有一切理由使他的理智总是不停地活动，免得后来为一项错误的选择而懊丧不已。但是当他老了，他就会承认自己是个神秘主义者：他看到许多东西似乎都是由偶然的机遇决定的：愚蠢会成功而智慧会失败；好运和歹运都出乎意外地落个同样的下场；现在是如此，而且从来就是如此，以致老年人对现在、过去和未来所

[①] 引自《人生哲学宝库》，中国广播电视出版社1992年版，第124页。

存在的事物总是给以默然承认。"①

这是一个显而易见的事实，人的生命历程的阶段不同，必然导致人的生命意义的不同。因此，人的生命的意义往往取决于他的生命历程的阶段性特征。孔子就说得明白："吾十有五而志于学，三十而立，四十而不惑，五十而知天命，六十而耳顺，七十而从心所欲，不逾矩。"② 孔子在此规范了对人生不同阶段特征的认识。这就是说，人在少年时，就应该志向于求学问；青年时，应懂得做人的道理，开始自立于社会，而且说话做事都要有一定的把握；中年时，基本掌握了各种知识，不至于迷惑不解；壮年时，应懂得自然和社会的规律，获得做人的真谛；老年时，由于有丰富的生活经验，所以，应该懂得分别真假、判明是非；暮年时，由于积累了一生的生活经验并卓有成效，所以修养境界应达到即使随心所欲，也因自觉性强，而不使任何念头超越一定的社会规范。

《礼记·曲礼上》说得更明白："人生十年曰幼，学。二十曰弱，冠。三十曰壮，有室。四十曰强，而仕。五十曰艾，服官政。六十曰耆，指使。七十曰老，而传。八十、九十曰耄，七年曰悼。悼与耄，虽有罪，不加刑焉。百年曰期，颐。"人生的前十年为儿童期，儿童期为人生的初学阶段；人生的第二个十年为成年期，为人生开始讲究礼义的阶段；人生的第三个十年为壮年期，为人生的成家建业的阶段；人生的第四个十年为强壮年期，为人生建功立业的阶段……

当我们追思前人的思想，把人生划分为若干阶段，且每一个生命的阶段都有其自身的意义时，我们更应该明白：

婴儿期，是一个朦朦胧胧的阶段。人的生命中更多的是生物生命的成分。人更多的是一个受动体，但他是人的生命延伸的基点，天才还湮没在寻求母乳之中。

儿童期，是天真无邪的生命生长阶段。自我意识开始萌芽，知道

---

① 〔德〕歌德：《歌德的格言和感想集》，程代熙等译，中国社会科学出版社1982年版，第70页。
② 《论语·为政》。

了"我"的含义,开始用试探的眼光看着世界。智慧在生命的本能中闪现。没有痛苦,世界充满着温情和仁爱。

少年期,一个求知与危险并存的阶段。任性与理智相撞;善与恶开始明朗;开始了高度的选择,发现世界并不那么美好;在快乐与痛苦的边缘挣扎,自我观念开始确立。

青年期,长于"直觉",是人生中最强盛美好并富于幻想和革新的阶段。自我观念确立,藐视既往,目空一切,好激情冲动,充满活力而少保守。这是一个希望的年华,已感知人世的灾和难、痛与苦,刚刚品尝到人世间自我创造的甘甜和辛酸。人生是艰难的,但这是一个黄金时代。

中年期,大起大落后开始沉思,是人生走向成熟的阶段。真正——更深层含义上的人生刚刚开始。拥有高度的沉静与深刻的反思。失去了青年人的狂热而更富于理智。是收获的金秋季节。没有幻想,更求实际,但有着一种潜在的、更内在的新的希望和追求。总是在保守与创新、维持与再造之间徘徊,人生得失相当,人世间不恶也不善。追悔过去,总希望到老年时期能有所补偿。

老年期,一般来说这是更经验化的时期。和平、开朗,与宇宙同广阔。成功与失败都有所定论,不死心也死心了。长于回顾,好对过去留恋、深思与怀旧。一生热情开始冷却,死亡将临,有所忧虑而又无可奈何。一生尽管闪光,也是夕阳之照。心力与体力、理想与现实发生冲突,谨慎且小心。

人生作为一个过程总是有限的。我们对这一有限的人生过程给予明显的阶段性界定,并揭示出生命的自然意义,无非是希望人们根据自己不同的生命阶段的特征采取相应的行为表现,以确证人的生命的价值定向。孔子曾说:"四十、五十而无闻焉,斯亦不足畏也已。"[①]一个人活到了四十、五十岁还没有什么名望、成就,这个人也就值不得惧怕了。换句话说,一个人活到一定的生命阶段,他连最起码的自

[①] 《论语·子罕》。

然生命意义都没有体现出来，这个人作为人而存在，不也就是白活了吗？还有什么存在的意义！

3. 人生观

总括人的生命历程，总是在生存与消亡、现实与希望、成功与失败、充实与空虚的矛盾状态中发展着的。由于人是在血污中诞生的，从尿布的臊气到寿衣的腐臭，这中间不可能没有一点污迹。所以，人的一生是洗刷耻辱，克制邪恶，力求圣洁、完美和完善的一生。人的一生由此而是向上搏击，力求永恒的一生。

但在现实且具体的生命进程中，人生却是一个十分复杂的问题。在人的整个生命历程的连续系统中，总会碰到生活、劳动，学习、工作，事业、奋斗，理想、前途，精神、物质，友谊、交往，痛苦、幸福，恋爱、婚姻与家庭，以及生老病死等一系列问题，要求人们去对待并作出回答。由于不同的人有着不同的生命活动历程，有着不同的生命活动经验，以及有着对自身生命历程特征和意义的不同体验和理解，对人生便有着不同的看法和态度，答案也就千差万别。

有的人说：人生充满着生老病死之灾，且苦海无边，因此，"人生如苦海。"有的人说："人生在世，吃穿二字；不吃烟茶酒，枉在世上走。"有的人说："人生如梦，梦如烟；人生由命，非由他。"有的人说："人的生命充满着权力欲，人的生命本身就是权力意志。"

然而，更有人认为："人生第一要求，就是光明与真实，只要得到了光明与真实，什么东西、什么境界都不危险。知识是引导人生到光明与真实境界的灯烛，愚昧是达到光明与真实境界的障碍，也就是人生发展的障碍。"[①] 还有人认为："人生应该如蜡烛一样，从顶燃到底，一直都是光明的。""活着没有价值的人，与死人无异。"

尽管，这些对人生的回答各不相同，但是都离不开这样两个最基

---

① 李大钊：《危险思想与言论自由》。引自《人生哲学宝库》，中国广播电视出版社1992年版，第409页。

本的问题，即人为什么活着？人究竟应该怎样活着才有意义？对这两个问题的思考并由此形成的认识观念，就是人生观。就人生观的实质而言，我们认为：人生观就是人们对于人生目的、意义的根本看法和态度。它是人的世界观的一部分或一个方面，就其基本内容而言，主要包括人生的价值、人生的态度、人生的目的，及其人生中所反映出来的一系列问题的总和。

人生观并不是什么玄妙莫测的东西。人生观，人皆有之，只是有自觉与盲目、积极与消极、正确与错误、先进与落后之分。就整个社会而言，各种不同的甚至根本对立的人生观的存在，是不以人们意志为转移的客观现象。没有一个人能否认他的人生不是在一种特定的对人生前景认识的观念指使下展开的。无论一个人怎么活，用什么样的方式求生，他都必然具有固有的人生观指导。因此，问题关键并不在于存在着各种不同的或者根本对立的人生观，而在于为什么人们会有各种不同的甚至根本对立的人生观？

应该看到，人生观作为一种意识形态，它是人的社会存在的反映，归根结底是由社会物质生活条件决定的，是一定社会关系的产物。相对于现代人来说，每一个个体生命都是在已经确定好了的社会生活中开始自己的生命历程的。每一个人并不是先天带有着某种固定的人生观步入生命、跨进社会的，每一个人对其生命的展开、延伸、发展，以及对它的体验、感受一定是后于生命存在的，人们对生命的认知更是后天的事了。一个人生活在什么样的社会关系状况中，有着什么样的生活环境和遭遇，一般说来，他就有着什么样的人生观。一生都生活在自然经济状态中的人，日出而作，日落而息，一生之中盼风调雨顺、丰衣足实、人丁兴旺、颐养天年，也就是最大的生命之愿了。

反之，生活在现代大都市中的人，现代经济的高速发展，网络世界的丰富便捷和人际交往的无限拓展，便使其对生命的认识更有了另外的一番风韵。这就是说，不论在什么时代、什么社会形态下，人们对自己人生问题的认识和思考，对生命意义和目的的界定，总是从他们的现实生活状况，从他们所处的环境和当时的历史条件出发的。

此外，作为对人生过程的总看法、总观念，人生观又是世界观的重要组成部分，它与世界观既有联系，又有区别。世界观是人生观的理论基础，人生观是世界观的特殊表现。一般地说，一个人用什么样的观点、方法观察世界，也就会用什么样的观点、方法观察人生。所以，人生观和世界观是密切联系的。

但是，人生观同世界观又是有区别的，不能用世界观来代替人生观。

具体说来，一方面，世界观给人生观以一般观点和方法论的指导，它影响着人们人生观的确立，支配着人们对人生道路的抉择；它贯穿于人们的理念、信念和责任之中；它表现在人们对人生一系列症结、课题、迷离、疑难、追求和完善等看法之上，人生观是离不开世界观的制约和支配的。

另一方面，世界观上也会有着人生观的烙印。这是因为，世界观是人对于世界上的一切事物以及整个世界的最根本的观点，而人生观是人对世界的一部分——人生的看法。因此，世界观不得不涵括人生观。而在现实社会中，人们具有什么样的人生观，往往直接影响到对整个世界的看法，影响到世界观的构成。

人生观一旦形成，就会通过人们的实践发挥巨大的作用。人生观在人们的整个思想意识中占据着重要的指导地位，具有一定的支配作用。人生观的性质和水平决定着一个人的思想意识的性质和水平，从而对人的生命进程起着制约和定性的作用。因此，人生观所表现出来的作用既是最根本的，又是最直接的。在人的生命进程中，人生观既是总开关，又是导向的基本坐标，犹如扣衣服的第一颗纽扣，一错百错。在现实生活中，一个人的生命要显得有意义，要体现出生命应有的价值，要力求从自然生命中超越出来，升华到永恒，就不可能不对人生观有一个透彻的认识，以利于我们去建立一种好的、积极的、先进的人生观。

人生的反思

人生是值得反思的。虽然，每一个人的生命在起点和终点上没有根本的差别，但是每一个人的生命轨迹、境遇、形态以及各自对生命的品味、体验却是永不相同的。无论有多么的不情愿，一旦生命赋予了每一个活着的人，人们总是从本能上力图将生命维持到终点。然而人的生命不可能自然地生长，也不可能一帆风顺地在时间中流动。人的生命总是在不断地改变着自己的轨迹和处于形形色色的境遇之中，表现出千差万别的形态。法国著名作家安德烈·莫罗阿（1885—1967）说："在此人事剧变的时代，若将人类的行动加以观察，便可感到一种苦闷与无能的情操。"[1]

因此，人类百万年，人生几十年，总是力求改变这样的生命状态，总是不断地追寻着自己的生命轨迹，探索、自省与反思。由于人们又总是在自己生命的历程中直接或间接感受、品味和体验人生的，因此，对人生的反思便具有不同的，甚至相反的认识和观念。

1. 禁欲主义

应该说，这是一种最古朴的对人生的哲学反思，它也是最早在人类生存中源起和存在着的人生观。禁欲主义作为一种人生观是要求人们抑制物质欲望，放弃尘世享乐，以追求超自然的、非现实的，所谓

---

[1] 〔法〕莫罗阿：《人生五大问题》，傅雷译，生活·读书·新知三联书店1986年版，第1页。

纯精神世界的自我完善为目的的。在人类对自身的反思历程中，禁欲主义人生观通常是与享乐主义相对立的。

禁欲主义根源于人类的原始社会，根源于该社会中物质的匮乏所造成的人类力求自然生命存在的自我生存手段。这种人类的生存手段是通过高度的肉体与精神上的刻苦耐劳、忍饥抗寒的形式表现出来的。

由于原始社会满足人类生存的物质生活条件十分低下，在绝大多数情况下，人类必须听从自然的安排。因此，人的生命总是在极度的肉体与欲望的限制中生存。因为，在极其有限和低劣的生活物资面前，人要保持自身的生存与延续，抵御天灾人祸，就不得不通过一些必要的克制手段和强迫形式，限制人们对有限的生活必需品（如食品、饮水及衣物）的消耗量。例如，长时间的斋戒、隔离以及定时、定量分配等。

另外，还通过一些残忍的方式达到人类整体生存的目的，例如，通过磨平牙齿以增加咀嚼时间，而减少对食品的消耗；又如，通过杀掉老弱病残，并将其分而食之，以增加食品的储备。这种野蛮与残酷的禁欲方式，主要是让人们懂得在强大的自然界面前，当人类的整体生命受到威胁时，为了自我的生存，必须学会忍受痛苦，忍受灾难；必须将人的个体生命欲望压抑到最低点，并同时具有忘我的献身精神。

这是一种与后来发展起来的禁欲主义具有本质区别的禁欲行为和手段。它是直接为人的自然生命的存在、延续服务的，它是以人的生命的自我保存为目的的。但是，这却为后来的人们将其上升为指导人生全过程的认识观念——即禁欲主义人生观的形成和发展，奠定了物质基础。

最早将"禁欲"作为指导人生观念并升华为禁欲主义的，是公元前5世纪左右的古希腊哲学流派中的犬儒学派。与此同时，在古印度吠陀时期，由乔达摩·悉达多（公元前565—前486）所开创的佛教学说，也是坚持禁欲主义人生原则的。不过，作为世俗思想，犬儒学派所表现的禁欲主义是相当典型的。

这一学派的思想家们自称为"犬",并以狗的生活方式作为自己的生活方式,故而因此得名为"犬儒"。犬儒学派中最著名的代表人物第欧根尼(约公元前404—前323),为了表明蔑视一切生活享受和名位,常年住在一个木桶里,他的全部家当是:一根橄榄树干做成的棍子,一件既当被子又当外衣的褴褛长袍,一只装生活必需品的讨饭袋,一只取水用的杯子。整日在大街上游荡,饿了就像狗一样向人摇尾乞讨。据说,他还称自己是一个世界公民,宣扬四海一家,鼓吹积极的禁欲主义。这是一种放荡不羁的禁欲主义,他们思想的基本原则是:要使思想以及实际生活有自由,对人自然生存以外的特殊目的、需要和享乐必须漠然、无动于衷。他们把动物的生活方式当作人类的楷模,以动物和野蛮人的生活方式来反对当时希腊社会的物质文明。

尽管,犬儒学派所宣扬的这种禁欲主义的主张和行为,确实在一定程度上反映了他们对古希腊奴隶制"文明"生活的厌倦。但是,这种完全拒绝世俗物质文明的生活方式,去追求超世俗的与人类文明生活格格不入的所谓精神自由。一方面带有无法掩盖的虚假性;一方面带有极端的虚无主义和怀疑主义的倾向。因此,犬儒学派的这种禁欲主义思想,后来通过怀疑主义哲学直接影响到基督教,在西方世界,最终演变为宗教禁欲主义人生哲学。

对人生进行禁欲主义的反思,并将其上升到指导人生全过程的思想观念,是人类跨入阶级社会以来,在贫富悬殊、利益分配极度不公平的社会现象日益严重和个人私欲极度膨胀的状况下形成和发展起来的,它首先是作为一种反对世俗的享乐主义极端思潮出现的。仅就这一点说,禁欲主义人生观在极力主张反对腐化堕落、穷凶极欲、贪得无厌、骄奢淫逸以及净化社会风气方面,还是有一定的人生指导意义的。

但是,禁欲主义对人生反思的整个思想体系却是十分消极的。它企图用一种固守"自然"状态的被动生活方式来指导和规定人的生活,缺乏积极的进取性。由于禁欲主义又总是以一种愚昧落后、粗俗野蛮的观念和行为指导人们的生活实践，它总是诱导人们消极处世，自甘沉沦，浑浑噩噩，碌碌无为，放弃积极的现实生活，把一切指望都寄托在虚构的、不切实际的精神世界感受之中，把现实生活的焦点集中在对人自身欲望的克制、压抑和肉体的摧残、折磨上，所以，禁欲主义从根本上将人的意志导向极端的虚无主义状态。

2. 享乐主义

享乐主义是对人生的另一种反思。作为一种人生观念，享乐主义从人的自然本性出发，把人生看成满足人的生理本能需要的过程，认为人生的目的和意义，就在于追求人的物质生活享受。享乐主义是同禁欲主义相对立的，它反对禁欲主义所倡导的要求人们抑制物质欲望，放弃尘世享乐，以追求超自然的、非现实的，所谓纯精神世界的自我完善为目的的人生观念，而把人生目的的实现放在世俗的现实追求上，企图通过人的肉体感官的刺激和满足以实现人的生存意义。

在中国，先秦时期风行的杨朱[①]学派，把享乐主义人生观推向了高潮。杨朱学派为人的生命历程的有限性，为人的生命历程的短促而震惊、而感叹、而悲观、而痛苦，以至于使他们在寻找人的生命意义时，旨在于倡导人的生命的感官刺激，以求达到肉体生命尽情享乐的状态。杨朱认为：满足耳、目、口、鼻、体、意的欲求，得以现实的肉体快乐，是人的本性。人生在世只要有"墙屋台榭，园囿池沼，饮食车服、声乐嫔御"足供自己享乐，其他一切都是无所谓的。

这是因为，人的寿命有限，享乐机会不多，人死后万事皆休，只是一堆腐骨而已。所以，人生在世，须当趁机赶快尽情享乐。杨朱说：万物都不可避免一死。有人活得长，有人活得短，即使活得长，也不过百年。百年之中，除了一半是夜间，只剩下五十年。五十年间除去幼年不知享乐，老年不能享乐，除去疾病等占去的时间，也不过

[①] 杨朱，生卒年不详，战国初思想家。

五十年的一半。人活着是尧舜，死了只剩一堆骨头。人活着是桀纣，死了也同样只剩下一堆骨头。好人和坏人，好事和坏事，都没有认真分别的必要，当前最要紧的事，就是凡情欲所需要的一切，尽量享受，一天、一月、一年、十年都好。不然，人死后变成一堆枯骨，一切都完了。人们应该是："为欲尽一生之欢，穷当年之乐，唯患腹溢而不得恣口之饮，力惫而不得肆情于色。"①

在欧洲，享乐主义人生观曾形成了一个延续长久、影响广泛的思想理论体系。它的起源可以追溯到古希腊时期活跃在雅典一带的小苏格拉底派的居勒尼学派（公元前5—4世纪）。这个学派认为：寻求快乐和愉快的感觉，乃是人的天职，人的最高的、本质的东西。在中世纪，这种寻求快乐的人生观念曾受到基督教神学思想家们激烈的谴责和压制。当资本主义的生产关系产生和形成后，对人生进行享乐主义的反思又重新复活了，并随着资本主义社会的发展，以各种不同的形式更充分地表现出来。

资产阶级早期的人文主义思潮，一反中世纪的宗教禁欲主义，从人本主义出发，肯定人的现实生活，极力歌颂世俗的享乐，力求从哲学上论证享乐的合理性和正义性。他们认为：人是有生有死的生物，不应该去追求什么死后的幸福。凡人要先关怀世间的事，我是凡人，我只要求凡人的幸福。人的灵魂和肉体是不可分割的。肉体死了，灵魂也就消灭了。人生短促，应称心如意地生活，要充分享乐。②

18、19世纪的旧唯物主义者，代表着上升时期的资产阶级利益和要求，公开宣传人生的目的就是追求幸福和快乐。法国哲学家爱尔维修（1715—1771）说："快乐和痛苦永远是支配人的行动的唯一原则。"③ 他从感觉主义原则出发，认为："人身上一切都是肉体的感觉"，"精神的一切活动都归结到感觉，"这种感觉在人身上就表现为

---

① 《列子·杨朱篇》。
② 参见阎钢等：《理性的灵光》，四川民族出版社1987年版，第42~43页。
③ 北京大学哲学系外国哲学教研室：《十八世纪法国哲学》，商务印书馆1979年版，第497页。

"一种喜欢快乐、憎恶痛苦的情感"。[1] 这种情感使人们经常地逃避肉体的痛苦，寻求肉体快乐，力图保存自己的生命，谋求自己的享乐。费尔巴哈更明确地提出：追求幸福的欲望是人生而具有的，"应当成为一切道德的基础"[2]。他甚至认为，不只是人追求享乐，就连一切生物、一切活着的东西，它们的目的都是追求健康和享乐。

19世纪初，英国哲学家杰里米·边沁（1748—1832）大肆鼓吹享乐哲学。他认为：每个人的每个行动，都是趋乐避苦的经验事实，因为："自然把人类置于两个至上的主人——'苦'与'乐'——的统治下。只有它们两个才能够指出我们应该做些什么，以及决定我们将要怎样做。在它们的宝座上紧紧系着的，一边是是非的标准，一边是因果的环链。"[3] 趋乐避苦，是人的天性使然。因此，人人都应追求自己的快乐，个人的享乐就是每个人的唯一的至高无上的目的，人生就是彻底的享乐，并且，"不能为了别人而牺牲自己的享乐"。尽管，边沁从"人人追求自己的快乐，人人也应该追求自己的快乐"这一原则，逻辑性地推导出"应争取最大多数人的最大幸福"这看来合理的思想，但是，把追求个人的享乐当作大众幸福的基础，以先满足个人的享乐作为追求"最大多数人的最大幸福"的手段，无论如何也调解不了个人享乐与大众幸福的矛盾。因为，彻底的享乐主义人生观总是带着绝对化了的利己主义，而在现实生活中，每一个人也是无法实现他们所理解到的"享乐"的。

生活会非常真实地告诉人们：一个声称"出去寻欢作乐"的人，是不可能找到快乐的；一个赤裸裸地追求享乐的行为，或者毫无结果，或者适得其反——紧随的是"痛苦"。因此，当把享乐作为唯一的人生指导观念时，它就带有极大的虚伪性或欺骗性。这正如恩格斯在剖析费尔巴哈的所谓幸福论时指出的那样：费尔巴哈所谓的"追求

---

[1] 北京大学哲学系外国哲学教研室：《十八世纪法国哲学》，商务印书馆1979年版，第493页。
[2] 《费尔巴哈哲学著作选集》上卷，荣震华等译，生活·读书·新知三联书店1959年版，第535页。
[3] 引自周辅成主编：《西方著名伦理学家评传》，上海人民出版社1987年版，第530页。

幸福的欲望是人生下来就有的，因而应当成为一切道德的基础……无论费尔巴哈妙语横生的议论或施达克热烈无比的赞美，都不能掩盖这几个命题的贫瘠和空泛。"因为，"当一个人专为自己打算的时候，他追求幸福的欲望只有在非常罕见的情况下才能得到满足，而且绝不是对己对人都有利。他需要和外部世界来往，需要满足这种欲望的手段：食物、异性、书籍、谈话、辩论、活动、消费品和操作对象。二者必居其一：或者费尔巴哈的道德是以每一个人无疑地都有这些满足欲望的手段和对象为前提，或者它只向每一个人提供无法应用的忠告，因而它对于没有这些手段的人是一文不值的"①。

享乐主义人生观从人本主义出发，肯定现实生活，歌颂世俗的享乐，在历史上相对于禁欲主义来说，曾经起过进步的作用。但是，在人类物质财富的生产和分配仍然处在极度有限的社会历史阶段，妄言"享乐"，极力扩张"享乐主义"，就有可能失去人生的真实。

3. 悲观厌世主义

世界上恐怕不曾有过一帆风顺的人生。人的生命历程总是相对地存在着迂回波折，有时可能会困难重重，多有灾难。于是，如果仅就人生的这种境况，并加以夸大地反思，就会使人处处感到生存危机，感到人生恐惧，感到社会可畏，他人可怕，就会将生命的前景陷入绝望的悲伤心理状态之中，并由此而发展成指导人生的观念意识，这就是悲观、厌世主义。

悲观、厌世主义早在伴随着人类意识觉醒的童年时代就生成起来了。在中国，先秦时期道家学派的虚无主义便是悲观、厌世主义人生观的典型代表。在人的生命历程中，以老子②开创的道家学派主张顺其人的生命的自然而然的流动，不加以一丝一毫的人为作为。"无为"

---

① 《马克思恩格斯选集》第四卷，中共中央马克思恩格斯列宁斯大林著作编译局编译，人民出版社1972年版，第234页。
② 老子，生卒年不详，相传春秋时思想家，道家的创始人，姓李名耳，字聃，又称老聃。

"守静""不争"是道家的处世格言,也是人生态度。面对人生的艰难曲折、多坎坷磨难,老子主张"自然无为""少私寡欲",提倡"无我"。他认为:人的生命过程中之所以有"大患"即灾难、痛苦,就是太注重自己的身体及生命,如果没有这个身体及生命,又会有什么"大患"呢?所以老子说:"吾所以有大患者,为吾有身,及吾无身,吾有何患?"① 为此,老子强调,如真要重视自己的生命,就应"见素抱朴""无为而治""不欲以静"。在道家看来,人生若无痛苦、无灾难,就应追寻一种超然脱世的古朴而封闭的小国寡民社会。这正如老子所说:"使民复结绳而用之。甘其食,美其服,安其居,乐其俗,邻国相望,鸡犬之声相闻,民至老死,不相往来。"② 应该说,这是一种处乱世,面对未来丧失信心和力量的人生悲观论调。

晚于老子之后的庄子③,从超然的、更加虚幻缥渺的角度发展了老子悲观厌世的虚无主义出世思想。庄子力劝人们,不要为外物所支配而苦心劳神,应超越社会与自然,力求内心的平静和自由,"知其不可奈何而安之若命"④。一切听其自然,"不乐寿,不哀夭,不荣通,不丑穷"⑤。对生活采取一切超越于利害得失之上的虚无主义情感和态度。在出世、避世中寻找人的精神自由的道路,将人虚化到"与天地并生,与万物为一"⑥,并消极地去顺应自然、顺应社会。

在西方,对人生进行悲观厌世反思最具典型性的,首推19世纪中期在德国出现的叔本华(1788—1860)悲观厌世主义。叔本华从唯意志论出发,认为世界只是意志的表象,人生不过是意志的幻影,是空虚的,没有什么价值;人生就是一场漫长的噩梦,它充满着痛苦。人生欲望不断,需要无穷,因而痛苦也就不止。痛苦就是生命意志的本质。人生就是痛苦。叔本华认为:当人们在痛苦与折磨之后,所感

---

① 《老子·十三章》。
② 《老子·八十章》。
③ 庄子(约前369—前286),战国时哲学家,道家学派的集大成者,姓庄名周。
④ 《庄子·人间世》。
⑤ 《庄子·天地》。
⑥ 《庄子·齐物论》。

到的除了痛苦便是无聊。人生就如一架摆动于痛苦与无聊之间的"钟摆"。上了弦就来回摆,不知为什么,也不存在为什么,一切都只是听命于意志的偶然表现。当人的欲望得到满足时,人感受到的是无聊;当人的欲望未得到满足时,人感受到的是痛苦,人永远也不能摆脱痛苦的折磨,正如人不可能不具有生命意志,即欲望一样。如果人要摆脱痛苦,就要否定生命欲望,摆脱生命意志的支配。为此,叔本华提出,最能解脱痛苦的方法,就是禁欲与死亡。

禁欲在叔本华看来"是自己选定的,用以经常压制意志的那种忏悔生活和自苦"[1]。禁欲有三种方式:自愿摈弃性欲;甘于忍受痛苦;绝食自尽。对绝食自尽,叔本华大加称赞,认为这是"一种特殊的自杀行为,似乎完全不同于普遍一般的自杀"[2]。这种死亡是"完完全全中断了欲求,才中断了生命"[3]。可见,叔本华所要求的是对人的一种从精神到肉体的全面消灭。

死亡,意味着痛苦的解除,宣告了无聊的终止,剩下的只是一个虚无。于是,叔本华悲观厌世主义人生观便"升华"到了空虚的涅槃境界,从而完成了"痛苦——无聊——虚无"的人生三部曲的演奏,最后终于托出一个硕大的无,导向了极端虚无主义。

如果说悲观、厌世主义人生观在人类思想史上还有一点存在意义的话,也仅限于这种人生观对人生所存在的问题的敏感性,由此而引起人们对自己生命过程某些不顺畅的事情的看重,并由此感觉到人世的艰难和社会的复杂。但是,这种人生观总是无限地夸大社会的阴暗面、复杂性和人生的灾难、痛苦,采用退守的自我保护原则,从对社会的失望到对人生的逃避,最终导致个人与人类社会的完全脱离,放弃人生,使个人走向生命自绝、自毁、自禁的道路。在此意义上,悲观、厌世主义作为一种指导人生的观念,相对于人类进步和个体生命本质的积极性来说,它便具有极其消极的性质。

---

[1] 〔德〕叔本华:《作为意志和表象的世界》,石冲白译,商务印书馆1982年版,第537页。
[2] 〔德〕叔本华:《作为意志和表象的世界》,石冲白译,商务印书馆1982年版,第549页。
[3] 〔德〕叔本华:《作为意志和表象的世界》,石冲白译,商务印书馆1982年版,第550页。

4. 实用主义

对人生进行实用主义的反思，是实用主义哲学思想家对人生探索的倡导。实用主义是 20 世纪影响最大、流传最广的唯心主义哲学流派之一，它的代表人物企图把实用主义装扮成一种强调"行动""实践""生活"的哲学。实用主义产生于美国，活动中心也一直在美国。它于 19 世纪 70 年代在美国露头，发轫于 1871—1874 年间在哈佛大学所建立的"形而上学俱乐部"。

实用主义的主要代表人物有皮尔士（1879—1914）、詹姆士（1842—1910）和杜威（1859—1952）。20 世纪 40 年代以前，实用主义哲学在美国一直占据主导地位，甚至被视为美国的半官方哲学，至今，仍然对美国社会产生深刻的影响。在中国，通过胡适（1891—1962）等现代学人的传播，实用主义在思想文化的各个领域都曾产生过很大的影响。

实用主义之所以能在美国形成和发展，是由美国资本主义发展的特点，尤其是美国从自由资本主义向垄断资本主义转化的特点所决定的。与西方各国相比，美国资本主义是在未遇到强大封建势力阻挠的情况下，较为顺利地发展起来的。在美国，资产阶级几乎是在毫无约束地、毫无顾忌地从事商业投机、产业竞争和扩张地盘；在美国，资本主义经济制度和资产阶级的政治都建立得最纯粹，资产阶级的民主、自由口号也叫得最响，同时，资产阶级个人主义、利己主义也表现得最为直接、最为露骨和突出。在美国，资产阶级不必考虑受国家、君主、教皇以及其他超乎个人之上的力量限制和旧的传统束缚，可以自由放任地去追逐个人的"发展""成功""利益""效用"；在美国，人们正是为了追逐利益才来开发、征服这片新大陆的。因此，比起生活在其他传统国家的人们而言，美国人更注重把人与人之间的一切交往都看作谋取个人私利的手段，把人与人之间的关系都看作买卖、契约关系。所以，这种现实情况就迫使美国哲学的主要任务，必然是直接论证资产阶级所追逐的个人私利（效果、功用），甚至可以把资本主义市场和交易中的一些活动（如赢利、报酬、信用、兑现价值，等等）当作其哲学的主要范畴，实用主义便最符合这种要求。

实用主义的根本纲领是：把确定信念作为出发点，把采取行动当作主要手段，把获得实际利益（效果）当作最高目的。这完全贯彻了资本的竞争精神，即只管行动的直接利益、效用，不管是非、对错。有用即真理，无用即谬误。

在实用主义者的眼中，人生就是追逐利益的生命进程，人就是为利而生、为利而活、为利而死的。在人生的进程中，利益的体现就是人生追求的目的，一切生命进程的手段就在于对利益的体现实用还是不实用？实用的就是正确的，具有真理性的；不实用的就是错误的、不具真理性的。正如詹姆斯所说："它是有用的，因为它是真的，或者说，它是真的，因为它是有用的。"[1] 简言之：真理就是有用，有用便是真理，无用便是谬误。用这样的原则指导人生，就是实用主义对人生的反思，由此形成的意识和观念，就是实用主义人生观。

实用主义人生观，正是基于"真理就是有用，有用便是真理"这一原则，根本否认自然界和社会的客观实在性和发展变化的规律性。实用主义者认为：没有实在地定数或必然性确实表现在宇宙间任何地方，只有"事实"，没有规律；所谓"事实"只与人们生活的好处或利益相联系，而与客观真理毫不相干。因此，人生的目的只服从个人主观的意志和欲望，生活的意义只在于按照这种欲望行动所带来的好处和利益的多少，人生的价值就在于"方便"和"有用"，任何人的利益目的都是正确的。因为没有客观的真理存在，"真理全是由人产生到世界上来的"[2]。实用主义者认为，世界就是"我的经验"，整个世界就是一个经验的结构。经验等于实在，等于整个世界。人们感兴

---

[1] 〔美〕詹姆士：《实用主义：一些旧思想方法的新名称》，陈羽纶译，商务印书馆1979年版，第104页。

[2] 〔美〕詹姆士：《实用主义：一些旧思想方法的新名称》，陈羽纶译，商务印书馆1979年版，第131页。

趣的东西、所欲求的东西，就是实在的东西。詹姆士为此说道："实在只是意味着对于我们的情感生活和能力生活的关系。这就是人们在实践中所说的这个名词的唯一意义。在这个意义上，任何引起和激起我们的兴趣的东西就是实在的。"① 因而，所谓"真实的"，只是"在我们思维方面方便的"，正如同"正确的"，只是"在我们行为方面方便的"一样。这就是说，不管在认识方面，还是在行为方面，"方便"是唯一的标准和价值。詹姆斯说："简言之，'真的'不过是有关我们的思想的一种方便方法，正如'对的'不过是有关我们的行动的一种方便方法一样。"②

人生的意义是什么？詹姆士认为，就在于相信它"对我们的生活是有利益的"。人具有为求自己的利益而嗜杀和竞争的本能，所以，能制造一幕幕残杀景象，但却只伤害别人，而自己不受伤害。人生是什么？人生就是投机和冒险。詹姆士指出，上帝向世人发布了这样的号召：我给你一个机会，请你加入这个世界。你知道我不提保这个世界平安无事的。这个世界是一项真正冒险事业，危险很多，但是也许有最后的胜利。因此，世界就是上帝安排的大赌场，是一个投机冒险的乐园。人生无须认识客观规律，无须寻求行为的意义，只须依靠碰运气，依靠侥幸，依靠个人冒险去求得成功。③

实用主义对人生的反思，用"方便"取代了原则；用"实效"代替了逻辑推理；用"工具"取代了目的，由此看似把"复杂简单化了"，但却把对人生的认识引向了一个极端，它只承认"有利"这样一个经验事实，坚持相对主义，否认真理的客观实在性，否认社会历史的客观必然性和一定社会关系中人与人之间的相互制约性，只强调个人利益这一目的的追求和实现，而不言其他，一切以个人此时此刻的主观好恶为标准。事实上，这在人生的具体实践进程中，是难以成

---

① 转引自刘放桐主编：《现代西方哲学》，人民出版社1981年版，第270页。
② 〔美〕詹姆士：《实用主义：一些旧思想方法的新名称》，陈羽纶译，商务印书馆1979年版，第41页。
③ 参见阎钢等：《理性的灵光》，四川民族出版社1987年版，第47页。

立的。如果，仅为"利益"而不惜采取一切手段，并冠之为"实用"或"真理"，尤其是仅为个人利益而不惜采用豪取、掠夺、欺瞒、哄骗、弄假、赌博，甚至残杀等手段，并不存有善与恶的准则，就会在现实生活中将人的思想和行为带向反道德主义。

我国著名学人，复旦大学教授刘放桐先生（1934—）对实用主义有一段非常深刻的剖析。他说："总之，随波逐流、模棱两可、不分是非、不辨真伪，把最可靠的真理与最荒唐的谬误、最符合客观实际的理论与最虚妄的主观臆断、最讲实事求是的科学和最神秘的信仰同样对待，以赤裸裸的诡辩代替严肃的论证，一切以个人此时此刻的主观好恶为标准，——这就是实用主义的实质。"[①]

5. 存在主义

存在主义作为一种人生观，就是把个人意志、个人自由作为一切人的存在的出发点。提出"存在先于本质"的原则，认为世界的存在首先在于人的存在，世界的存在依赖于人的存在，而人的存在主要在于人的主观自为性。

存在，确实是人类现实生活，也是个人生命历程所具有的表现特征。现实就是一种存在，存在着的生命或生活，也就是现实的生命或生活。原本这是无可争议的。但是，当人们去思考：人为什么而存在？存在意味着什么？并仅就存在的现象去探究人的本质，这就确定了对人生的存在主义反思。

对人生进行存在主义反思的，主要是称之为存在主义的哲学流派。存在主义作为一种有很大影响的哲学思潮，是在第一次世界大战后的德国正式出笼的，第二次世界大战时在法国流行，并迅速扩散到美国和其他西方各国。存在主义对现时代具有重大影响，它的主要代表人物是德国哲学家雅斯贝尔斯（1883—1969）、海德格尔（1889—

[①] 刘放桐主编：《现代西方哲学》，人民出版社1981年版，第282~283页。

1976），以及法国哲学家萨特（1905—1980）。其中，萨特影响最大，他实际上代替海德格尔、雅斯贝尔斯成了当代影响最大的存在主义者。

存在主义者们几乎都把个人的存在当作一切存在的出发点，并由个人的存在推导出整个世界的存在。海德格尔指出：个人的存在是一切其他存在物的根据，只有从个人存在出发，才能理解其他一切事物的存在，而对个人存在的理解却不依赖其他事物的存在，个人的存在是通过其存在本身而被领悟的。个人的存在是第一性的，一切其他存在是第二性的，它们的存在取决于个人存在，要是没有个人，世界上其他一切的存在就没有意义了，世界就是一堆杂乱的，说不上是什么东西，实际上根本谈不到其存在了。①

萨特极力为此作证。他说，存在可分为两类：一类叫"自在的存在"，指的是外部世界；一类叫"自为的存在"，指的是人的意识。自在的存在是一片混沌，是一个巨大的虚无，它没有原因，没有目的，它是偶然的、荒诞的，使人一想到就会"呕吐"。因此只有自为的世界，即人的意识才是真实的。自在的世界只能作为自为的世界的"阻力"而存在，只有通过作为自为世界的人的存在，才有意义。

萨特进而认为：人最初只是作为一种单纯的主观性存在，人的本质和人的其余一切都是后来由这种主观性自行创造的。他说："首先是人存在、露面、出场，后来才说明自身……人之初，是空无所有；只在后来，人要变成某种东西，于是人就按照自己的意志而造就他自身。"又说："人不外是由自己造成的东西，这就是存在主义的第一原理，这原理，也即是所谓的主观性。"② 这就是说，人无论怎样发生和发展着自己的生命历程，人的本质、人生的意义以及各种社会特征，都是由人按照自己的意志、愿望造就出来的。个人的主观意志决定个人的存在，再由个人的存在引申出人的一切社会关系以至整个世界的存在。

---

① 刘放桐主编：《现代西方哲学》，人民出版社1981年版，第551~552页。
② 刘放桐主编：《现代西方哲学》，人民出版社1981年版，第554~555页。

因此，萨特说：世界本质上就是"为我的世界"。人的真正存在的实质就是人具有绝对自由，"人是自由的，人就是自由"①。人的存在只有在他是自由的时候，才是有充分价值的，因而，人的个人存在和人的自由是同一个东西，这里不容有决定论。所以，在人生发展的过程中，个人的自由必然是排他性的，个人的自由必然要排斥他人的自由，甚至他人的存在。一个人只有无视一切他人时才是完全自由的，因为"地狱，就是别人"②。承认他人的存在和他人的自由，这本身就是对个人自由的一种限制，每个人只有当他在反对别人的时候，才是绝对自由的。此外，相对于人自身之外的那个客观世界充满着许多出乎人意料的总是不断制约着人的偶然性，相对于个人来说，它是荒诞的、恶的，有时带有强制性、剥夺性和残害性。因此，面对突如其来的偶然性，即人生的变故，只有从纯主观上去体验生命的自由，一个人才真正具有存在的价值，甚至于生命毁灭的价值。

存在主义基于追求绝对自由这一人生目的，认为只有个人才是最真实的存在，集体和社会不过是个人存在的一种方式，而且是不真实的方式。一旦个人与社会之间存在着不可分割的联系时，这种个人已不像是作为真正存在的个人，而是被对象化了的、失去了个性的、受到他人和社会约束的个人，是一种被他人、社会所吞没的个人，总之，是被异化了的人。这种社会存在扼杀了个人的真正存在，因此，人们为了回复到自己的真正的存在，避免任何偶然性，躲避一切人生变故，根本道路就是摆脱他人、社会的束缚。

但是，存在主义者们也十分清楚，人本性上是社会活动物，一个人的活动是无法超越社会的，一个人无论如何总是在与他人、社会相关联中生存、发展着。人永远要受到人的制约。因而，有些存在主义者便把人的绝对自由的获取推向了一个极端，他们认为：一个人要摆脱他人、社会，最终取得自由的标志就是选择死亡，而选择自杀是绝

---

① 刘放桐主编：《现代西方哲学》，人民出版社1981年版，第564页。
② 〔法〕萨特：《间隔》，柳鸣九主编：《萨特研究》，中国社会科学出版社1981年版，第303页。

对自由的最好证明。他们说，不管人们在客观生活中如何不能由己，但谁也不能阻止人们自杀，在这点上人总是自由的。存在主义的先驱、丹麦哲学家基尔凯郭尔（1813—1855）由此说道：人虽然不能主宰自己的命运，人不过是织在华丽的生活锦缎上的一根线，但是，如果自己不能去织锦缎，拉断这根线总是可能的。①

后来的存在主义者对死亡表现出了最大的赞扬，认为死亡既是最高的存在，也是最高的认识和最高的道德。海德格尔说：一个要成为"强者"的人，就是要正视"死"，果断地心甘情愿地去选择死亡，这是人存在的至高无上的目标。② 雅斯贝尔斯也不得不感叹："从事哲学即是学习死亡。"③ 社会历史相对于个人存在来说，是一个不真实的存在，因此是一片混沌荒谬的"无"，历史是不可知的，永远只能是一片漆黑。又因为人的生命总是处在一定的社会历史过程之中，无法脱离，人生在历史中无力摆脱社会的奴役，人类历史本身便显得是一场没有尽头的悲剧，人生也就是荒唐的、冒险的、无所作为的。一个人的一生从本质上就规定为一种失败，人只能抱着"不冒险，无所得"的态度去生存。这就使存在主义对人生的反思陷入悲观主义情绪。

6. 非理性主义

非理性主义是相对于理性主义而言的。也就是说，非理性主义是一种排斥、否定人的理性（人的逻辑思维、科学思考），而无限夸大人的直觉、意志（欲望）、本能、灵感等意识活动，并将其看成人的本性、或本质特性，用以指导人生和主宰世界的思想体系。

就人本身而言，每一个人都无法躲避欲望的支使，这源于人求生存的自然本能。仅就这一事实而言，由于欲望具有绵延不断的、此起

---

① 刘放桐主编：《现代西方哲学》，人民出版社1981年版，第566页。
② 参见全增嘏主编：《西方哲学史》下册，上海人民出版社1994年版，第782页。
③ 刘放桐主编：《现代西方哲学》，人民出版社1981年版，第568页。

彼伏的持久性、永恒性和普遍性，它具有意志的特征。欲望也确实在一定的范围和程度上能支撑人生，并赋予生命最基本的生存和生长力量。就此一点，欲望也可说是具有人类的共通性、共同性，它是生命的必然，无论在人的欲望的内涵和外延上，几乎都是相近、相似，乃至于一致的，而且是恒定的。比较起人的理性的后天性、非本能性、偶然性，以及内容的差异性、非一致性、可变性，作为生命本能的欲望似乎更易于被人们接受来当作主导和支配人生命历程的根本力量，并由此而否定理性的存在。

毫无疑问，人的欲望的表现是显而易见的，对欲望的感知、把握也是轻松自然的，相反，人的理性就显得高深莫测，对理性的认识、理解也显然是苦涩难耐的。与此相应，当人们认识自我时，最容易切入的必然是对生命欲望的感受和体验，最难以深入的一定是对生命进行理性的思考。这就容易促使人们仅就欲望去把握人生、反思人生，或者叫作：对人生进行非理性主义反思。

非理性主义是现代工业革命的产物。当竞争将一切人与事物都挤压得紧紧张张、匆匆忙忙、恍恍惚惚时，当现代科技将人的生活节奏加速到大幅度跨越时空的超速时代时，人们忙着的，就是生存；人们体验的，就是竞争；人们感觉的，就是欲望；人们表现的，就是本能。当时间加速流动时，人们只有从更直观的感觉中去认识、把握人生了。

对人生进行非理性主义反思，最具代表性的是权力意志主义。权力意志主义是19世纪末由德国著名哲学家尼采（1844—1900）开创的。他企图通过自己的学说来重新透视人生，推翻传统理性的制约，树立一种新的人生观念，确定一种新的人生目标。

在尼采看来，整个世界并不是理性的世界，而是非理性的世界，整个社会不是群体的社会，而是孤独的单个人的社会。个人的生命基础（本能、本性）是权力意志，他由此认为：社会不是人们在物质生产进程中形成的生产关系、社会关系的总和，而是权力意志的产物。因为，社会无非是一群人的堆集，而每一个人的本质都是权力意志，没有权力意志就没有社会，权力意志是世界的本原，是决定世界运动变化和发展的终极原因，是人们的全部认识，它既是认识的基础，又是认识的大厦；人连同人的认识，即认识者；认识自身、认识的动机和目的、认识的对象、认识的内容无一不是权力意志。简而言之，整个世界除了权力意志到权力意志外，再没有别的事物和现象。生命本身就是权力意志。①

于是，在人生实践领域，尼采提出"超人"思想。他认为，"超人"就是那些获得超级权力的人，这种人就是高贵的人，而"高贵"人本质上是权力意志的化身。"超人"作为一种个体生命，它充分体现着权力意志，并具有旺盛的生命力，是一个赤裸裸地充满利己主义的生命体。尼采认为，以权力意志为基础的个体生命与利他主义是格格不入的，本能地是利己的，人体的每一个器官都是按照利己主义的原则来活动的。对于人体来说，利己主义是毫无疑义的。因此，生命的原则就是暴力，就是掠夺、征服、践踏异己者，把异己者和弱者当作自己生长、获得地盘及优越性地位等的工具。

尼采反理性主义，夸大了人的生命本能的那种趋强性，把人们时时处处所感觉到的那个求生欲望扩展为一种人们后天才生成起来的"权力"意志，应该说是找错了感觉，由此，而导致尼采人生哲学思想的极端性和反人性性。英国当代著名思想家罗素（1872—1969）为此批评说："我厌恶尼采，是因为他喜欢冥想痛苦，因为他把自负升格为一种义务，因为他最钦佩的人是一些征服者，这些人的光荣就在于有叫人死掉的聪明。但是我认为反对他的哲学的根本理由，也和反对任何不愉快但内在一贯的伦理观的根本理由一样，不在于诉诸事实，而在于诉诸感情。尼采轻视普遍的爱，而我觉得普遍的爱是关于这个世界我所希冀的一切事物的原动力。"②

随尼采之后，20世纪初开始流传的弗洛伊德主义是另一种具有典

---

① 参见杜任之主编：《现代西方著名哲学家述评》，生活·读书·新知三联书店1980年版，第7页。
② 〔英〕罗素：《西方哲学史》下卷，马元德译，商务印书馆1982年版，第326页。

型非理性主义色彩的对人生的反思思潮。弗洛伊德主义，因其创始人西格蒙德·弗洛伊德（1856—1939）而得名。弗洛伊德主义的基本原理主要是关于无意识的理论。所谓无意识，是指个人的原始冲动和欲望。他认为，精神过程本身都是无意识的，有些有意识的精神过程不过是局部的、孤立的动作，并存在一种类似无意识的思维、无意识的意志这样一种东西。他说："我可以向你们担保，只要认可无意识的过程，你们就已经为世界和科学的一个决定性的新倾向铺平了道路。"①

在弗洛伊德看来，无意识是一个特殊的精神领域，它具有自己的愿望、冲动，自己的表现方法和特有的精神机制。弗洛伊德将其称作：为人类社会的伦理、法律、宗教所不允许的原始、野蛮的动物性的本能，这种本能主要是指性欲，又叫"里比多"（Libido）。"里比多"就是人的本能的能量和驱动力，或"基力""性力"。他说："我想最好先请你们注意'里比多'这个名词。里比多和饥饿相同，是一种力量，本能——这里是性的本能。"② 在此，弗洛伊德所指的性欲已经不仅仅是指通常所说的性行为的欲望，而是指与这种性欲本能相联系的自我保存的本能、生存的本能和死亡的本能。

弗洛伊德主义的一个突出特征是泛性欲主义，他们把人、人生看成性及性欲的生成、成熟到升华的过程。他们不仅把人的一切动机、行为都看成性欲冲动所造成的，而且把婴儿的吸吮动作，父女和母子之间的自然情感，把梦境、病态、舌误、笔误，以及艺术家们的创作欲望也看成性欲的表现，甚至于道德规范、宗教戒条等都是针对性欲问题而制定的。这样，性欲就不单纯是个人欲望的问题，而变成整个人类社会的问题了。弗洛伊德说，正是这些性冲动对人类精神的最高文化、艺术和社会成就做出了其价值不可能被估计过高的贡献。

弗洛伊德主义的再一个基本特征就是对人类理性的否定。这一特征的根本，就在于认为人的意识和精神生活都是受本能和潜意识控制

---

① 引自《现代西方心理学主要派别》，辽宁人民出版社1982年版，第351页。
② 〔奥〕弗洛伊德：《精神分析引论》，高觉敷译，商务印书馆1986年版，第247页。

的，也就是说受着性欲的控制。在弗洛伊德眼里，人皆是性欲动物，性是一种本能，是非意识、非精神，也是非理性的，它只由一种自动的内驱力支使。这种性本能是自私的，它支配人总是在其生命历程中千方百计地满足自己的性需求。同时，使人具有一定的攻击性，为了自己的欲望满足，不惜侵占、羞辱、折磨他人。人的这种本能使人性带有恶的性质。因此，在人的生命展开过程中，"人与人是狼的关系"这个论断，是无法反驳的。由于弗洛伊德实质上坚持用人的性欲本能作为反思人生的基点、指导人生理论，便使其学说归流于一种非理性主义。

7. 乐观主义

乐观主义是一种对人生做出积极评价，对人生充满美好祝福，不哀伤、不悲叹，并饱含激情的人生观。这种人生观对生命抱着认真而热情的态度，它放大了生命的光点，无论生命处在什么样的境遇中，总是能超然于生命自然发展状态的束缚，理念高于感觉，希望重于现实，精神强于物质。乐观主义具有强烈而浓郁的理性主义色彩。

乐观主义对人生的关注，重在人的生命活动的价值，即社会性意义。人终有一死，人生延续生命的目的仅只为肉体自然状态的保存？仅只为自然生命的"趋乐避苦"？还是有其他的生存目的？乐观主义者认为："人生不过百年。百年之后，尚能生存否耶？无论如何，莫不有一死，死既终不可避，则当乘此时机，建设革命事业，若仅贪图俄顷之富贵，苟且偷活，于世何裨？故死有重于泰山，有轻于鸿毛者，死得其所则重，不得其所则轻。吾人生今日之世界，为革命世界，可谓生得其时。"[①] 这是一代伟人孙中山先生（1866—1925）的名言，也是他自己生命的写照，没有这样的对生命的诠释和理解，也就没有他光辉的一生。

---

① 《孙中山全集》第二卷，中华书局2011年版，第271页。

乐观主义总是能在人生境遇处在不良的、低沉的、恶劣的状态时，给人以生活的鼓励与信心，使人在消极中看到欢乐。人生当然不是一帆风顺的，它要受到自然与人事的磨难，生命的表现就难免不受挟磨。乐观主义对人生的意义，就是促使人对生活多给予理性的思考，对现实多赋予精神的寄托，用想象的蓝图替代眼前的遭遇，用追逐生命的意义克制生命的苦难。

乐观主义者在延展自己生命进程时，往往能直面人生，正如鲁迅先生所说："真的猛士，敢于直面惨淡的人生，敢于正视淋漓的鲜血。"[1] 因为，他们不为个体生命的存在与否而忧虑、而悲伤，他们追求的是希望，是生命的意义。爱因斯坦（1879—1955）说："人只有献身于社会，才能找出那短暂而有价值的生命的意义。"又说："人们努力追求的庸俗的目标——财产、虚荣、奢侈的生活，我总觉得都是可鄙的。""对于我来说，生命的意义在于设身处地替人着想，忧他人之忧，乐他人之乐。"[2] 李大钊（1889—1927）说："人生的目的，在发展自己的生命，可是也有发展生命必须牺牲生命的时候。因为平凡的发展，有时不如壮烈的牺牲足以延长生命的音响和光华。绝美的风景，多在奇险的山川。绝壮的音乐，多是悲凉的韵调。高尚的生活，常在壮烈的牺牲中。"[3] 这就是乐观主义者直面人生的思想根基和实质性所在。

乐观主义者无论处于生命的任何境遇之中，都能把握生命的光点，给生命以积极、坦然的意义。"砍头不要紧，只要主义真。"这是乐观主义者的最典型、最真实的写照。也只有当给生命以积极、坦然的意义，一个人的生命才显现出感人的力量和美的魅力，才可能超越时空对生命的局限，使生命不仅得以保存而且在极可能允许的条件下得以延展、持久、永恒。因此，一个人的生命只要具有乐观主义的精神，他总是能挣脱命运的束缚，主宰自己的生命，即使面临死亡的威

---

[1] 《鲁迅全集》第三卷，人民文学出版社1981年版，第348页。
[2] 引自《人生哲学宝库》，中国广播电视出版社1992年版，第423页。
[3] 李大钊：《牺牲》，载《人生哲学宝库》，中国广播电视出版社1992年版，第409页。

胁，在精神上他也是超然而愉悦的。

人生是曲折多坎坷的，命运不时捉弄人，生活有消极的一面，也有积极的一面；有悲伤，也有欢乐；有痛苦，也有幸福。乐观主义抓住的、推崇的是生活中的积极、欢乐与幸福。面对人生，"微吟是不可的，长叹也是不可的，这些将挡着幸运人儿的路。若一味地黯然，想想看于您也不大合适的罢，'更加要勿来'。只有跟着时光老人的足迹，把以前的噩梦渐渐笼上一重乳白的轻绡，更由朦胧而渺茫，由渺茫而竟消沉下去，那就好了"①！

由此，乐观主义在今天这个时代一直被推崇为一种高尚的人生观，并集中体现出崇高的精神境界。正如无产阶级革命家陶铸（1908—1969）所说："每一个具有共产主义风格的人，都应该像松树一样，不管在怎样恶劣的环境下，都能茁壮地生长，顽强地工作，永不被困难吓倒，永不屈服于恶劣环境。每一个具有共产主义风格的人，都应该具有松树那样的崇高品质，人民需要我们做什么，我们就做什么，只要是为了人民的利益，粉身碎骨，赴汤蹈火，也在所不惜，而且毫无怨言，永远浑身洋溢着革命的乐观主义的精神。"②

三 生命的体验

人，是一种特殊的生命，他是唯一地对自己的生命存在进行有意识思考的生命体。作为一个活着的且运动着的生命，无论每一个人多

---

① 俞平伯：《燕郊集·春》，载《人生哲学宝库》，中国广播电视出版社1992年版，第413页。
② 陶铸：《松树的风格》，载《人生哲学宝库》，中国广播电视出版社1992年版，第410页。

么地不愿意，或者强抑自己的意识，他都永远躲避不了对其生命的体验、领悟，并由此而决定其生命进程的性质。

生命就是一种体验，人们对自己生命性质的判断、认识和领悟，正是源于生命的体验。人们只有通过自我感觉，包括生理和心理感觉的体验，生命才是存在的、真实的、可规定的。没有体验就没有生命。当人们被各种各样、形形色色的人生反思弄得晕头转向的时候，对生命形式和性质的最终确定，也只能由每一个人对其生命进行自我体验来完成。当然，我们不可否认生命体验的个体差异性。无论人们对生命体验充实、丰富着什么样的内涵，仍然可以从生命的存在和形式上把握生命体验的一般性和共同性。认识这一问题，将有助于人们对自己、对人生赋予更深刻的理解。

1. 生命存在的偶然

偶然性，是人对生命存在的第一体验，这是一个不可回避的事实。如果说，人类这种独立于自然界的生命形式的存在是大自然进化的必然结果的话，那么，作为个体的人的独立存在，便充满着偶然的因素，每一个人都会在偶然的时间和地点被抛入人的社会生活之中。他仅存的必然性，却明显地表现在生命不可随着时间逆向运行，在最终也不得不离开这个世界。

生命是一种偶然的存在，每一个具体的生命并不能保障他自己必须无条件地活下去，生命本身是有条件的。因此，人的生命一开始，就在偶然与必然、有条件与无条件的对立与统一中矛盾地运行着。面对这一矛盾，人是无能为力的。从理智上说，人们总是期待于生命存在的必然性和生命发展的无条件性，但是，在人的体验上，人们不得不感觉到生命稍纵即逝的偶然性和生命发展的有条件性。

正是由于生命存在的偶然，在现实的生命存在中，人才感到生的压力和死的恐惧。人总是能在意识的支配下对生与死的意义作出最有判断力的决定，相对于其他动物而言，人是唯一能看到自己的结局——死亡,以及确知自己的生命存在具有有限性的动物。一个人只要活着,其生命本能深处总是想尽一切可能地将自身的肉体生命延长下去。但是,对现实的人而言,这种对生命的延长,只存在于人理性的理解中,在感觉上,生命的存在不是一天天衰老下去,就是日渐趋于死亡,这是生命的必然。这种生命发展的必然趋势,在人对生命的体验上就导致生命仅仅是一种偶然存在的认识。

生命作为一种偶然的存在,必然促使人们在感觉到自己的生存时,不断地思索、探讨、认识和理解:生命怎样才能摆脱必然的死亡?生命怎样才能具有无条件存在性?当代美国思想家埃·弗洛姆(1900—1980)说:"人的存在不同于其他所有生物;人永远处在不可回避的不平衡状态中。人的生命不可能靠重复人种的模型而'活着',他必须靠自己而活着。人是唯一能感到厌烦、感到不满、感到被驱逐出伊甸乐园的动物。人是唯一会感到他自己的存在是个问题,他不得不解决这个回避不了的问题的动物。他不能返回到与自然和谐的前人类状态中;他必须继续发展他的理性,直至成为自然和他自己的主人。"[1] 正是生命体验的偶然性,使人真正感觉和认识到人自己的存在是个大问题。

只有当人体验到生命存在是偶然的,才可能迫使人放弃对生命永恒的梦想和幻觉。任何一个人并不是想活就可以自由自在地活下去的,人不能依靠本能,即依靠动物的对自然的那种"适应"性而生存、而活着。人对自己的生命极度不满、厌烦,正是由于人的生命存在的偶然状态与人的理性理解的极度不一致。人期望着必然地生存下去,而人的肉体生命又是极其有限的。生存的感觉,要求人们做出努力,要求人们发展理性,要求人们在生命存在的偶然中找到必然。

也只有当人体验到生命存在是偶然的,人才活在现实之中,没有必然性,没有超越感,生命本身的存在就不得不迫使人为它操劳、为它辛苦。不仅人的生命整体是一种偶然性的体验,而且人的生命的每

---

[1] 〔美〕弗洛姆:《为自己的人》,孙依依译,生活·读书·新知三联书店1992年版,第56页。

一个进程、每一个发展阶段都充满着偶然性，人的生命业绩的成功与失败、幸与不幸、好与不好都在偶然中发生。没有前世的恩报，也没有来生缘，也就是没有既定的、必然的、自然而然的生命运势。

生命作为一种偶然的体验，就显得生命存在条件的重要性。作为理性的存在物，每一个人都想尽可能地完善自身，无论从感官的满足到思想的饱和，还是从物质的富有到精神的充实，人人都希望达到一种最高的境界。然而，生命存在的现实，却使每一个人的体验都是不尽其意的。生命总是在有条件中偶然地展开的，条件是客观的，但一定不是必然的。条件的生成、创造及其具备带有很强的偶然性。生存条件的偶然性给人生铺垫了许多机运，并使人生千回百转、跌宕起伏，生命动荡不已，人生前途难卜。

也正是因为生命存在的偶然性体验，才迫使人们不停地寻求获得生命永恒存在的途径，即摆脱生命必然要死亡的永恒之路。可以说，自人类诞生以来，至今也不曾为其所创造过的一切满足过，人们在其所达到的每一个阶段都感到不满和困惑，他们惊叹而不安，因为仍然处在生命体验的偶然之中。但是，正是这种不可满足性，促使人们继续前进并不断努力，变未知为已知。人必须了解自己，必须说明他存在的意义。生命的本质就在于摆脱偶然，把生命本身摆放到能为人的理性所控制的范围之中，并赋予生命以永恒的意义。

生命存在的偶然性，是人人都体验到的生命现实，每一个人都是从这样的生命体验中开始感知自己的生命存在、发展和成熟的。生是偶然，死是必然。只有如此肯定这一生命事实，我们才可能正视生命、正视人生。自然生命的存在与发展、成熟与衰亡是超越人的自控的，在这一点上，人类显得无能为力，听任必然的支配。但是，人类得以自豪的是，人类可以借助自己的理性和他的创造力，在人生的某一点或某一阶段给予生命以必然的支配和驾驭。这是人类不幸中的万幸，也是一个人能超越自己生命的本质力量所在。因此，生命存在的偶然性体验的实质，不在于揭示人生的悲伤、哀怨、不幸和苍凉，而在于唤起人生的信心、勇气、力量和精神。

2. 生命形式的苦涩

生命是苦涩的。只要人的生命以自然肉体为依托，只要人不乏自然感官的敏锐性，无论人的理智多么想"趋乐避苦"，人的生命存在总是无法超脱感觉形式的苦涩，人对其生命的体验也总是在苦涩的形式中展开。

大自然从来就没有给人类一个极乐的世界。由于生命存在的偶然性和有条件性，人的生命一开始就必然面临生存的问题，人不得不为生存而忍受肉体的折磨和痛苦，人无时无刻不在逃避许多可怕的伤害——死亡、瘟疫、疾病、饥饿、贫穷等灾难，以及恐惧、羞辱、疲劳、倦怠等困惑。这些人类生命的伤害，幽灵似的躲在每一条生命轨迹的后面，人的生命本能总是自然而然地为逃避这些伤害而挣扎、搏击和抵御着。因此，自古以来，人的生命历程便显现得坎坷不平、透迤曲折、生死难料，生命存在的境况也就显现得艰险、困苦、无奈，对生命的体验在感官上怎么样也舒服、流畅不起来。生命存在的感觉形式一定是苦涩的。

古印度《摩诃婆罗多插话》以警世的语言说道："倒霉呀，世人的一生；它被火神驱赶个不停，毫无意义，痛苦为根，为人所制，煞是不幸；一生要有多大的苦痛，一生又要有忧愁几重；人活一辈子可以肯定，还要遭遇上七灾八病；某些人声称解脱为快，无论怎样说它并不存在；而一旦获利发了大财，就是整座地狱的到来。要想发财就痛苦很大，而发财之后痛苦更加，被钱财迷住心窍之人，若失去钱财岂不痛煞。"[①]

不要认为这是一种偏颇，人的整个生命从感觉的形式上都体现为在痛苦中辗转。生命之初，求生的本能与肌体无力的矛盾无不使刚出生的婴儿饿了不能找到吃的，渴了不会找到喝的，病了不会求医，一

---

① 引自《人生哲学宝库》，中国广播电视出版社1992年版，第415~416页。

切都依赖于他人的照顾。尽管,对于幼小的生命来说,由于理性思维不成熟,它们无法真正感觉、体验到生命的苦涩,但是,生命之初的这种存在形式无论如何也是一种苦涩的体验。当生命逐渐走向成熟,也慢慢发现,人对自己生命形式的体验无不是在苦涩中经历的,无论人们在理性上给予生命的意义以怎样积极的、富于欢乐的快慰体验。但是,在生命形式的直接感官体验方面总是苦涩的,有些甚至是代价惨重的痛苦。当生命必然向尽头走去而日渐衰落时,生的理性渴望与躯体枯竭的激烈冲撞,更使生命形式的苦涩更无需直言。

承认生命存在形式的苦涩,只是要求人们明白一个生命的事实。如果说,人类的生命是大自然造化的结果,那么,每一个人的具体生命则是在自我感觉中被认识、被把握、被发展、被延伸的。作为有条件的生、偶然的活,人就必须在对抗中才能确立自己的生命存在:

一方面与大自然对抗。在抵御大自然的侵袭、折磨中,以人的肉体之身向大自然索取生命的必需条件,这一生命的运行过程,对每一个活的生命形式来说,是充满艰辛和痛苦的。

另一方面与他人对抗。社会从来就不是温和的,在自然资源相对稀缺和有限的前提下,个体生命为了利益的满足,必然产生争斗乃至于伤害。由于人的所获不可能完全满足个体利益的全部所需,也就是说,人不可能有利益满足的时候。"即使人的饥渴和性追求完全得到满足,他还是不会满足,和动物正相反,那时,人最迫切的问题不是解决了,而是刚开始。人追求权力、追求爱、或追求毁灭,他把生命的赌注押在宗教、政治、人道主义理想上,这些追求构成并表现了人之生命独特性的特征。的确,'人并不仅仅为了面包而活着'。"[1] 所以,一个人的生命存在只有当其与其他人的对抗趋于平衡时,这个生命才是真实可感的。然而,这在生命的形式上却没有欢乐,只有苦涩。"与天斗、与地斗、与人斗"只有在理性的理解上,在超越肉体形式本身的精神上才具有"其乐无穷"的意义。

---

[1] 〔美〕弗洛姆:《为自己的人》,孙依依译,生活·读书·新知三联书店1992年版,第61页。

因此，对生命的体验，我们没有必要将其一开始就基于超越肉体感官感觉的基础之上，看得那样单纯、轻松、舒适、流畅和愉快。只有真真切切体验到生命存在形式的苦涩，人们才有可能在生命的存在中理解生命本质的意义。人没有生而具有的欢乐，人的欢乐是对生命形式苦涩理解的结果。当然，人们需要生活的欢乐喜悦、轻松愉快、舒适流畅，但这是要有条件的，这一定是在生命的过程中，在一定的阶段并付出一定的代价后才可能产生和形成的。欢乐来自苦涩，愉快源于痛苦，轻松始于凝重。

正因为生命存在形式的苦涩，才使人无法逃脱对生命苦涩的原始体验。因此，作为一种必然的、初始的存在形式，人对其生命处在苦涩之中，也就不应该感到悲观、失望，或无可奈何。人对一个既定的事实感到愤懑、不平，以至于怨恨，并不是苦的解脱，而是苦的不断地加深。同时，人们也无需费尽心机地去寻找永恒的、绝对的欢乐和愉快，欢乐和愉快对于人的生命体验来说只是相对的、短暂的，是有代价的。

人能超越生命的意义，只能是在体验生命存在形式的苦涩基础上赋予理性的把握，也就是在精神上寻得对生命体验的欢乐和愉快。所以，人生的悲哀和凄凉，其实质并不在于对生命形式的苦涩体验，或者说，并不在于人总是在苦苦地生活，而是在于，许多人不能将生命形式的苦涩升华为对生命理解的快乐，或者说，许多人不能在苦涩的生命形式中寻找到人生的幸福和感受到精神的愉快。

3. 生命永恒的亢奋

人的生命不可否认是偶然的、有限的、短暂的存在，人无论企图通过什么样的愿望、寄托和手段、行为使自己的生命不死，都是徒劳无益的。同时，人的生命存在的形式又总是给人以苦涩的体验。今天，现代社会的发展为人类积累了前所未有的财富，然而，生存在现代社会中的人并没有由此而感到心情舒畅、心旷神怡，相反，他们却感到心神不安,更加困惑不解。他们努力地工作、不停地奋斗,但总也不会寻到一个相对持久的快乐状况,生命对任何一个人来说,形式的体验上都是苦涩的。人的生命运动形式越高级,它所蕴含的体验就越苦涩,给人的苦涩体验也就越深。

尽管如此,人类没有一天停止生命的进程,每一个人都有着强烈的生存欲望,人们都在尽一切可能地活下去。不管承认与否,一方面,人们不停地体验着生命存在的偶然、生命形式的苦涩,在生命的感觉状态上,人们赌咒着、哀叹着;另一方面,人们又拼命地想活着,并尽全力维护和肯定其自身的存在,这就是人生命的特征。客观上,人潜藏着一种维护其生命存在的本能趋势。

然而,人并不是"一般地"存在着。人区别于一切生物的存在,就在于,人总是能自觉意识到自己的生命存在,总是有意识地展示着自己生命的生存目的,并且根据自己的生命愿望展现着能动的创造性力量。正如梁漱溟先生所说:"生命本性是在无止境地向上奋进;是在争取生命力之扩大,再扩大(图存、传种,盖所以不断扩大);争取灵活,再灵活;争取自由,再自由。试一谛视生物进化之历史讵不跃然可见。然此在现存生物界盖已不可得见矣。唯一代表此生命本性者,今唯人类耳。"[1] 又说:"生命发展至此,人类乃与现存一切物类根本不同。现存物类陷入本能生活中,整个生命沦为两大问题(即个体生存、种族繁衍)的一种方法手段,一种机械工具,寝失其生命本性,与宇宙大生命不免有隔。而唯人类则上承生物进化以来之形势,而不拘于两大问题,得继续发扬生命本性,至今奋进未已,巍然为宇宙大生命之顶峰。"[2]

这就是说,人的生命在质上的体验,必须是超越生命存在的体验和生命形式的体验的。生命给人的感受,应该是一种力,一种无止息的活力,是亢奋,是奋进,是主动性,是创造性,是对自己生命的责任感和使命感。

---

[1] 梁漱溟:《人心与人生》,学林出版社1986年版,第50页。
[2] 梁漱溟:《人心与人生》,学林出版社1986年版,第51页。

人，不是靠简单地活着就满足了的生命体，他总是在追求着生命的意义，因此，人生也就不仅仅表现为一种生命的流动过程，人生的意义也不只在于揭示从生到死的生命过程，人对其生命的展开，有着一种不可遏制的潜在力量和冲动。人与其他生物不同，人知道自己生命存在的偶然和原初阶段的被动性，人知道自己生命形式的苦涩，所以，人有一种本能的主动性和对自己生命的责任感，人又总是有一种本能的寻求无痛苦、无灾难的使命感。人的高贵性和人生的有意义性，就是力求生命的永恒，追求人生的完整、完善和完美。

　　人的生命终将消失。人的生命（个体的或者整体的生命）如不表现出它的力量，仅只活着，并没有意义。单纯地活，永远是偶然的，且转瞬即逝的；同时，也永远是苦涩的，且日益沮丧的。人的生命要品出韵味，要具备永恒，人生就必须在亢奋中展开，充满激情，富有生气。

　　人必须对他的生命承担起自主的责任，弗洛姆在《为自己的人》一书中说得真切："人必须承认他对自己负有责任，而且，他必须接受这个事实，即只有运用他自己的力量，才能使他的生命富有意义。但是，意义并不包含确定性；的确，对于确定性的追求阻碍了对意义的探求。然而，不确定才是使人发挥其力量的真正条件。如果人镇静地面对真理，他就会认识到，人除了通过发挥其力量，通过生产性的生活而赋予生命以意义外，生命并没有意义。只有时刻警惕，不断活动和努力，才能使我们实现这一任务，即在我们的存在法则所限定的范围内，充分发展我们的力量。人决不会停止困惑、停止好奇、停止提出问题。只有认识人的情境，认识内在于人的存在之二律背反，认识人展现自身力量的能力，人才能实现他的使命：成为自己、为着自己、并凭借充分实现其才能而达到幸福，这些才能是人所特有的能力——理性、爱、生产性的工作。"[①]

　　因此，人要赋予这种生命体验以真正的意义，它就必然是超越

[①] 〔美〕弗洛姆：《为自己的人》，孙依依译，生活·读书·新知三联书店1992年版，第60页。

的，即超越自然生命的体验的。因为，人不能以自然生命的存在为目的，他不仅只为自然生命的状态而困惑、而服从、而任其自流。人需要确认自己，既然作为生命存在，他的意识和理性就召唤着自己的意志和力量来支配自然，他必须通过创造性的劳动来改造世界与人自身。印度著名诗人泰戈尔说："我们发现，人不满足于已给定的世界：他专心于制造他自己的世界。"①

人总是不断地处于创造生命的历程之中，人的生命是创造出来的。人的这种创造性从他生命的初始就开始了，自然界从来就没有提供任何现成的东西来满足人的物质需求，正是这种无满足性，导致人的生命存在形式的苦涩体验。"从他的原始时代起，他就一直忙于用他周围未加工原料来创造自己的世界。甚至他装食物的碟子也是他自己创造的，他与动物不同，他是赤身裸体来到世上的，因而必须能制作自己的衣服。"② 正是自然生命的被动性，造就了人的生命中的主观能动性，并促使人去创造去更新，同时，由此给予人的生命以双重体验，而只有当人不是在自然生命中所感觉时，人的体验才具有生命的全部意义。

超越自然生命的体验，就是亢奋，就是激情，就是奋进。如果说，人的生命体验无法摆脱偶然、无法结束苦涩，那么，生命自由的创造，总是能为人的生命体验注入欣慰、欢欣和愉快。这是人的生命本性使然，这种本性是跨越肉体、超越感觉的，是精神的理解，是理性的认识。这种生命本性"可以说就是莫知其所以然的无止境的向上奋进，不断翻新。它既贯串着好多万万年全部生物进化史，一直到人类之出现；接着又是人类社会发展史一直发展到今天，还将发展去，继续奋进，继续翻新"③。

---

① 引自《人生哲学宝库》，中国广播电视出版社1992年版，第188页。
② 〔印〕泰戈尔：《论再生》。引自《人生哲学宝库》，中国广播电视出版社1992年版，第187页。
③ 梁漱溟：《人心与人生》，学林出版社1986年版，第22页。

第三章

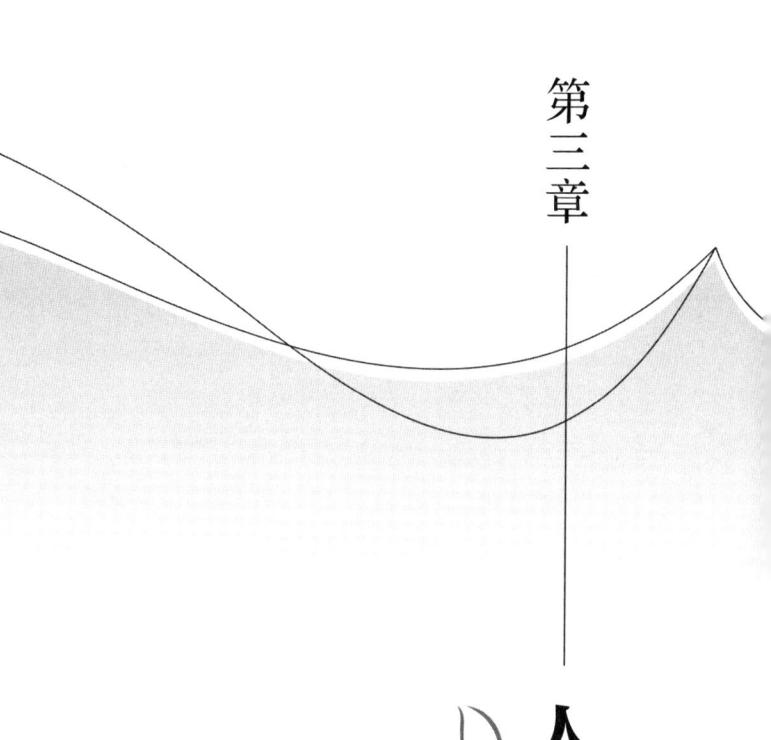

人生的价值

人活一世，为什么而活？怎样活？其生存的意义是什么？面对这一连串问题，中国早期思想家庄子曾得出这样一种看法："吾生也有涯，而知也无涯。以有涯随无涯，殆已；已而为知者，殆而已矣。"①人生是有限的，然而人生要学习的东西、要掌握的知识、要了解的事物规律是无限的，以人生的有限去追寻知识的无限，以人生的有限去探求事物的无限，结果必然疲惫不堪。如此，一个人还要自以为是地去追求掌握知识，仍不过是一种错误的认识，在无限的知识领域中，会弄得更加疲惫不堪。于是，人生的意义应随"缘"而发生、发展，随人生命的自然流动而运行。正所谓："缘督以为经，可以保身，可以全生，可以养亲，可以尽年。"②

相反，对另一些早期思想家来说，他们明知人生短促，也极力主张、鼓励人在有限的生命过程中去追寻一种无限的善。孔子就对那些听凭生命自然发展，整天无所事事的人感到忧虑："饱食终日，无所用心，难矣哉！不有博弈者乎？为之，犹贤乎已。"③对于学习、求知，对于将生命赋予有所作为的实践，孔子则感到欢欣。孔子的学生曾子曾说："士不可以不弘毅，任重而道远。仁以为己任，不亦重乎？死而后已，不亦远乎？"④一个有志之士应该具有刚强的毅力，因为，他肩负着实现立德立功立言于天下的重任。不因死而忧，不因困而扰，至死方休。

---

① 《庄子·养生主》。
② 《庄子·养生主》。
③ 《论语·阳货》。
④ 《论语·泰伯》。

今天，人们同样面对这样的人生问题，当我们仰视前人的人生体验和领悟、教诲和遗训时，又当如何俯看自身呢？

人生价值内涵

人类，伟大而又不幸的精灵。从上下五千年人类文明史来看，今天人类创造的成就足以使人类感到自豪。但是，人类的伟大并没有结束或消除人类智慧给自身造成的不幸，如贫困、剥削、奴役、压迫和战争。尽管人类未来可期，和平与发展进入一个全新的时代。然而，旧的不幸并没有因此而得以根除。

面对过去、现在和未来，我们不得不深深思索：人的价值何在？人生价值何在？

1. 人的价值确立

时至今日，人类之所以能在不幸中踔厉奋发，灾难中涅槃重生，进而不衰，盛而不竭。究其根本，就是绝大多数人总是自觉地或自发地、理解了地或非理解地感觉到人的生命存在的意义和人的生命进取的意义。换言之，人类感觉到了自身的价值存在。

因此，人的价值的理论确立，将深刻地反映人们对人生意义的理解，是解决人为什么要活着的关键，也是深入说明人生意义如何体现的实质所在。

从严格意义上讲，"价值"是从经济学范畴中借用来说明和概括人、人生存在意义的一个概念。原本，价值具有经济学意义，其内容主要是表达人类生活中一种普遍的主客体关系，这就是：客体的存在、属性和变化同主体需要之间的关系。价值中所含的"使用价值"十分明显地表达着主体（人）与客体（物）之间的需要关系。被主体（人）所需要性越强的客体（物），它所含的使用价值就越大，也便具有较强而广泛的存在意义。

换个角度来看，一个事物之所以得以存在，或者广为人知，究其实质，就在于该事物是否具有被人们所使用或者广泛使用的可能性。因此，价值作为一种浓缩的概念，它是通过一种特定的需要与被需要关系来确定某一事物存在或不存在的意义的。

当借用"价值"概念来规定人与人生时，一方面是在形式上力求用一种明快、简洁、富于时代感的语言给人认识自身以强烈感召力和自信心；一方面是从内涵上将人的生命存在和生命活动的意义放在特定的需要与被需要这种人与人之间的社会关系中来认识和确定。这也就是说，人不能离开社会关系来认识自己的意义和确定自己的价值。

当然，人的价值是一个很难说清的问题。虽说人的价值同物的价值有着本质的不同，但是，对物的价值的涵义及其产生进行深入的探讨，却可以从中得到理解人的价值的方法论启示。

前面已经说了，物的价值反映的是外界事物与人的需要之间的关系。具体来说，物的价值就是对人的生存和发展有积极意义的一切物质的和精神的财富，是满足人的需要的有用属性。例如，粮食、牲畜等物的价值，就在于它们具有满足人基本生存需要的食物属性；科学技术的价值，就在于其具有满足人们认识和改造世界需要的工具属性；艺术品的价值，就在于它能实现人们的感官愉悦，从而满足精神享受和需要的审美属性，等等。对此，马克思说道："'价值'这个普遍的概念是从人们对待满足他们需要的外界物的关系中产生的。"[1]

由此可见，价值的产生，首先要有客体（物）与主体（人）的双边关系，一切物不与人发生关系是无所谓价值的。这里所说的客体（物）是相对于主体（人）而言的，它包括各种自然现象和社会现象

---

[1] 《马克思恩格斯全集》第 19 卷，中共中央马克思恩格斯列宁斯大林著作编译局编译，人民出版社 1956 年版，第 406 页。

（各种意识形态的哲学、道德、宗教、政治、艺术、法律和科学等）；这里所说的主体（人）不仅仅指人类整体，而且包含人类的个体；这里所说的"关系"，是指客体（物）与主体（人）之间的肯定或否定关系，即利害关系。

我们通常讲的某一种自然物或某一社会现象（包括社会意识形态）的价值，不管是经济的、政治的、宗教的、法律的，还是思想的、道德的、哲学的、审美的，乃至于科学的，只要有价值，归根到底是说它在多大程度上满足了人们的物质生活和精神生活的需要。

人的价值与物的价值的差异，仅在表现关系的形式不同，我们所说的人的价值，是就人类社会中人们之间的相互需要关系而言的。如果说物的价值的确立，仅只表现为一种"被需要"的程度，那么，人的价值的确立，不仅通过"被需要"的程度表现出来，而且还要取决于"需要"的程度如何。面对自然界，人类没有被需要的意义，所以，相对于自然界，人有着主体优越感，但体验不到价值的实质。人对其自身价值的把握，尤其是个人对自己价值的认识，只能从人类自身关系中，即社会关系中寻找。

从需要的关系来看，人类，作为一个整体对象没有与其相对的主体存在，一切相对于人类都是客体，所以无所谓人类应该去满足谁的问题，相应的也无所谓价值可言。但是，作为人类这个完整集合体的重要组成部分，一个群体、一个集团、一个阶级，尤其是一个人，却在人类社会关系中有着相当多的需要对象存在，即他人的存在。这时的人，不再只是作为主体的"抽象的人"而存在，而是作为以其活动满足他人需要的具体的个人存在着，即作为人类社会中现实的、历史的、活生生的、具体的和相对于他人的对象而存在着。因此，在人类自身的社会发展中，人与人之间便客观地存在着需要与被需要、满足与被满足的关系，而这种需要和满足的双重关系便确定了人的价值存在的客观性。

人既是价值的主体，又是价值的客体。人的价值就是指人对自己需要的满足状态或程度，或者更具体一点，就是指他人、群体、社会与个人之间相互需要的满足状态或程度。这就是说，人的价值就在于他能否以及在多大程度上满足包括自身在内的整个社会的物质、精神和文化生活的需要。

这是因为，人这种价值物同其他物质形态和精神、文化形态的价值物是不相同的，其他一切价值物都是以直接有益于人类生活的某种物质财富和精神、文化财富的形式出现的。而人这种价值物则是物质财富和精神、文化财富的能动创造者，他本身是作为世界主体而存在的。世间一切物质的、精神的、文化的财富都是人能动创造活动的结晶，都是人的价值的物化表现，并且都是为人自身享用的。因此，人的价值就不仅仅像一般物那样在于直接有益于一个假定的什么主体，而在于人自身，在于人自身需要满足的程度。

在人类社会关系中，每一个人相对于他人、群体、社会来说，在一定意义上也是"物"与"人"、客体与主体的关系。一个人既是存在着的客体，又是活着的主体；相对于他人来说是外界物，是客体；相对于自己来说是自动物，是主体。作为主体，他一方面要审定他人的价值，希望他人满足自己的需要；一方面又要展现自己的价值，力求自己满足他人的需要。作为客体，他又需要被人审定，并在一定程度上被他人、群体、社会所需要，从而确定其自身存在的意义，由此而在主观上感觉到自我价值的确立。

总之，人的价值始终是围绕人这一中心展开的。个人是主体与客体的统一存在物，因此，个人的价值具有双重取向性。当他作为他人、群体、社会的价值客体，这时，个人的价值就是"个人的社会价值"；当他作为自己个人需要的满足者，他的价值就是"个人的自我价值"。由此，我们说，人的价值是人的自我价值和人的社会价值的辩证统一。人的自我价值和人的社会价值是人的价值整体中一个问题的两个方面，人的自我价值从主体方面划分了人与一切外界物的区别；人的社会价值则从客体方面区别了人们之间不同的生命意义。

由于人的价值内含自我价值与社会价值的辩证统一，便显现出人的价值的三个基本特征。

首先，人和一般物不同，具有自我意识能力，是处在一定社会关系中从事物质生产劳动的社会主体。正是在能动的创造性劳动中，人积极地创造着自己的生活，改造着自身和客观世界。因此，自由自觉的创造活动是人的价值的第一特征。

其次，人的价值体现在一系列的现实行为活动中，而这些活动都是经过目标选择，有某种目的的，是意志所向的活动。或者说，人的行为活动背后总是有一定的价值目标支配着。所谓价值目标，就是在利益的支配、影响、制约下，人们对现实的客体有一定的追求和目的性，从而成为自身活动的指导力量。而力图实现自己价值的人，绝不会是盲目活动的。因此，价值目标的确定和以利益为基础的社会实践活动的统一，是人的价值的第二特征。

最后，在现实生活中，为了生存，每个人几乎都首先是一定价值物的消费者、享受者，而后才是物质财富和精神、文化财富的创造者。在成为创造者以后，他仍然继续是消费者、享受者。作为未创造财富前的消费、享受者，人的价值只表现为一种存在的意义，仅作为一种生命实体的存在，其价值还没有完全展开，具有潜在的性质。只有当人作为财富的创造者时，人的价值才在完全的实践意义上展示开来，也就是说，当他人享受到一个人通过自身努力所创造出的财富，并得到需要的满足后，这个人的价值才在客观上被确立起来。与此同时，一个人在不断地创造中成为自己创造的财富和他人所创造的财富的消费者、享受者，这个人的价值才具有完整而真实的意义。因为，人类所追求的价值目的，就是创造财富、改善人类生活，就是满足每一个个体生命的利益需要。人类正是为了享受才去创造的。所以，人的价值是目的和手段、需要和创造的统一，这是人的价值的第三个特征。

因此，作为人的价值的两个方面，人的自我价值与人的社会价值便具有不同的特征：人的自我价值是人追求的目的的实现和需要的满足；人的社会价值无非是人通过劳动创造这一活动形式达到自我价值实现，即满足自我需要的手段而已。

2. 自我价值

人的自我价值，简言之，就是指个人对自己生命存在和生命活动需要的满足状态或程度。这有两个方面的含义：一是个人对自己生命生存需要的满足状况；一是个人对自己生命活动需要的满足程度。前者是指个人生命的价值，即个人生命存在的现实意义，后者是指个人生命发展的价值，即个人生命在多大程度上得以延续、扩展的社会性意义。前者是指一个人之所以作为人活着的自我价值依据，后者是指一个人的生命活动所展示的自我价值实现。

在现实生活中，每一个人，只要是作为人活着，都有其生命的意义，即价值，世界上不存在没有任何一点价值的人。人的自我价值是客观存在的，只不过自我价值作为对人自身存在的意义确认，有自觉和盲目之分。

人的生命价值的构成应包括人的身体、四肢、大脑和知识的造诣、修养的境界、能力的储备等。在这里，人的物质存在形式——人的体质是人的生命价值不可否认的一个基本因素，但并不是生命价值的全部内涵。人的生命之所以具有价值，更在于人是理性的行为者。正如英国人密尔所说：即使不满意的苏格拉底也比满意的猪更幸福，这表明人有更高的价值。[①]

因而，人的生命价值不表现在人的外在价值形式上，而内含于人的机体活动属性，即人潜在的创造性劳动能力。这是人一切价值的内在形式，又可称为人的内在价值或潜能价值。人潜在的创造性劳动能力不是人的机体本身，而是人的机体的活动属性，它主要表现为人的理性思维能力和实践创造能力。由人的潜在的创造性劳动能力所构成的人的生命价值具有两层含义：一层是由人的个体天赋智能、身体素质、知识修养和智慧储备等综合因素构成的，能创造出一定物质财富

---

① 引自阎钢等：《理性的灵光》，四川民族出版社1987年版，第63页。

的劳动力价值，这是可以用一个确定的量度来衡量的物化形态价值；一层是由传统、风俗、习惯，以及思想政治教育、道德品质修养等因素在心灵深处所构成的、能创造出一定精神财富的伦理思想价值，又叫道德价值，这是无法用一个确定的量度来衡量的精神形态价值。看到人的生命价值中的这两层含义，是非常重要的，它在对生命价值的完整评价上具有决定性的意义。不过，承认了人的自我价值中的生命价值因素，只是承认了人的自我价值中的前提性条件。

人的自我价值不仅仅是一种对人的生命存在形式的简单肯定，或对人的生命生存需要的简单满足。人的生命是一个能动的活体，他必须在发展中才能生存，在求生存中必然发展。

因此，人对自己需要的满足，便是一个动态的综合性需要满足。人不仅需要物质的满足，而且需要精神的满足。而这些需要的满足，必须通过人的生命活动来达到，必须通过自己的行为来实现。一个人越是能够通过自己的生命活动为自身的生存和发展需要创造出更高的物质价值、精神价值，这个人的自我价值也就越高。这便是人自我价值的第二要义：个人生命发展的价值，即为自我发展需要的满足而展现的生命活动的社会性意义。

这一要义正好说明，个人的自我价值并不是一种抽象的个人价值，而是个人的现实社会价值在其身上的显现或表露，这是人的自我价值的实质。也就是说，个人如何肯定自己的价值，取决于他对社会需要的满足状况。一个人表现出什么样的对社会需要的满足状况，也就在实际上拥有着什么样的自我价值，这两者本质上是一回事。这是因为，任何现实的个人都是社会的人，他的"自我"绝不在社会关系以外。离开了社会关系，个人没有参照物来区分"自我"，也就不可能知道什么是"自我"。所以，人的自我价值绝不是抽象的个人对自身的满足状态，不是一种空灵式的自我陶醉，而只是在一定的社会关系中通过对他人需要的满足而体验到的对自我生命意义的积极肯定。换句话说，人的自我价值只能通过他人和社会表现出来，人只有通过他人和社会的确定，才能找到现实的、客观的存在依据。他人、社会是人自我价值确立的前提和基础。

人的自我价值问题是一个客观存在的问题，人们不应该有谈"自我"便色变的心理状态。确认人的自我价值，从根本上说就是确认人的生命存在和生命活动的社会性现实意义。因此，每一个人都有其价值，也就都有其生存的权利。如果肆意地摧残和践踏人的生存权利，也就是从本质上否认人的自我价值，这从人类行为的积极意义上来说是反人性的，也是反人道和不道德的。

但是，活着是否总是比死去好？生存的权利是否都是绝对的？这些都是值得商讨的。我们所说"人的自我价值"，绝不是一种抽象的、超社会的存在，它是现实的、具体的客观存在。因而，相对于整个人类生命的生存、进步和发展，每一个具体的人的生命并不具有绝对的价值，生存不一定是最大的善，死亡也不一定是最大的恶。具体的人的生命并不一定是无价的，实际上，从整个人类社会发展的角度出发，从来也没有，也不可能不惜一切代价去挽救每一个人的生命。在许多情况下，面对一个即将入柩的生命，往往还未来得及付出"一切代价"，这个生命就已经没有指望了。

匈牙利诗人裴多菲有首著名的诗："生命诚可贵，爱情价更高，若为自由故，二者皆可抛。"对于他，生命的价值在自由、爱情之后，生命的神圣性不如自由、爱情高洁。然而，这种对生命的价值决断，这种对生命的"轻视"态度，却给人一种震撼、激奋的向上力，赋予人们追求更高生命价值的力量，而不是相反。

人的自我价值存在不是永恒的、绝对的，人的生命都存在着被肯定或被否定的意义。所以，在现实社会生活中，一个人如何才能不被否定而赢得肯定，或者一个人的生命即使受到了外在的否定或肯定，同样具有值得肯定的内在道德意义，这便涉及人的自我价值的内在生命质量和外在活动效果。这也是人的自我价值存在或非存在、肯定或否定的道德意义所在。

3. 社会价值

人的社会价值是相对于人的自我价值而言的，是人的价值的现实存在形态。当我们说，人的自我价值是人的价值确立的前提条件和内在形态，那么，人的社会价值便是人的价值确立的现实展开和外在形态。这是因为，人的价值不能简单地由一个人对自己需要满足的状态或程度的体验来确定，这也就是说，一个人不能自封为"英雄"，他就是英雄；自封为"科学家"，他就是科学家；自封为"教授"，他就是教授；自封为"艺术家"，他就是艺术家，如此等等。人的价值不是在个体体验、感受，及臆念中虚幻地存在，相应地，自我价值的真实性也必须取决于客观外在的确定性，必须在他人、社会中找到现实的依据。所以，人的社会价值是人的自我价值的现实肯定，是人的价值确立最具决定性的方面。

简言之，人的社会价值就是一个人对他人、社会需要满足的状态或程度。每一个健全的正常的人，都在多种意义上是被社会所需要，同时，也都具有为社会不同的需要提供相应满足的可能，因此，个人具有多方面的社会价值性。在现实生活中，在不同的个体之间，谁的生命发展符合社会的需要，谁就确实具有社会价值；谁满足社会需要的程度越高，他的价值也就越大。反之，不能满足社会需要的，甚至不符合，乃至于破坏社会需要的，对于社会来说就没有价值，甚至有负价值，便会成为社会淘汰、铲除的对象。

人的社会价值确立的基础依存于个人在多大程度上提供给他人、社会所应需要的满足，所以，人的社会价值，就其实质，正如著名科学家爱因斯坦（1879—1955）指出的那样："一个人对社会的价值，首先取决于他的感情、思想和行动对增进人类利益有多大作用，而不应当看他取得什么。"[①] 一句话：人的社会价值实质在于贡献。

---

① 《纪念爱因斯坦译文集》，引自《人生哲学宝库》，中国广播电视出版社1992年版，第423页。

这是因为，假如在现实社会生活中，人的价值仅仅体现于人的自我需要的满足状态，而否定人的付出，否定个人对他人、社会需要的满足状态，那么，一个人就有可能只为了自己需要的满足，决不向他人、社会提供一点什么。满足总是一种占有。一个人如此，每一个人都可以如此，人人都只为自己需要的满足而活着，这可能吗？人类发展史早已证明，一个人是无法与大自然相抗衡的，仅凭单个人的力量，他无法向大自然索取满足自我生存所需要的任何东西。一个人不得不依附于他人、社会而为自身生存活动着。人依附于他人、社会的活动，无论怀着什么样的动机，就其活动本身来看，必须首先是付出（无论是体力的、还是脑力的），然后才可能得以满足生存的需要，这就内含着贡献。除非人不活动，但是，人类哪怕只有一天停止生产实践活动，也难以继续生存。

特别是在今天，尽管比起以往，人类极大地丰富和完善了自身。然而，人类现代生产实践活动的积累，并没有在物质、精神、文化需要的满足程度上达到取之不尽、用之不竭的高度；也没有创造出每一个人都不需要依附于他人、社会而独立生存下去的物质、精神、文化生活条件。所以，人们还必须相互地依赖着，相互地需要着。每一个人的生存意义还必须由他人、社会的需要的满足程度来确定，一个人对他人、社会所提供的需要满足，就是贡献。

因此，在人的社会价值的现实确立上，贡献是社会价值的实质所在，同时，也是衡量、判别一个人社会价值的最根本、最本质的标志。贡献不是一种抽象的概念，它具有实质性的价值内容，它是通过人的创造性活动为他人、社会的需要在物质、精神和文化领域提供满足的一种实践行为。贡献可以是物质上的，也可以是精神上的；可以是经济上的、文化艺术上的、科学技术上的，也可以是政治思想上的、法律意识上的和伦理道德上的。由于他人、社会的需要具有无限多的领域和方面，因此，个人总是能够在任何一个领域和方面成为有价值的人；由于社会需要是不断发展、前进的，个人越是能够不断地创造，就越能够适合社会的需要；个人越是能够创造出新成果，也就越能够满足社会的需要，个人也就越有价值。古往今来，一切个人的社会价值无不取决于他通过自己的创造性活动为满足他人、社会的需要所做出的贡献。贡献越多，价值越大。

当然，人的社会价值并不是脱离个体而完全孤立于人的主观感受之外的实在物。人的社会价值要完整地、充分地体现出来，它就不能排斥主、客体，即个人与他人、社会对其的共同确认。如果说，贡献是他人、社会对人的社会价值的客观确认标准，那么，个人对其社会价值的确认就必须得到等质的回报。这种来自他人、社会的回报，是相应于贡献做出的。这是将人的社会价值转换为一种精神的或物质的，以及精神与物质统一的形式给个体以现实的主观体验或感受。

从主观上讲，只有当个体实际享用到这种回报时，人的社会价值才在主客体两个方面完整地确立起来。因此，人的社会价值在原本的意义上是不排斥个人的享用的。人的社会价值内含着：贡献与享用的统一，创造与需要的统一。

因为，个人不仅仅是社会需要的客体，同时还是社会需要的主体。社会归根到底是由个人组成的，个人的需要构成社会需要，没有了个人也就没有了社会及其需要，正是由于个人的求生存需要才结合成了群体与社会，社会需要的终极目的，就是更加丰富和完善个人需要的满足状态。个人作为社会的主体是个人成为社会客体的前提，如果不是首先作为主体，那么个人也就没有充当客体的责任。只是当人们还受到自身能力的限制，无法以个人力量与大自然对抗并获得自身需要的满足，同时，物质财富极其有限迫使人们不得不首先考虑类的，即群体的、社会的生存，然后才顾及个体的生存时，个人与社会的主客体地位才发生了颠倒，个人成了满足社会需要的客体，社会成了决定个人需要的主体。

实际上，无论怎么变化，社会总归是由个人组成的，社会作为一种需要的主体，实质上是不可排斥个人的主体性的，个人理所当然应是需要的主体，或者说是社会主体中的一分子。因此，个人通过创造向社会这个主体需要所提供的满足，其中必然具有供自己需要满足的成分。换句话说，个人在向社会提供贡献的同时，就具有了该享用的成分。人是贡献的提供者，又是贡献的享用者。

今天，我们强调人的社会价值，就是既要强调个人对社会的责任，又要保障社会对个人的权益；既要提倡和鼓励个人多做贡献，又要充分尊重个人的享用权利，尽可能地在一定程度上把贡献与享用不仅在质上，而且在量上直接联系、等同起来。因此，把个人的社会价值理解为只是社会对个人需要的满足状态，只是个人不断地向他人、社会索取，只是占有和享用，这是不切合实际的、也不现实的、毫无积极意义和错误的价值观；同样，否认个人需要的满足权利，仅只强求个人的付出与贡献，而轻视或无视个人的享用，甚至剥夺个人的享用权利，这也是不切合实际的、不现实的、非人道主义的和反人性的价值观。

不过，当我们强调人的社会价值应正确理解为贡献与享用的统一时，只是从理论的意义上把握了人的社会价值的内涵，而缺乏一个实践的判别尺度。因为一个人在现实生活中，他的活动在多大程度上超越了本能活动而属于贡献范畴？他的贡献究竟多大？一个人在发展自身中，他在什么样的程度上得到了他人、社会回报的需要满足？他的享用究竟多大？他感受到了多大的价值存在？这些问题，仅用贡献与享用的辩证统一理论是无法回答并说明的。

因此，在人的社会价值问题上，还必须提出"效益"理论。我们所说的人的社会价值并不是空洞的抽象理论，而是现实的、具体的客观形态，所以，一个人的社会价值的确立与社会价值所含的效益是紧密相连的。效益可说是客观的实际收效和既得利益。效益是一种活动、一个实践过程的最终实际结果，它是一种客观的成果表示尺度。效益作为最终结果的客观实在，是判断个人的社会价值确立和实现程度的客观标志。

人的社会价值中的贡献，并不停留于观念意识中的想象，它是一种活动，然而人的一切活动并不都等于贡献。一个人的活动是否是一种贡献，必须取决于活动的过程和结果是否对他人、社会的需要具有一定程度的满足状态，这就是效益检验。因此，若在人的贡献中不讲效益，则贡献也仅仅是一种空洞的口号。

相应地，在人的享用中，如果不讲究个人需要的实际满足状况，所谓他人、社会对个人需要的实际满足所赋予的回报也不过是一个虚幻的许诺。所以，在人的社会价值的贡献与享用的统一关系中，效益是权衡两者统一平衡的砝码。如果，一个人的贡献效益很高，而回报他的享用效益很低，这便是对人的权益的侵犯，也是对人的社会价值确立的诋毁。反之，如果一个人毫无贡献，或效益很低，而回报他的享用效益却很高，这就从根本上否定了人的社会价值实质，也是对他人、社会利益的强行剥夺。

由此可见，贡献、享用、效益是人的社会价值确立中三个必不可少的互相依存、互为关联的基本要素。贡献多大，享用多大，人的社会价值体现就多大。从人的自我价值和人的社会价值两个方面对人的价值的规定，只是对人的价值进行了静态的确立。我们知道，人的生命是流动的，人必须在运动的过程中展开自己的生命。无论我们怎样来认识和规定人的价值，如果不将其放在人的生命进程中来体现，人的价值也永远只是一种理论的抽象。人的价值只有随着个体生命的展开，才具有其现实性、实在性和终极结果。

因此，当我们随着人的生命进程去认识、把握、实现人的价值时，当我们将人的生命的某一过程、阶段用价值的眼光给予评判、概括时，就可规定其为人生价值。人生价值是人的价值的动态延展，其实质性是一样的，人的价值是静态地说明人的生命存在或活动的意义；人生价值却是人的生命进程到某一阶段或终止点时所表现和确定的生命存在或活动的意义。

所以，对人的价值有了认识也就掌握了人生价值的实质和内涵，但是，人对自己价值的实现，却必须在人生中完成，也就是说，必须以人生价值的形式来实现。

人生价值的实现

人生是个动态的过程，人的生命是一种永久的征服，在这不息的征服中，富有无限奋进的意味，而这奋进的主体就是每一个人"自己"。一个人，要能不断地前进并且努力地推动自己，在这个不断奋进的道路上，发展本身便是目的，这种发展就是在个体生命力量的最大限度上，发挥人的最高潜能以实现人生的价值，给个体生命以终极的、最富生机的和最具积极性的意义。

我们知道，也清醒地了解，人一旦投入世界，生命进程便充满着荆棘，短暂而可悲，最后终不免于一死。但人们却能挺起心胸，怡然忍受，勇于饱尝人世苦涩之味，积健为雄，且持雄奇悲壮的气概，驰骋人世。这种力量就来自人们对其人生价值的领悟和追逐。

1. 为天地立志

爱因斯坦曾有过这样一段使人无穷回味的故事：

1950年12月初，爱因斯坦在美国的普林斯顿收到来自拉特格斯大学一位19岁的大学生的亲笔长信，信中说："先生，我的问题是：'人活在世界上到底为了什么？'"他排除了诸如挣钱发财、博取功名或助人为乐之类的答案，接着说："先生，坦率地说，我甚至不知道自己为什么上大学，为什么学习工程学。"他认为人活着"什么目的也没有"，并摘引了17世纪法国著名科学家、哲学家巴斯葛《思想录》中的一段话，说这段话精辟地概括了自己的感受："我不知道是谁把我降生于世，也不知道世界是什么，也不知道我自己是什么。我对万物一无所知，我不知道自己的身体、感官、灵魂是什么，甚至也不知道指挥我说话、思考万物、思考其本身的那部分器官是什么，这部分器官对它自己的了解不会超出其他一些器官对它的了解。我看到了四周可怖的宇宙空间，我发现自己被缚在这个广袤浩渺的宇宙之一隅，不知道为什么把我放在这里而不是那里，也不知道为什么分配给我的这段短暂的时间属于此时此刻而不属于永恒的另一个时刻——在我之前或在我之后的时刻。极目四望，我只能看到无限，而我像个原子被困中间，如同稍纵即逝的影子，一旦消失就再也不会返回。我只知道自己必然死亡，但我最不理解的正是这个我无法逃脱的死亡。"于是，这位大学生请求爱因斯坦为他指出一条正确的人生道路。

爱因斯坦没有敷衍其事，他给予了极大的重视，并于12月3日从普林斯顿用英文给这位大学生写了回信，他在信中写道：

为了探索个人与整个人类的生活目的，你进行了如此认真的努力，这使我深受感动。我认为，如果像你这样提出这个问题，那就不可能有合理的答案。如果我们讨论的是一项行动的目标和目的，那我们只不过提出了这样一个简单的问题：我们这一行动或其后果应该满足什么欲望，或者说应该避免什么不希望出现的后果？当然，我们也可以从个人所属的那个群体的角度出发，明确规定一项行动的目的。在这种情况下，行动的目的至少间接地同满足构成社会的个人所怀有的欲望有关。

我们都认为，一个人活着就应该扪心自问，我们到底应该怎样度过一生，这是一个合情合理的问题，也是一个非常重要的问题。在我看来，问题的答案应该是：在力所能及的范围内尽量满足所有人的欲望和需要，建立人与人之间和谐美好的关系。这就需要大量的自觉思考和自我教育。不容否认，在这个非常重要的领域里，开明的古代希腊人和古代东方贤哲们所取得的成就远远超过我们现在的学校和大学。①

属于古代东方贤哲的中国思想家们的确在人生价值的实现问题上做了许多的思考与研究。"为天地立志,为生民立道"不乏积极向上、奋进有为的生命意义。这一思想告诫人们:要实现人生价值,必得树大心、立大志,且心要善、志要正,即要为改造自然、改革社会而立志,要为民众的生存发展、生活改善而求知,也正如爱因斯坦所说:"在力所及的范围内尽量满足所有人的欲望和需要,建立人与人之间的和谐美好的关系。"

立志,是人生价值实现的重要条件和基本前提,也是人的生命意义能积极展现的基础。且立志要高远,必择善而立,不可随心所欲,一旦志向确定,应言行一致、守死无二,如三国时期蜀汉政治家诸葛亮(181—234)所说:"夫志当存高远,慕先贤,绝情欲,弃疑滞,使庶几之志,揭然有所存,恻然有所感;忍屈伸,去细碎,广咨问,除嫌吝,虽有淹留,何损于美趣,何患于不济。若志不强毅,意不慷慨,徒碌碌滞于俗,默默束于情,永窜伏于凡庸,不免于下流矣!"②一个人立志应当高尚而远大,尊重、敬仰先辈且有大德大仁之人,杜绝自己的情欲,摒弃犹豫不决,坚定自己的志向,顺利时不骄、不躁、不满,不顺时不忧、不伤、不悲。志向高尚之人,能忍辱负重,不被生活琐事烦恼,广收博取,能去嫌疑、不小气,虽有不足之处,也不损于自己的美好趣向,也就不担心实现不了自己的理想。一个人如果立志不坚强、刚毅,意志不慷慨,无所作为地沉留于世俗之中,被私情所缠绕,不思进取,甘心于平庸,也就未免太低级了。

因此,人生价值的实现从立志开始,而立志从脱俗发端,志高道才远大。正所谓:学者大要立志。所谓志者,不是将这些意气去盖他人,只是直接要学道德高尚、卓有成就之人。一个人如果立志不坚定而又想有所作为,是不可能的。当然,志向不是空的,有志者应具备

---

① 〔美〕杜卡斯、霍夫曼编:《爱因斯坦谈人生》,高志凯译,世界知识出版社1984年版,第30~31页。着重号是引者加的。
② 《诸葛亮集·诫外生书》。

坚实的学问基础，有志气无学问，在人生实践中一遇难题，往往会处于难堪的境地。所以，志向一定要与扎实的知识功底相结合，志向只是在人生价值的实现过程中起导向和激励的作用，其他必然要靠学业知识来支撑。

立志还必须是正确和实际的。立志只是立善不为恶，立志只是求实而非图虚，立志才可以为学，才可以为用，才有其价值指导性。人学习的目的在于帮助人坚定自己的志向，如果一个人无坚定的志向，尽管求学甚多，也拥有一定的知识学问，但终不免仍是一个小人而已。此外，立志不可基于贪图物质利益，不可只为谋求虚名，"玩物足以丧志，玩空足以丧志"。志于明善，能真正体现人生价值的人，志在天地，胸怀宽广，高远而豁达；志在生民，利于社会，富以民众，且志一也。志在尽自己所能尽的一切力量，立大志，克小志。正如孙中山先生说："要大家有大志气，不可有小志气，个人升官发财是小志气，大家为国奋斗，造成世界上第一个好国家，才是大志气。"[①]

2. 时当勉励

人生是短暂的，盛年不重来，一日难再晨。但是，不能因此就迫使人生的意义顺应生命的自流，致使人生的价值趋于无为。莎士比亚就此曾感叹说："生命的时间是短促的，但是即使生命随着时钟的指针飞驰，到了一小时就要宣告结束，要卑贱地消磨这段短时间却也嫌太长。"[②] 因此，力求人生有价值的人处世，贵能有益于物。人不必感叹生命的短促，只要为一个明确的目标而奋进，至死方休，生命自然有着永恒的意义。在生命的进程中，最忧心的应是：终学无果，一生

[①] 《孙中山全集》第二卷，中华书局 2011 年版，第 271 页。
[②] 〔英〕莎士比亚：《亨利四世》上篇。引自《人生哲学宝库》，中国广播电视出版社 1992 年版，第 457 页。

不能。孔子曾说："不患人之不己知，患其不能也。"① 不着急、不担心别人不知道我，只着急、只忧虑自己没有能力。

人生价值的实现，仅指望在生命永恒中去创造，这是不现实的，也绝无此可能性。及时当勉励，岁月不待人；少壮不努力，老大徒伤悲。要珍惜时间，珍惜生命。时间是人的全部财富，惜时如金，才能在有限的生命进程中，尽最大的努力赋予生命以极大的价值。生命确实开不得玩笑，然而，生命也不能永恒，因此，谁要游戏人生，他就一事无成；谁不能主宰自己，谁就永远是一个奴隶。正如歌德所说："最值得高度珍惜的莫过于每一天的价值。"② 他又说："我瞧不起那些对一切事物的短暂性不胜伤感，又一心盘算着尘世浮名浮利的人。人生一世不就是为了化短暂的事物为永久的吗？要做到这一步，就须懂得如何珍视这短暂和永久。"③

在人生有涯、知无涯的客观现实面前，我们主张人的主观努力性，强调人的求知性，看重人的建树性，并非在人生的价值取向上做到尽善尽美。"理有未穷，知有不尽。"人的生命意义就贵在一个"求"字，贵在"珍惜"二字。哪怕是在生命过程中能守一职，能尽一心，也见出人生的意义。岁月不待人，不留人，不饶人，当然就必当珍惜，必当努力，必当奋进。

《颜氏家训·涉务》中有这样的训示："国之用材，大较不过六事：一则朝廷之臣，取其鉴达治体，经论博雅；二则文史之臣，取其著述宪章，不忘前古；三则军旅之臣，取其断绝有谋，强干习事；四则藩屏之臣，取其明练风俗，清白爱民；五则使命之臣；取其识变从宜，不辱君命；六则兴道之臣，取其程功节费，开略有术，此则皆勤学守行者所能办也。人性命有长短，岂责具美于六途哉？但当皆晓指趣，能守一职，便无愧耳。"这就是说，人处社会之间，各有其责，

---

① 《论语·宪问》。
② 〔德〕歌德：《歌德的格言和感想集》，程代熙等译，中国社会科学出版社1985年版，第60页。
③ 〔德〕歌德：《歌德的格言和感想集》，程代熙等译，中国社会科学出版社1985年版，第22页。

人不求于全知全能，只在有限的生命过程中，明确自己的责任，通晓一门事务，并能尽职尽责，生命也就具有了意义，也就不愧于人生一世了。

借鉴古训，不能说对今人没有深刻的指导意义。恐怕从某种意义上讲，今天的一些人认识自己的生命，认识生命的意义还不及古人的见解深刻。历史的事实证明，人生有无意义，不在于生命的长短，而在于一个人是否在自己的生命过程中真正发挥了自觉能动性。人的生命不管长短，只要他发挥了自觉能动性，尽职尽责，对人类进步，对改造自然、改革社会起了作用，对他人的生命存在与发展给予了益处，那么他的生命就具有无限的意义。从一定程度上讲，人生的价值并不决定于一件惊心动魄、震天动地的大事，也并不见于轰轰烈烈、蔚为壮观。它的实现更多地决定于生活中的小事，更经常地见于平平凡凡和对事业的不息追求之中。这个中的品味，就在于一个人怎样将自己的生命与他人、社会的需要相连。雷锋有一句名言："人的生命是有限的，可是，为人民服务是无限的，我要把有限的生命，投入到无限的为人民服务之中去。"[①] 这正是他虽生命短促，但生命价值长存的实质所在，变有限为无限，时当勉励。

时当勉励，珍惜生命的时光，关键是要践行，在生命的实践中见分晓，而并不在于能言善辩。孔子曾说："始吾于人也，听其言而信其行；今吾于人也，听其言而观其行。"[②] 只善言辞之人，只能有一时光环；只有言行一致的人，才能寻得生命价值的真谛。正所谓："夫称仁人者，其道弘矣！立言践行，岂徒徇名安己而已哉，将以定去就之概，正天下之风，使生与理全，死与义合也。"[③]

真正有价值的人，应该有稳定的思想，知道人之为人的道理。既有与德性相符的言论，又有符合道德的行为，言行一致，不能为求得虚名而感到自足。他应该参与社会生活，为纠正社会不正之风而努

---

① 《雷锋日记选》，人民出版社1973年版，第57页。
② 《论语·公冶长》。
③ 《后汉书·李杜列传》。

力，使自己的活动符合社会的道德规范，就是死也应死得其所。人应该实实在在地生活，扎扎实实地求进，不虚张声势，大言不惭："耻其言之过其行。""其言之不怍，则为之也难。"①

人的生命是短暂的，但生命的意义并不被生命的有限性所困扰。只要在生命的实践过程中能发现真，即使生命转瞬逝去，也不惧"逝者如斯夫"了。孔子曾不无感慨地说道："朝闻道，夕死可矣。"② 早晨获知真理，即使在傍晚死去，也无遗憾可言。可见生命的意义不在于生命形式的长短，而在于生命本质的体现。

人生的价值往往具体化为一种事业、一种精神、一种道德来衡量。在此，人生的意义首先表现为一种坚韧不拔的精神力量，它能唤醒人们的心灵之美，凝聚人们的生活力量，而使每一个人感到生命存在和发展的意义。人，不要感叹生命的短暂和生命的苦涩，人在至善中，在追求生命价值的实现中失去的只是生命的肉体形式，获得的将是生命的精神实质，虽然肉体消失了，但精神永存。岁不待人，时当勉励。

3. 成身于学

一个人要成就自身的价值，使生命充实而富有意义，就不可无知，不可不好学，不可不爱学问。今天，尽管世间到处都充满了文明、科学的气氛，但是我们丝毫不曾怀疑地认为：人们的大部分不幸来自无知。胸无点墨，志大才疏，无论怎样营造人生，也是肩不当重任，枉然一世。

正是由于无知，目光如豆，甘为燕雀，才孜孜于构造自己的"小巢"，游戏人生，碌碌无为；也正是由于无知，盲动放纵，善恶不辨，才见利忘义，苟且人生，甚至不惜以身试法。所以，人生须得求知，成身在于治学。也正所谓：学也者，知之盛者也。知之盛者，莫大于

---

① 《论语·宪问》。
② 《论语·里仁》。

成身，成身莫大于学。求学在于昌盛知识，昌盛知识在于充分实现人生的价值，日渐成长为一个完善的人。这是中国两千多年前《吕氏春秋·尊师》篇中告诫人们的思想，至今也不乏指导人生的意义。

成身于学，上自远古，下至今时，对人生价值的实现都具有实际的指导意义。大凡人生成功者都深知其中的奥妙：学问不修，德性不养；学问不修，事业不就；学问不修，人生不成。

一日，孔子对其学生子路说："仲由！你听说过有六种品德便会有六种弊病吗？"

子路回答说："没有听说过。"

孔子于是说："坐下！让我告诉你。爱仁德，却不爱学问，其弊病就是容易被人愚弄；爱聪明，却不爱学问，其弊病就是易流于放荡；爱诚实，却不爱学问，其弊病就是容易被人利用而害了自己；爱直率，却不爱学问，其弊病就是说话粗鲁易伤人心；爱勇敢，却不爱学问，其弊病就是容易捣乱闯祸；爱刚强，却不爱学问，其弊病就是胆大妄为。"[1]

二千五百年前孔子的这一番言论，思想是深刻的。无论一个人怎样追求其生命的意义，也无论其偏爱什么，但是如果不爱学问，不好学，不求知，那么仁德也好、聪明也好、诚实也好、直率也好、勇敢也好、刚强也好，都不可避免地陷于人生的弊病之中，人生都将一事无成。

学习是人成功的基础，人生天地间，只有在知识的海洋中遨游，才可最终达到成功的彼岸。人不能仅凭空想、幻觉生活一世，人成功的秘诀就在于不断地求学、求知。孔子就曾十分感慨地总结自己的治学经历："我曾经整天不吃饭，整夜不睡觉地去想问题，但总是没获得丝毫益处。如此，不如去学习。"[2] 这正是："思而不学则殆。"[3] 只是空想，而不学习、不求知，就会始终疑惑，人生自然也就难以成

---

[1] 参见《论语·阳货》。
[2] 参见《论语·卫灵公》。
[3] 《论语·为政》。

功。对此，荀子也有感慨："吾尝终日而思矣，不如须臾之所学也；吾尝跂而望矣，不如登高之博见也。"① 整天空想，不如片刻的学习；止足望远，不如登高远眺。学习才是人生成功的保障。

今天，成身于学对人们的昭示也正在于：知识是生命的源泉，是人生的力量。知识不仅关系到个体生命的文化、思想修养，而且还关系到他的政治、道德修养，最终对一个人事业的成败起着决定性的作用。

"知识就是力量"，这力量就是人生价值得以实现的潜在洪流、催生剂和底气。无论现时代的人们以什么样的人生形式、人生道路赢得成就、实现价值，总是不可不立于求知、求学这一人生基点上。

即使，一个人在生命的进程中略有成就，已获得一定程度的人生价值的实现，但要有更大的发展，还是在于治学本身。人一时的功成名就并不意味着学习的终止，而只是一种更新、更高学问探索的开始。"学海无涯苦作舟"才是真正成身于学的精神，"学如不及，犹恐失之"也正是人们应该具备的思想。这一思想告诫人们：求知识、做学问就好像在追逐什么东西似的，生怕赶不上；即使得到了，也生怕突然丢掉了，人们应该为此诚惶诚恐。

求知能推进、成就人的事业，赋予人生以价值，这里有两个方面的涵义：一是求知能使人心灵得到净化，使人身心获得健康的发展。一个人热衷求知，好学以恒，以学为乐，那么，面对人生知识的矿藏，他的头上就有了一盏不灭的"矿灯"，永远有亮光照射前方，而不管道路是多么的艰难。同样，面对人生知识的海洋，他的身上凝聚着巨大的能量，永远有勇气直奔彼岸，无论前途是如何波澜起伏，哪怕是巨浪滔天。一是求知能使人获得改造客观世界的武器。一个人在求知的过程中，一旦把求知和社会需要结合起来，有了一定的针对性和目的性，就能大大加快求知的步伐，客观世界里的种种困难将会在知识面前迎刃而解，知识也将越发鲜明地显现出它无穷无尽的力量。

---

① 《荀子·劝学》。

成身于学旨在通过求学、求知完善自身的才德学识,以利于人生价值的实现,因此,求知是不可以做"装潢""门面"之用的,也就是说,人生无止境地学习并不在于以知识炫耀自己,或以知识作为获取某种虚名功利的手段。但在现实生活中,还是不乏其人的:他们读过一些名著、佳作,甚至能背诵不少警句、格言;他们的兴趣是多方面的,往往广为涉猎,对一些新科学、新名词、新思想略知一二,真可谓"天上知道一半,地下全知";他们也经常新书在手,但却没有专一的求知目标和扎扎实实的学习态度。从名家名作中,他们不会汲取最宝贵的精华,从新书、新名词里也捕捉不到新信息。他们既缺乏继承性学习应有的勤奋和执着,更缺乏创造性学习特有的思考和敏感。他们热衷于高谈阔论,自炫其能,知识、学问对他们来说只是一层皮——用来打扮、装潢自己的一层皮。这样的人正如清末左宗棠(1812—1885)所说:"若徒然写一笔时派字,作几句工致诗,摹几篇时下八股,骗一个秀才、举人、进士、翰林,究竟是什么人物!"[1]

当然,求学问自古以来就不是一份轻松的事业,它功在不舍,成在刻苦。荀子说得好:"不积跬步,无以至千里;不积小流,无以成江海。骐骥一跃,不能十步;驽马十驾,功在不舍。锲而舍之,朽木不折;锲而不舍,金石可镂。"[2] 由此而言,成身于学必须志坚而博学。正所谓:"博学而笃志,切问而近思,仁在其中矣。"[3] 广泛地学习,坚定学习的志趣,恳切地求教,多考虑当前的现实问题,仁德就在其中了。

人们通过学习追求知识,知识将成为跨越障碍、征服险阻的桥梁。人类凭借知识创造了历史,谱写了辉煌的时代;个人凭借知识丰富着自己的生命,创造着人生的价值。成身于学不单是每个人所关注的生命焦点,而且也是人类进步所思考的历史途径。

---

[1] 《左文襄公家书》卷上。
[2] 《荀子·劝学》。
[3] 《论语·子张》。

4. 超越自我

有一句古老的格言说得好：要做人，首先就得承担责任。一个人总不能永远只考虑自己的存在，而不顾及他人的生存。阿德勒认为："人类最古老的努力之一，是和其同类缔结友谊。我们的种族是由于我们对我们的同类有兴趣，才日渐进步的。"[①]

人类发展史以无数的事实证明，一个人只有当其将自己的生命与他人、社会的命运结合在一起，为了他人、社会的生存与发展舍身忘己，其生命才具有至高无尚的意义，人生才充实着永恒的价值。个体终究会衰老消亡，而以千万人构成或延续着的社会却可以永生。个人不能离开他赖以生存的他人、社会；个人不能将自己与他人、社会相对立；个人必须为他人、社会承担责任，做出贡献。这并不是对人的自我价值进行否定，也不是对人自我生命的无辜伤害或有意摧毁，而是为了生命永存和人生价值最高实现。这是否定中的肯定，是在有限生命中延伸着无限生命的价值；这是一个人从自我的生命圈中挣脱出来，超越自我生命的短暂而实现生命的永恒。

当然，在现实生活中，并不是每个人都必须放弃自己的现实生命存在，或者每时每刻都必须做出牺牲，生命才有意义，才可能实现自己的人生价值。这里涉及一个价值评价问题，人生价值的实现不是在自身中完成的，它不能产生于人对自身的规定或者确认。人对自己的肯定、确认是隐形的、潜在的，在一定意义上给人以生命的力量和信心，但却不是人生价值的现实性展开。无论一个人有多么强的主观愿望，如果他不参与实践，不经过他人、社会的肯定、确认，这个人的人生价值也永远只是观念性的，仅只存在于个人的主观意识之中。同样，一个人仅用已有的财富来确定自己的人生价值，而不顾及占有这些财富的手段，这种人生价值的确定也仅仅是一厢情愿的主观臆断，

---

① 〔奥〕阿德勒：《自卑与超越》，黄光国译，作家出版社1986年版，第213页。

很难在现实中找到人生价值确立的真实基础。

　　因此，无论怎样品味人生，超越自我都始终是人生价值得以真正实现的决定性因素。个人付出如果最终不落脚在超越自我上，所有的努力都将付之东流。所以，我们说，一个人越是看到他人、社会需要自己，就越是会感到自己有能力满足这些需要；越是看到自己的行为产生了预期的实际社会效果，就会越感到个人生命的存在意义，他的人生价值就会得以实现。反之，一个人若感到自己在社会上是可有可无的、多余的或被他人、社会遗忘的，以至于感到自己完全是与他人、社会格格不入的、相对立的，就还没有跳出个人的自我圈子，他会在一种孤立状态中对自己生命存在的意义持怀疑态度："这世界对我而言究竟有什么意义？"这样的生命情感是悲伤的，这样的人生价值是难以实现的。

第四章

人生的症结

人内心不仅有理性，而且充满着情感，是情感的动物。人生所经历的事物总是太多、太复杂，聚集在人的生命体中便构成无限丰富多彩的情感世界。正如林语堂先生（1895—1976）所说："如果我们没有'情'，我们便没有人生的出发点。情是生命的灵魂。"[①] 数千年来，人类从未离开过情感的牵系，在人的生命发生、发展过程中，情感更是时时处处都在。

在人的生命的每一刻，谈论情感都比谈论其他任何的问题更容易产生共鸣。毫不夸张地说，人的一生实质上就是由各种不同的情感历程构成的，任何人也无法躲避情感的追逐，逃离人生的情感世界。

无论人的情感世界多么纷繁，无论人生的情感历程多么复杂，无非表现的是人对其生命形式、生命状态的心理感受，并通过这种心理感受体验到生命的存在意义，由此而表现为：喜、怒、哀、惧、爱、恶、欲这七种情态形式。

人的情感是以人的生命的自然生理属性为基础的，所以人的情感常常以人的生命欲望的满足为其生理基础，并为个人的欲望所指使，往往是随情而生，随意而动。人的情感不像人的本性那样理智、深刻，它带有强烈的、浓厚的个人感知体验，具有更多的个人因素，这就容易与整个他人的世界，即与一定社会的思想、道德、法律、宗教等意识、观念和行为规范相抗衡、相冲突。因此，仅随个人情感的自由流动、自由发泄，而缺乏对社会的理性认识，就会在个人生命的社会化体验中形成和产生不可遏制的人生情感症结。

[①] 林语堂：《生活的艺术》。引自《人生哲学宝库》，中国广播电视出版社1992年版，第531页。

人生情感症结是每一个人在其生命进程中不可能回避或躲得掉的生命事实。只要有情，只要有喜、怒、哀、惧、爱、恶、欲，只要有个人的生命体验，加之个人的生命总要在不同的阶段和程度上与社会发生矛盾，与他人发生冲突，这就必然使人的情感不可能任意地流畅和自由地获得满足，人的情感必将受阻，乃至于受到伤害。

当个人的情感无法与他人、社会相沟通、相平衡、相一致时，个人情感的失落不仅会在人生理器官的感觉上产生强烈的刺激性体验，对人的心理体验也产生极强的冲击波。这种生理和心理上的双重刺激就会在人的个体生命进程中产生难解的迷惑，形成情感症结，而使生命陷入悲伤、无望、失魂、落魄、怨恨、仇视等负性状态之中。

孤独

孤独是存在的。日本学者箱崎总一（1928—1988）说："从人呱呱落地开始，孤独就如影随形，一辈子和你分不开。"[①] 此话虽难免夸张，但的确生动说明了孤独存在的现实性。无论社会文明发展到怎样的高度，人都无法避免孤独。作为一种情感体验，孤独总是隐隐约约地在人的心灵深处"骚动"。

1. 孤独症

1776年的一天，一位66岁的老人沿着巴黎林荫大道径直走到谢曼韦街，登上梅尼尔蒙丹高地，随后踏上穿过葡萄园和草地的小径。

[①] 《人生哲学宝库》，中国广播电视出版社1992年版，第607页。

他走走停停，一边欣赏初冬的自然风光，一边采摘一些小植物。优美可人的景致总是令人感到愉快和兴致勃勃。但是，葡萄已经收获完毕，原野虽依然喜人，可树上的叶子已经凋落，一片荒凉孤寂之感。

老人看着眼前的一切，自觉这一生清白无辜但命运多舛，如今茕茕孑立，形影相吊，老人不禁自问：

> 我来到世上走了一遭，可我究竟干了些什么呢？我生来就是为了生活的，我还不曾生活过就将死去。至少这不是我的过错。创造我的生命的上苍啊，我虽因世人不许而未能对你做出善举，但我至少可以把我那被愚弄的良好愿望、那健康但未得好果的情感以及在那班人的蔑视中经受了考验的耐心作为贡品奉献你。①

说完，老人心头一软，心中被一股巨大的悲伤笼罩着。这就是18世纪法国启蒙运动中最著名、最伟大的思想家卢梭（1712—1778）。卢梭，这位在当时名字就传遍欧洲，被人们尊称为贤者的大思想家，晚年却处于退隐状态，贫病交加，生活于绝望的深渊，十分孤独。没有人理解他，他也无法与人交流沟通。正如卢梭自己所说："如今，再没有兄弟、邻人、朋友、社会。一个最好友谊、最重感情的人已被同心协力地驱除出人类。"② "我活在地球上，恍如活在一个陌生的星球上，我可能是从我原来居住的星球上坠落于此的。倘若我在自己周围认出了什么，那只有令人苦恼和痛心的一些事。"③ 这就是典型的孤独症。

没有人不孤独。自我意识越强，感觉越敏锐，思想越丰富，情感越活跃的人，孤独体验就越深刻，孤独情结就越沉重。孤独从来不会远离人群，它不在深山，不在荒漠，不在原野，而在大街、闹市和社

---

① 〔法〕卢梭：《一个孤独的散步者的遐想》，张驰译，湖南人民出版社1986年版，第25页。
② 〔法〕卢梭：《一个孤独的散步者的遐想》，张驰译，湖南人民出版社1986年版，第10页。
③ 〔法〕卢梭：《一个孤独的散步者的遐想》，张驰译，湖南人民出版社1986年版，第17页。

会之中。孤独也不在单独的个人，而在众人之中。无论何时，总有那么多的失意、不满、苦闷、忧郁和苍凉的心境，难免陷于孤独之中。

孤独，人皆有之，只不过不同的人处于不同的情形之下，孤独体验的表现形式不同，表现的程度有所差异而已。没有人一生是一帆风顺的，也没有人是与人相处而不生矛盾的。相对于千变万化的人世生涯，个体的人总不免认为：靠理智活动则不够圆滑，为情感所左右则易于流失，通于意志则束手束脚，总之，人世难住。人生的不流畅，生命乐章的变奏，必然将人置于孤独的状态。

当然，孤独不是人的生命的全过程，但是它确实存在，不论古人今人，还是伟人凡人，在其生命过程中总是或多或少地受到过孤独的烦扰，在心灵深处留下过孤独的心迹。

毕生从事于自然科学研究的伟大科学家爱因斯坦，一生对生活和事业充满热情，具有勇于探索、勇于创新、为真理和社会正义而献身的精神。但是，面对人世的沧桑，人生的千回百旋，也曾感慨道："我实在是一个孤独的旅客，我未曾全心全意属于我的国家、我的家庭、我的朋友，甚至我最接近的亲人；在所有这些关系面前，我总是感到有一定距离，并且需要保持孤独——而这种感受正在与日俱增。"[1]

1933年，爱因斯坦在给住在德国慕尼黑处境困难、悲观绝望的职业音乐家的信中说道："千万记住，所有那些品质高尚的人都是孤独的——而且必然如此——正因为如此，他们才能享受自身环境中那种一尘不染的纯洁。"[2]

对一般人而言，也许有人会觉得，他的心路上还未曾有过孤独感的足迹，这大概不假，但谁也不敢断言，在他未来的生命历程中永远不会有关于孤独的记载。生命的流程必将使孤独的体验抛向每一个活着的人，想压抑它，是根本不可能的。日本学者箱崎总一在《孤独的

---

[1] 引自阎钢等：《理性的灵光》，四川民族出版社1987年版，第159页。
[2] 〔美〕杜卡斯、霍夫曼编：《爱因斯坦谈人生》，高志凯译，世界知识出版社1984年版，第100页。着重号是引者加的。

心理学》一书中有一段精彩的描述：

  在某些团体中，有种人表现出心地善良，同时也被四周的人认为是很受欢迎的。但是，这种人却也是个最怕孤独的人。如果这些人不能完成期待的任务，便可能失去团体中的地位。因为这缘故，他们为防范自己的孤独，不得不叽叽喳喳的，说些不得要领的话，或用忙碌来填补、来麻醉自己，或用体力、精力来劳累自己。这种迹象，乃是存在于今日的孤独。

  在我们心里不是潜藏着对单独行动的恐惧吗？看过没有父母保护的雏鸟吗？它们彼此靠在一起，借体温来驱寒，借互依作安慰。实际上，它们不就是我们人类的投影吗？

  上下班高峰时间，在公共汽车中互相挤来挤去，终于到站下了车，宽大的楼梯上又是满满的人潮，陌生的面孔、闷热、体臭。我们像泄了气的球，累得不成人样。在心情上不也感到孤独吗？尽管如此，好不容易挣扎到了工作的公司，在心中，可到了自己的窝，是自己的工作场，安全感便油然而生。

  但是，我们依然有孤独感。对工作陌生会使你产生孤独感，不曾打入工作同事当中，你还是会寂寞。或者，你竟以为天地之大，为何没有我容身之地的感觉。①

孤独是生命的既定事实，人们没有必要去害怕它，更不可在情感上去畏惧它。人们不会因为孤独的存在而遭遇毁灭，人只有在对孤独茫然无知、视而不见、不予了解时，才会遭遇人生的不幸。

2. 孤独的质

孤独，不是一种表示生命存在的生活形式，孤独不是独居，不是单身生活，也不是归居世外的隐士生活。它是深藏在每个人内心中的一种自我体验的情感，是一种自我生成的、非外在嵌入的人自己心中

---

① 《人生哲学宝库》，中国广播电视出版社1992年版，第607页。

产生的情感症结。孤独是人生中最实在而又最难以消除的一种情感，它源于人的需求动机。

当代著名人本心理学家马斯洛（1908—1970）认为："人是一种不断需求的动物，除短暂的时间外，极少达到完全满足的状态。一个欲望满足后，另一个迅速出现并取代它的位置；当这个被满足了，又会有一个站到突出位置上来。人几乎总是在希望着什么，这是贯穿他整个一生的特点。"①

而且，人的需求动机从来就不会是单一的，总是存在着复杂的、多种类的需求动机，人们希望在尽可能的情况下使它们得到一次性的满足。对此马斯洛说道："让我们这样强调：如果一个行动或者有意识的愿望只有一个动机，那是异常的，不是普遍的。"② 人的需求动机是人的本能，是人的生命的内驱力。

但是，相对于个人的生命需要而言，客观物质世界和他人社会总是不尽如人意的。物质的有限性和获取物质手段的局限性，以及为满足各自需要而在人与人之间产生的利益冲突性，必然制约、限制，甚至压抑、伤害个人需要的满足。然而，人的需求动机又是无止息地驱使着个体生命去获得最大的需要满足。这样就把人抛到了需要的满足和需要的不可能满足的人生两难之中。人处在生存的最基本矛盾上，无法摆脱这样的矛盾，也就无法摆脱不安、苦闷、烦躁的情感体验。尤其是超越于生理需要之上的精神需要得不到满足时，如安全需要、爱的需要等得不到满足时，人就显得孤立无援，而深深地陷入孤独的情感体验中。

从生活现象上看，人与人是分离的，个人与社会是相对峙的，但人的需要动机又要求人复归一体，这种分离与复归同样是人生命中的矛盾。从本能上讲，人们不愿意将人与人之间的分离状态完全确定为不可联系或不可沟通的两极。因为，人与人的完全分离，将意味着隔绝，意味着人毫无能力行使自己的权力；分离意味着无依无靠，意味

---

① 〔美〕马斯洛：《动机与人格》，许金声等译，华夏出版社1987年版，第29页。
② 〔美〕马斯洛：《动机与人格》，许金声等译，华夏出版社1987年版，第28页。

着不能主动地把握他人和社会；分离意味着外界能侵犯我，而我则无力为自己的安全需要作出积极的反应。

但是，人的生命进程，有时又总是将个人与他人、社会在一定的阶段相割离，甚至将个人拒绝于他人、社会相联系的大门之外，同时，将个人的生命放在一种难以确定的人生状态之中，使一个人只知过去，难知现在，除了对死亡的确定外，更不清楚明天将意味着什么。个人在与他人、社会联系受阻的状态中，意识里易产生只身一人、孤独伶仃的感觉，精神上显得无依无靠、失落彷徨。弗洛姆为此说道："如果他不能从这个牢狱中解放自己，不能伸出手来，以这种或那种形式，与他人、与外界拥抱结合，他就会丧失理性。"①

此外，作为人而言，他必是灵与肉，即精神与肉体的有机结合体，这一结合不可否认地将人投入无限与有限、被动与主动的矛盾运行之中。人的肉体生命是有限的被动的存在物，肉体是有条件存在的，而人的精神生命却是无限的主动的存在物，精神不受条件的制约。人的精神追求越高，人对生命的现实状况就越不满足。精神总是想超越生命的极限，但生命的现实性又总是将精神制约、限制在有限的时间和空间之中。在这样的矛盾状况中，人的肉体生命无论如何也不可能适应精神生命的需要和追求。精神越追逐，它所造成的人的孤独感就越强，因为，精神与肉体的不一致性，总是以精神追逐的失望、无助而告结束。

因此，我们说，思想优越、才华横溢的人都可能是不幸的孤独者，尽管他们精神高尚，可那些精神总是蒙着受挫的、委屈的泪水。

于是，对于孤独，可以这样去认识和理解：孤独是在现实社会生活中，人的精神生命本能的无止境追求与人的肉体生命本能的有限约束；人的需要满足的动机、渴望与人的社会现实的制约、压抑，这样的矛盾冲突在个人的心理中所形成的一种失望、冷落、凄楚、苦闷和烦恼的深层内心情感。

---

① 〔美〕弗洛姆：《为自己的人》，孙依依译，生活·读书·新知三联书店1992年版，第237页。

3. 孤独解除

孤独的确是现代社会生活的主要症结之一。现代社会生活中的商业气息，不可避免地给人与人之间的相互沟通、相互了解蒙上了厚厚的一层利益外罩。由于经济的发展、网络平台的便捷、信息量的无限性、竞争手段的科学化，人与人的关系显得粗糙、肤浅，甚至冷漠；人与人的交流显得匆忙、短暂，乃至无情。人在物质方面获得极大满足的同时，也发现，高山流水，知音难觅。

我们承认孤独存在的客观现实性和孤独感的不可避免性，但是，我们希望人们对孤独的体验只是一种在生命中短暂停留的情感症结，而不能将孤独不仅作为情感体验，而且作为生命形式确定下来。弗洛姆说得真切："人，就其之所以成为一个人而言，——也即是说，就人超越了自然并且意识到自身与死亡而言——彻底的孤独感会使人接近于精神错乱。作为一个人，他害怕精神病，正像作为一种动物的人害怕死亡一样。"① 因此，人总是要千方百计地避免孤独。

箱崎总一说："人类并不是因为一个人独处，才感到孤独。是在许多人当中感到自己无足轻重，或与人的关系疏远时，才会感到孤独。倘若有人了解你，愿意与你交谈，即使是孤单的一个人，心灵上也不会感觉孤独。"② 弗洛姆也强调："为了成为一个健全的人，人必须与别人发生关系，同别人联系起来。这种与别人保持一致的需求乃是人的最强烈的欲望，这一欲望甚至较性欲以及人的生存欲望更加强烈。"③

如果，一个人孤独的症结是由于自我思想的超越或者行为的趋前性，当确实难以与他人、社会沟通时，就必须要借助于自我的心理调

---

① 〔美〕弗洛姆：《在幻想锁链的彼岸：我所理解的马克思和弗洛伊德》，张燕译，湖南人民出版社1986年版，第132页。
② 《人生哲学宝库》，中国广播电视出版社1992年版，第608页。
③ 〔美〕弗洛姆：《在幻想锁链的彼岸：我所理解的马克思和弗洛伊德》，张燕译，湖南人民出版社1986年版，第132页。

适，以达到孤独的解除。这正如爱因斯坦所说："我们人类总是以为自己的生活很安全。在这个似乎是既熟悉又可靠的物质环境和社会环境中很自在。可是一旦日常生活的正常进程被中断，我们就会认识到，自己就像是在海上遇难的人一样，只知抱着一块无济于事的木板，却忘了自己来自何方，也不知自己将漂向何处。但是只要我们能全盘接受这一点，那么生活就会变得轻松，我们也不再会感到失望了。"[1] 这就是说，人们不要因为孤独而徒然感慨，应该在看似孤独的状态中解除孤独，爱因斯坦也正是这样做的。他曾经这样表述道："唯一使我坚持下来，唯一使我免于绝望的，就是我自始至终一直在自己力所能及的范围内竭尽全力，从没有荒废任何时间，日复一日，年复一年，除了读书之乐外，我从不允许自己把一分一秒浪费在娱乐消遣上。"[2]

这是面对孤独的积极自我状态，看似孤独的形式，却充满着令人震撼的力量，这一写真在卢梭的身上也照映得实实在在。尽管，当时的社会将卢梭抛向孤独深渊，也使他倍感悲哀、愁苦、无助与无奈，但是，他并没有被孤独所吞食和毁灭，而是积极进行自我调适，这正如他在自述中所说的那样：

> 在这孤独的残年，既然我只能从自身中寻求慰藉、希冀与安宁，我没有必要、也无意为自己身外之物去劳神费力。我正是在这种境界中，继续着我先前称为"忏悔"的这一严肃而诚恳的自省。我把最后的闲暇奉献给了对我自己的研究，提前准备不久将要作的自我总结。让我们全身心地沉入与我的灵魂交谈的温馨之中吧。这是旁人唯一不能从我身上夺走的。倘若我对我的内心倾向作认真的思考，把它们整理得更好些，并修正可能存在的偏误，那么，我的这些沉思默想绝对不会是完全无用的。我在世上

---

[1] 〔美〕杜卡斯、霍夫曼编：《爱因斯坦谈人生》，高志凯译，世界知识出版社1984年版，第63页。

[2] 〔美〕杜卡斯、霍夫曼编：《爱因斯坦谈人生》，高志凯译，世界知识出版社1984年版，第20页。

虽则什么用处也没有了，但我决不会把我最后的光阴白白浪费掉。在我每日的散步中，总有令人神往的沉思默想涌上心头。遗憾的是我把它们忘却了。我就是要把还能回忆起来的付诸文字。日后，每当我重温它们，这种快乐必将油然而生。只要我一想到我的心灵曾经达到的境界，我就会把那深重的苦难、我的迫害者以及我蒙受的屈辱统统抛到脑后。①

解除自身之孤独，由此可见一斑。

自卑

人们往往无法逃避自卑。无论现实生活中的人怎样掩饰自己，自卑仍然是深藏在人内心深处使人隐隐不安的情感症结所在。当代个体心理学的发展已充分证实了"自卑情结"的存在以及它对人和人生发展的影响。事实上，冷静下来，我们是可以直透自卑情结的。

1. 自卑情结

人生充满着希望，同时也有许多的无可奈何，人们承受着生存的威胁，感到生命的软弱、无助，这一心理体验是人的极弱处，作为一种情感反映又是灰暗的，从个体生命的本能出发，为了自我生存，为了求得安全，为了赢得荣誉与自尊，为了人自我价值的实现，人总是极力封闭着这一自卑情结。

---

① 〔法〕卢梭：《一个孤独的散步者的遐想》，张驰译，湖南人民出版社1986年版，第17~18页。

自卑是一个不可被问及的生命事实。对此，当代奥地利心理分析学家阿德勒（1870—1937）说：

> 所以，我们不必问，我们只需注意个人的行为。在他的行为里，我们可以看出他是采用什么诡计，来向他自己保证他的重要性。例如，假使我们看到一个傲慢自大的人，我们能猜测他的感觉是："别人老是瞧不起我，我必须表现一下：我是何等人物！"假如我们看到一个在说话时手势表情过多的人，我们也能猜出他的感觉："如果我不加以强调的话，我说的东西就显得太没有份量了！"在举止间处处故意要凌驾他人的人，我们也能怀疑：在他背后是否有需要他做出特殊努力才能抵消自卑感的存在。这就像是怕自己个子太矮的人，总要踮起脚尖走路，以使自己显得高一点一样。两个小孩子在比身高的时候，我们常常可以看到这种行为。怕自己个子太矮的人，会挺直身子并紧张地保持这种姿势，以使自己看起来比实际高度要高一点。如果我们问他："你是否觉得自己太矮小了？"我们却很难期望他会承认这件事实。[①]

阿德勒用心理分析学家犀利的目光所解剖的行为事实，充分地说明自卑情结存在的现实性。毫不夸张地说，我们每一个人都有不同程度的自卑感。当然，这并不意味着：有强烈自卑感的人一定是个显得柔顺、安静、懦弱、拘束而与世无争的人。自卑感的表现方式是多种多样的，例如，他可以用一种优越性来炫耀自己内在感受的不足；他还可以用一种显示自己强壮有力的生活方式来欺骗内心；他仍可以用对别人的统治、集权，甚至施暴来弥补心灵的空虚；他当然也可以采取躲避的方法，与他人隔离，与生活隔离，在自我封闭的状态中表现对自己占有的信心和对自己控制的优越感，并以此来克制自卑对心灵的侵蚀，如此等等。

自卑情结本身并不是变态的，它是人类生命发展，同时也是个人生命发展所表现出来的生命特征。面对自然，人是弱小的；面对他人

---

① 〔奥〕阿德勒：《自卑与超越》，黄光国译，作家出版社1986年版，第45~46页。

与社会，个人是弱小的。生命无时无刻不存在于偶然的、有条件性的制约之中，难以自然地、无条件地发展。

正如阿德勒所说："人类确实是所有动物中最弱小的。我们没有狮子和猩猩的强壮，有许多种动物也比我们适合于单独地应付生活中的困难。虽然有些动物也会用团结来补偿他们的软弱，而成群结队地群居生活，但是人类却比我们在世界上所能发现的任何其他动物，需要更多及更深刻地合作。人类的婴孩是非常软弱的，他们需要许多年的照顾和保护。由于每一个人都曾经是人类中最弱小和最幼稚的婴儿，由于人类缺少了合作，便只有完全听凭其环境的宰割，所以我们不难了解：假使一个儿童未曾学会合作之道，他必然会走向悲观之途，并发展出牢固的自卑情结。"①

今天，我们的星球并没有满足人类的一切愿望与需求，人们之间的联系与合作也并没有达到消除一切障碍和困难的境界，人类面临的仍然是强大的自然和充满竞争、争斗的社会。人们无法摆脱自己的弱小，也就无法消弭自卑。阿德勒说："事实上，依我看来，我们人类的全部文化都是以自卑感为基础的。"②

如果此话有一定的合理性，那么问题的关键就在于，如何认识自卑情结，以及如何从自卑情结中升华、超越出来。

2. 自卑的质

自卑是人生命历程中不可忽视的个体心理情感症结。从一般意义来说，由于自然与社会的压抑而将自己看得太低就是自卑。自卑的一个实质性特征，就是对自己的生命及生命的行为给予不足的估价。正如德国当代心理分析学家卡伦·荷妮（1885—1952）所认为的："人们可能对他们的时间、他们所做的工作或将做的工作、他们的愿望、意见或信念做不足的估价。这些人都是一样，似乎已经丧失了那种庄

---

① 〔奥〕阿德勒：《自卑与超越》，黄光国译，作家出版社1986年版，第51页。
② 〔奥〕阿德勒：《自卑与超越》，黄光国译，作家出版社1986年版，第50页。

重地面对自己所说、所做或所感之事的能力,要是别人能完成这些事,则会令这些人惊讶。于是他们发展出一种对自己价值感到怀疑的态度,通常会接着扩展为对世人价值的怀疑。"①

在现实生活中,对于那些涉世不深、性格内向、自尊心又很强的人来说,生活中的失意最易造成他们对自我能力的怀疑,对自我价值做出不足的估价,最易在强烈的自尊心得不到恰当的满足时产生自怨和自视无能的自卑情结。同时,生命对于每一个人来说并不都是公正平等的,没有哪一个人的生命处在与他人同值等量的状态上,当将其放在同一量级上比较时,这种生命素质的差异必然导致差者个体生理的失衡,而趋于自卑。

例如,有的女子因羡慕别的女子有"沉鱼落雁之容,闭月羞花之貌",而引起心中的苦闷自恼、忧郁自卑;有的男子仰视别的男子体态高大魁伟,长相英俊,而哀叹自己身材不佳;又有一些具有先天生理缺陷的人,因而形成强烈的心理反差,使自己落入自卑的情感体验中,难以自拔。

自卑的实质一般表现为:一个人对自己能力和品质做出过低的估计和评价,由此造成对自我能力的怀疑、对自我价值的贬损,以及对个人自尊心的丧失等等,从而在个人内心深处、在个体的心理感受上形成自悲、自怨、自愤,以及自视渺小和无能为力的强烈情感意识。对此,人们可以从三个方面去把握自卑的特征:

一方面,自卑总是表现为个人不能正确地认识自己的短处、不足,以及人性软弱的一面,而造成自我心灵崇高的丧失,个体尊严的失落。

一方面,自卑又常常发生在个人盲目炫耀虚荣心,而在现实生活中惨遭失败后的心理危机中。虚荣心是一种极力掩盖自身生命不足的心理表现和夸张行为,虚荣心的失落或得不到满足,更容易使人扩张、夸大或深切体验生命的不足,从而加倍促进人的自卑情结的形成。

一方面,自卑还常常表现为个体生命的软弱与现实社会网络信息

---

① 〔德〕荷妮:《自我的挣扎》,李明滨译,中国民间文艺出版社 1986 年影印版,第 131 页。

的强大所产生的矛盾冲突。个人与社会永远是一个矛盾的统一体，个人有个人的意识，社会有社会的规律。个人永远不可随心所欲地发展自身，必将使个人在某一时期、阶段与社会不相融洽时，为了个体生命的存在而不得不屈就，由此显得分外无助、无望和无可奈何，从而生成出自卑情结。

自卑具有严重的危害性。心理学家分析如下：

一是，自卑易导致人们将自己的不足或不利与他人相比较，从而总觉得别人无论在任何方面都更占优势，由此更感不足、失落，甚至于自毁。

二是，自卑的人易对别人的批评与拒绝发生过敏性反应，处处防范、抵御他人的攻击，加重自身的不稳定感。

三是，自卑的人通常会从别人那里学到过多的恶习。为了逃避，往往不加选择地将别人的不良行为当作自己模仿效尤的典范，这不仅无利于自身，反而使自己与他人、社会的分离更深刻。

四是，自卑最终会使人丧失自主性，对自我的评价完全视他人而定，并随他人对自己态度而有所增减。这不但不能消除自卑情结，还可能将个人推向无望的深渊。

自卑是一种自我的压抑，当个人在生活中的某些领域感到无能为力时，他便会从其他方面以不同凡响的姿态、言论和行为表现自己，有时这种表现可能会像火山爆发一样猛烈，令人震惊和感叹。从这个意义上可以说，个体生命在自卑情结压抑下的自毁、自伤，其本质在于寻求一种新的表现途径和真正的生命尊严价值。所以，自卑并不可怕，如果能正确对待，并将其作为一种驱动向上的力量，便能充分发挥其积极意义。这就是生命的辩证法。

3. 自信人生

自卑确实是人生命进程中难以回避的情感症结，但并不等于说人生就建筑在这一负面情结之上。

人不是自轻自贱、不思作为地来到这个世界的。人生尽管波浪起伏，有苍凉、悲伤、无助、无奈和自卑之感，但也不像水中的浮萍那样，没有主见、起伏不定、随波逐流，听凭命运摆布。人在本能状态中，是为获取自尊而不是为自卑活着的。

自尊自信同样是一种生命的情感体验，它体现着生命中主动积极明亮的旋律，是生命的光点；体验到的是人生的光明、甘甜和美妙；给予人的是对生命的希望和对未来美好的憧憬。

人类能生存发展至今，赋予生命以活力与成就，就是凭借自信的力量。没有自信，人类将一事无成；没有自信，个人将毫无价值。

自信源于自尊，自尊是人的高级需要。人与动物的根本差异就在于，人能在自我意识的支配下将人的低级需要满足向高级需要满足延伸。人没有被自然湮没，而是自成体系，就在于他有尊严的要求，有不齿同自然为伍的自尊感；个人没有完全消失而独立存在，就在于每一个人都企望于自尊自重，并努力地去满足自尊自重的需要。

马斯洛说："除了少数病态的人之外，社会上所有的人都有一种对于他们的稳定的，牢固不变的，通常较高的评价的需要或欲望，有一种对于自尊、自重和来自他人的尊重的需要或欲望。这种需要可以分为两类：第一，对于实力、成就、适当、优势、胜任、面对世界时的自信、独立和自由等欲望。第二，对于名誉或威信（来自他人对自己尊敬或尊重）的欲望。对于地位、声望、荣誉、支配、公认、注意、重要性、高贵或赞赏等的欲望。"又说："自尊需要的满足导致一种自信的感情，使人觉得自己在这个世界上有价值、有力量、有能力、有位置，有用处和必不可少。……从对严重的创伤性的神经病的研究我们很容易明白基本自信的必要性，并且理解到，没有这种自信人们会感到何等无依无靠。"[1]

自信人生，当看重自己的生命。自卑确实可以把人带到生命的尽头，在不该结束生命的时候，将生命轻轻地抛了出去。人，尤其是个

---

[1] 〔美〕马斯洛：《动机与人格》，许金声等译，华夏出版社1987年版，第51~52页。着重号是引者加的。

体的人一定要对生命充满希望和信心,不要在人生无助时去毫无意义地"消磨时光",更不要去随意地玩弄生命。自卑是生命中的情感体验,是生命失意带来的结果,但是,自卑不是生命本身,更不是生命的本质。人们没有必要因自卑给人的苦恼而去责怪生命本身,甚至于要消除生命,生命是需要被看重的。

文艺复兴时期法国著名散文家、思想家蒙田(1533—1592)曾告诫人们:一些人"认为生命的利用不外乎在于将它打发、消磨,并且尽量回避它,无视它的存在,仿佛这是一件苦事、一件贱物似的。至于我,我却认为生命不是这个样的,我觉得它值得称颂,富有乐趣,即使我自己到了垂暮之年也还是如此。我们的生命受到自然的厚赐,它是优越无比的,如果我们觉得不堪生之重压或是白白虚度此生,那也只能怪我们自己。糊涂人的一生枯燥无味,躁动不安,却将全部希望寄托于来世。"①

生命没有来世,自卑的超越自然不存厚望于来世,一切都只能在生命的现实存在中解决。这里的问题就是:自信人生。对人生充满自信,对生命充满自信。自信我们有能耐克服一切,赢得一切。正如卓越的科学家居里夫人(1867—1934)所说:"生活对任何一个男女都非易事,我们必须要有坚韧不拔的精神;最要紧的,还是我们自己要有信心。我们必须相信,我们对一件事情是有天赋的才能,并且无论付出任何代价,都要把这件事情完成。"②

---

① 〔法〕蒙田:《蒙田随笔》,梁宗岱等译,湖南人民出版社1987年版,第245页。
② 引自阎钢等:《理性的灵光》,四川民族出版社1987年版,第183页。

恐惧

恐惧是人生命情感中难解的症结之一。生命是脆弱且有条件的，面对自然界和他人的世界，生命的进程从来都不是一帆风顺、相安无事的，总会遭遇各种各样、意想不到的挫折、失败和痛苦的折磨。生命本能是力求生存、避免死亡，追求幸福、摒弃痛苦。然而，在生命的现实发展中，当生命处于痛苦、趋于死亡而又苦于无力时，恐惧就会神秘地潜入人的心灵，令人不安，使人震颤。

1. 恐惧感

恐惧是每一个具有清醒的自我意识的人所能感觉得到的生命情感，如果人们不有意遮掩，总是能在生命发展的某一个阶段或某一个空间中感觉到它的存在。只要稍微沉思一下就会发现，人们为什么那么匆忙地活着，拼着命地干着，竞争、博弈；锻炼、养生，如此等等，其中不正潜含着一种"惧怕"吗？惧怕失败、失落；惧怕伤病、衰弱，生命本身是不安全的。

尤其是当一个人在生活中突然面临新的、陌生的、奇特的和无法对付的刺激或者情况时，更会产生一种恐惧的反应，紧束自己的心态，显得肌肉紧张、内心无底、气紧而难受、举止小心谨慎、血液膨胀、大脑空旷，浑身犹如罩在一个正在收束的网络之中。

生活在法国的罗马尼亚作家欧仁尼·尤内斯库（1912—1994）曾对恐惧有过一段精彩且深刻的描述：

人皆有死。今夜，躺上床想起死，很久以来对恐惧的感受都没有这样的明晰、确凿、冷若冰霜过。害怕虚无，叫我怎么说呢？我把双手捂在胸口，感觉那时我还存在；然后，我突然感到黑暗的虚无开始吞噬我，仿佛失去了双脚，又失去了肚腹，冰凉的虚无焰亮在上方或明或灭……①

一旦在生活中，人的生命安全、生存欲望受到外来因素的直接威胁，或面临生命现实的伤害时，人的恐惧感便可达到无以复加的地步。例如曾处于极度生死边缘、奄奄一息，久困山洞的旅游者们，回忆起他们的亲身感受时，说道：

当黑暗和饥饿像恶魔似地向我们逼来时，我们感到了死亡的威胁，顿觉毛骨悚然。大家害怕极了。有的捶胸跺脚，有的哭喊叫骂，歇斯底里大发作，但都无济于事。在绝望之余只好靠着洞壁张口接着泉水，等待死亡的到来……②

当然，极端的恐惧并不是每一个人都需体验的情感，然而，恐惧来源于对生命的威胁，这一事实却是可以成立的。在现实生活中，由于每一个人对生命威胁的感知不同，人们的恐惧感是各异的，并有轻重缓急之分，但却不能否认恐惧感的不存在性。

承认这一生命事实，有助于我们对人生情感症结的认识和把握，有助于恐惧感的减轻和平缓。恐惧感作为一种生命的情感，是可以被每一个活着的人体验得到的，也就是说，每一个人在生命的进程中都可能会有恐惧感方面的体验，并不是生命的反常，或者是心理的变态，这本是一种生命的客观表现形态，但是，恐惧只能是一种生命情感体验的短暂现象，它也许可以不断地出现，或者以各种不同的状态或形式出现，而绝不能以一种相对持久的、稳定的、不变的状态或形式存留在生命的情感体验之中，更不能成为一种生命情感症结，以至于完全控制人的心理，使人生处在一刻也不可松懈的紧张状态。

---

① 〔德〕贝克勒等：《向死而生》，张念东等译，生活·读书·新知三联书店1995年版，第128页。
② 阎钢等：《理性的灵光》，四川民族出版社1987年版，第169页。

2. 恐惧的质

人离不开死亡，离不开生命过程中的灾难、痛楚，脱离不了某时某地的悲伤与失落，因此，人就逃脱不了恐惧的情感骚扰。蒙田在其随笔《论恐惧》中说："我最害怕的就是恐惧；它是锋锐超过了一切情操。……多少人因为受不了恐惧的刺激而投河、自缢或跳下深渊，更可以证实它比死更烦扰、更难受了。"① 正如一首古谣所唱：我悚然木立，我的发儿直竖，我的舌儿凝结。②

恐惧既然作为一种生命事实，它源于何处，又显示着什么样的性质呢？亚里士多德在《修辞学》一书中说道：

> 恐惧可被定义为一种痛苦，或心情的纷乱，这些皆出自心中对未来某些破坏性的或引起痛苦的恶行的认识。只有破坏性的或引起痛苦的恶行有这种意义，有些恶行，如刻毒和愚蠢，其发展不会使我们惊恐，我是说不会引起极大的痛苦或损失。那些离我们不很远，近在咫尺，马上降临的恶行才是可怕的，我们不恐惧那些遥远的事物，例如，我们都知道我们要死，但我们不为此而烦扰，因为死亡还没降临。从这个定义看，其意义是，恐惧是由我们感到对我们有极大破坏力，或将给我们造成极大痛苦的一切事物引起的。③

恐惧显示的是一种惧怕，惧怕生命的伤害，惧怕人生所得利益的突然丧失。正因为如此，人们不会对那些对他们的生命、利益无所伤害的物和事感到惧怕，只有当确认或预感到有什么物和事降临并能带来伤害时，才会产生惧怕，同时由惧怕而生成一种恐惧情感。恐惧由此而体现的是，面对客观事物突然诱发出的惧怕，或害怕心理。

---

① 〔法〕蒙田：《蒙田随笔》，梁宗岱等译，湖南人民出版社1987年版，第61页。
② 〔法〕蒙田：《蒙田随笔》，梁宗岱等译，湖南人民出版社1987年版，第60页。
③ 《人生哲学宝库》，中国广播电视出版社1992年版，第566页。着重号是引者加的。

恐惧直指的是对外在于个体生命之人、物、事的焦虑、惊悚、担忧与害怕。恐惧深源于对个体生命的保护和个人利益的不受伤害，这是个体生命自我保护能力的一种消极反映，它往往会通过对生命欲望和生命行为的压抑，以保全自己的生命不受到伤害和人生利益不受损失。

埃·弗洛姆认为，人最害怕的就是被他人、社会孤立或排斥。由此，他说道：

> 正是对孤立与排斥的这种恐惧，而不是"对阉割的恐惧"，使人们压抑了对那些被禁忌的事情的认识，因为这种认识意味着差异，意味着被孤立、被排斥。正是由于这个原因，个人对自己集团的人所宣布的不存在的事物熟视无睹，或者把大多数人所说的真实的事情当作真理来接受，尽管他自己的眼睛告诉他，这件事情是虚假的。对于个人来说，大众是如此重要，以至于大众的观点、信仰和感情也构成了他的个人的现实，并且比他自己的感官和理性告诉他的还要真实。正如在精神分裂的催眠状态中，催眠者的声音和言语代替了现实一样，社会的模式也构成了许多人的现实。人们把社会所承认的那些陈腐的思想视为真正的、现实的、健全的思想，那些不符合这种陈词滥调的思想却被当作是无意识被拒斥在意识之外。当一个人遭到或明或暗的被排斥的威胁的时候，几乎没有什么是他所不相信的或者是需要压抑的。①

恐惧的确是生命情感的痛苦体验，它是一种心理的折磨。人们并不为已经到来的或正在经历的事感到惧怕，而是会对结果的预感产生恐慌，人们生怕无助、生怕排斥、生怕孤立、生怕伤害、生怕死亡的突然降临；同时，人们也生怕失官、生怕失职、生怕失恋、生怕失亲、生怕声誉的瞬息失落。

恐惧也是可怕的，应该说恐惧直接损伤的是人的个体，即人的自

---

① 〔美〕弗洛姆：《在幻想锁链的彼岸：我所理解的马克思和弗洛伊德》，张燕译，湖南人民出版社1986年版，第132~133页。

我生命。恐惧可能会带来社会的表面平衡，因恐惧引起的压抑会使人暂时迎合于社会的既定状况。然而，这种压抑的迎合，会在一定程度上扭曲人性，使人格在一种不正常的心理、生理状态中生成，由此导致一种变态，使人的心理极限总是处在最痛苦的边缘。这种被压抑的生命状态是最可怕的，也是最难以被人接受的生命生存形式。

如果要给恐惧下一个概括性的结论，无妨这样理解：恐惧是人的个体生命及其精神追求，在其发生、发展过程中，突然遭受或预感到外在强力的威胁和阻碍、袭击和扼杀而在个体心理中产生的伤害性惧怕意识，由此而形成一种强烈震撼、紧张、惊悚的深层情感症结。

3. 恐惧释然

古罗马箴言说："恐惧所以能统治亿万众生，只是因为人们看见大地宇寰，有无数他们不懂其原因的现象。"[1]

中国宋明理学家程颢（1032—1085）、程颐（1033—1107）认为：人多恐惧之心，乃是烛理不明。"明理则知所惧者皆妄，又何惧矣？知其妄而犹不免者，气不充也，敬不足也。"[2]

亚里士多德说得更明确："我们不恐惧那些我们相信不会降临在我们头上的东西，也不恐惧那些我们相信不给我们招致那些事的人。我们在我们觉得它们还不会危害我们的时候，是不会害怕的。因此，恐惧的意义是：恐惧是由那些相信某事物易降临到他们身上的人感觉到的，恐惧是因特殊的人，以特殊的方式，并在特殊的时间条件下产生的。"[3]

显然，恐惧产生于惧怕，但惧怕的生成源于无知，源于对已经历或未经历的事的不认识。这种无知最直接的表现是，不能直透人、人生，不明白生为何物？死为何物？其中最难解的是利益扭结。因此，

---

[1] 引自《人生哲学宝库》，中国广播电视出版社1992年版，第567页。
[2] 《二程集》。
[3] 引自《人生哲学宝库》，中国广播电视出版社1992年版，第566页。

恐惧的释然，即恐惧情结的冰释与化解，最紧要处就在于如何看待"利益"。利益是要的，但利益是最容易被侵害的；利益是必需的，但利益是最容易引起恐慌的。利益当要，但不可心太急切；利益当护，但不可过于固守。生命的不恐惧，当在对利益态度的可轻可重上。

人的生命如果常在利益的圈子中打转转，思虑太多，欲无常足，不时地将自己生命欲望的渴求和满足作为自己思考未来的前提，为自己利益的占有或获取而高兴，为自己利益的失去或损害而忧伤，就最容易体验到恐惧的情感。生命不为利所困，不为名所扰，生命便悠然自得、轻松逸然。没有得失，便不存伤害；不存伤害，便无所畏生命的惧怕；无惧怕，生命从何处体验到恐惧？

对生命的重视，一定不是玩弄生命；对死亡的不惧怕，也一定不是可以随意轻生。忽视死亡，是要求腾出更多的心理空间来承受生命的重责。没有利益，没有死亡，心中空旷如野，还有何惧？俗话说：无私才无畏。当然，生命的不惧怕，并不是一件简单的事情，它需要胆。胆壮气盛，方能胸中不惧。相反，胆怯，气衰，惧怕就会破门而入。

无畏，是人生命经历丰富的结晶。生命越千回百旋，人生越荡气回肠，实践越扎实夯厚，人的胆量就越大，人也越易遇险不惊、遇难不悚。即使困难重重也毫不畏惧，即使生死一线也临危不惧，即使赴汤蹈火也面无惧色。恐惧的释然在于生命境界的崇高，把生命放在历史运行轨道的上升阶段来认识和把握，给生命以超然的意义。

（四）

怨恨

人总有失意的时候，人对自己的把握也不可能总处在理智的状态。无论人怎样惧怕生命的伤害而极力压抑自己的情感，人总是要发泄的。怨恨是人的生命情感的又一症结，是人心理的不安和骚动，是带有心理攻击性的情感宣泄。尽管怨恨并不常存于人的心理情感之中，但它作为一种生命事实却是不可忽略的。

1. 怨恨心

怨恨的存在并不会令人感到诧异，生命中只要有不快，就有不满与怨恨。俗话说：爱到深处必生恨。恨与爱是相辅相成、形影不离的。爱得真挚，便恨得真切。爱到极点，总希望生命是完美、完善的，但生命从来就是有缺点、有差异的。生命的不可能尽善尽美，必然导致爱向恨的转化，这种转化常常导向两极，一是对所爱者自身不完美的怨恨；一是对阻碍所爱者完美、完善发展的客观对象的怨恨。这种生命情感的体验是每一个生命正常发展状态中的人都完全感受得到的，它平凡而实在。

当然，怨恨更多的是对自己生命体验的直接反映。生活中不顺心、不如意，事业受阻且不走运时，就会心生怨恨，这种怨恨大多指身自身之外的人和事。

晚年的卢梭在受到来自反对者们的不公正待遇时，也有过深深的怨恨。他这样描写他的心境："无耻的行径和背信弃义是我始料不及的。哪有一个正直的人会对这种痛苦事先有思想准备呢？只有应该受这种痛苦的人才能预见得到。我掉进了别人在我脚下掘好的陷阱。我控制不了我的愤懑、忿怒和疯狂，我没了主意，昏了头脑。我在这骇人的黑暗中越陷越深，看不见一丝引路的光亮，看不出有任何依托能够叫我坚强起来以抗拒那种无时不有的绝望心情。"[1] 这就是卢梭的恨。

恨似乎是人的天性。怨恨，从这个意义上讲，是人心理本能的自卫反映，它能调动人的某种求生存的情绪，甚至能唤醒人心底层的生命力量来保护自己生命的存在、延续和尽可能完善。但是，怨恨毕竟

---

[1] 〔法〕卢梭：《一个孤独的散步者的遐想》，张驰译，湖南人民出版社1986年版，第134页。

是个体生命的情感体验，它往往由个体生命对他人、社会的直接感受产生，怨恨总是潜含着生命的不流畅、人生的不顺，以及生活中的伤感、悲愤和痛苦。因此，无论出于任何目的、生成于任何起因的怨恨都是生命体验中最不愉快的情结，都是心灵深感屈辱和伤害的心理自卫反映，所以，怨恨不可能是生命情感的愉快体验，它对生命具有无法预料的消极结果。

人不能永远生活在痛苦与屈辱之中，相应，人也不可能时时都怀着怨恨的心。我们承认人有怨恨情结，只是确认人在无法躲避攻击、伤害、屈辱，以及遭到阻碍、挫折、失意时确实存在着一种自卫的本能，由此而通过怨与恨达到心理积闷的释放。但是，如果人们总是自觉或不自觉地永远怀着一种怨恨心，务必使人不停地感到或回忆起生命的伤害与屈辱、生活的不如意和人生的痛苦，感到自己的前途总是那样的可望而不可及，就会产生不满、抱怨，甚至于怒气冲天，厌恶他人和周围的一切，就可能发展为敌视社会，与社会相抗衡。如此，就会将生命置于岌岌可危的境况之中。反过来，这种生命境况又更加促使怨恨心的激烈加剧，使生命的情感体验处于精神崩溃的边缘，使生命多疑、惊恐、脆弱。这样的怨恨心对生命的健康发展便是有百害而无一利。

2. 怨恨的质

像人的孤独、自卑、恐惧情感症结一样，怨恨并不是人心理中自然生成的情感。人生没有追逐伤感、悲愤、痛苦的义务，人生也就不会总是去追逐怨恨。

应该说，世间最不愉快的事情，莫过于被人家憎恨，任何一个人都不想成为被怨恨的对象，那么，谁又愿意停留在怨恨之中，体验着怨恨的苦涩？总是去怨恨他人呢？

怨恨作为一种情感体验，表面上看它表现为个体的生命骚动，是个人的行为，实质上，怨恨是对生命的不完善性所感到的震怒，是对生命压抑的极度不满所显示的消极反抗，它通过埋怨、叽咕、非议、指责、漫骂和仇视以达到心理积闷的宣泄。因此，怨恨不是纯主观的个人的心理产物，它反映个人与他人、社会的一种特殊关系。是个人在与他人、社会发生联系的生命进程中，个人对他人、社会的特定行为的特定感受，并由此而形成的特定情感纽结。

怨恨指向的是生活中的特殊方面，它所体现的是人生情感体验中的某一具体侧面，因此，怨恨只是人生中一种特殊而典型的情感，它不能理解为人的生命的全部情感反应，怨恨也不可能同时、同地一下成为全体人们的共同生命情感体验。怨恨的形成具有普遍性，但怨恨的具体内涵、它的指向性却不具有共通性或叫统一性。

怨恨情感的体验，即怨恨的产生带有极浓的个体化色彩，它受个人生理、心理素质的控制或影响较大，同时还受个人的文化教育程度、思想意识水平、道德修养高低以及个人的人生经历、生活经验的制约。不同的人对怨恨的体验是不同的，如果剔除社会的、政治的、意识形态领域的外界干涉和影响，仅从个体生命情感的体验角度来看，一刻也不可容忍的人和事，在另一些人看来，却平淡无奇，毫无情绪的波动；在一些人那里，早已经怨气冲天、切齿痛恨了，在另一些人那里，却处之泰然、谈笑风生。所以，怨恨又是一种难以沟通、无法交流的个体心理积闷情感。

因此，生成于个体生命情感中的怨恨是柔弱的，它没有共识的对象和基础，找不到相濡以沫的伴侣。怨恨从内在赋予自己的总是心灵的委屈、难受和痛苦；怨恨从外在带给自己的总是他人的怜悯、同情和安慰。在此基础上，即使怨恨转换为一种报复的行动，也会因为个人的无助而终显无力，就算一次"成功的报复"，也只能通过幸灾乐祸达到心理积闷的释放，但最终于事无补，而且仍然感到痛苦。

英国近代思想家弗兰西斯·培根（1561—1626）说："假如由于法律无法追究一件罪行，而自行报复，那或许还可宽恕。但这也要注意，你的报复要不违法因而也能免除惩罚才好。否则你将使你的仇人占两次便宜：一次是他冒犯你时，二次是你因报复他而被惩处时。"①怨恨没有理智的冷静与深刻，怨恨转换为行动常常也只是一时的情感冲动，这就难免超越常规，而使自己陷入新的痛苦境地。对于怨恨的发泄，我们需要光明正大的方式，而不能通过搞阴谋诡计、以暗箭射人和无中生有的手段，采取强烈攻击性方式。如其不然，就未免卑怯恶劣，如同鬼蜮了。

对怨恨应该给予理智的控制，也就是说，不要无缘无故地抱怨和不明是非地怀恨。怨恨指向是人生的不足、不完善，是人生中的恶习和坏行为，怨恨的目的应该在于使人感到生命行为的不自在，而尽量消除恶习、坏行为以促进人生的尽可能完善。因此，怨恨不能仅仅单纯地看作人的情感冲动。当然，怨恨是痛苦的，但人们没必要再去增加新的痛苦。生活中的聪明人总是着眼于现在和未来，念念不忘旧怨只能使人枉费心力。正如培根所说："一个念念不忘旧仇的人，他的伤口将永远难以愈合，尽管那本来还是可以痊愈的。"②

3. 憎人不独害

怨恨，是生命中的一种力量，它与爱一样对整个社会，对整个人生起着平衡、调剂的作用。对个体生命而言，它能释放心中的积闷，对生命起着调适、对人生起着稳定作用；对他人与社会而言，如果人人恨得适当、恨的真切，同样可以调整社会、规范他人，以利于社会更适合于人性的发展。

不过，确定怨恨的存在，应该是有限度的。一个真正会恨的人应该懂得恨的原则。恨不能随心所欲，有感就恨，这就如同爱一样，没有任意施爱、见人动情的。其实这一原则，人们早已是懂得明了的，只是实施到个人身上时便被情感给冲淡了。

《论语·阳货》中曾有这样的一段记载："子贡曰：'君子亦有恶

---

① 〔英〕培根：《人生论》，何新译，湖南人民出版社1987年版，第38~39页。
② 〔英〕培根：《人生论》，何新译，湖南人民出版社1987年版，第39页。

乎？'子曰：'有恶：恶称人之恶者，恶居下流而讪上者，恶勇而无礼者，恶果敢而窒者。'曰：'赐也亦有恶乎？''恶徼以为知者，恶不孙以为勇者，恶讦以为直者。'"① 用今天的话来说，就是：一天，孔子的学生子贡问孔子："道德高尚的人也有憎恨吧？"孔子回答说："道德高尚的人也有憎恨的事。这就是，憎恨一味传播别人坏处的人；憎恨在下位而毁谤上级的人；憎恨勇敢却不懂礼节的人；憎恨一意孤行、顽固、执拗到底的人。"接着，孔子反问子贡，说："你也有憎恨的事吗？"子贡随即回答，说："我憎恨剽窃他人的成绩以表现自己聪明的人；憎恨毫不谦虚却自以为勇敢的人；憎恨揭发别人隐私却自以为直率的人。"②

我们每一个人都有恨，作为一种情感体验，该恨什么，不是早已在先秦孔子的认识中表述得十分明白吗？不过，恨还需讲究恨的方法，并不是恨人时恨不得将人撕得粉碎、赌人死咒，不能仅凭感情用事。孔子曾深刻地说："爱之欲其生，恶之欲其死。既欲其生，又欲其死，是惑也。"③ 因而，爱既不能希望太高，恨又不能尽泄怨愤。先秦思想家韩非（约公元前280—233）说得好："爱人不独利也，待誉而后利之；憎人不独害也，待非而后害之。"④ 真懂得爱与恨实质的人，懂得如何去爱与恨的人，应该是爱一个人时，却不能凭感情独断地奖赏这个人，即偏爱、偏袒，而应等待大家都在称誉这个人时，才真心地赞誉他；相应，恨某一个人时，也不能任凭感情用事武断地惩罚和加害这个人，而应等待大家都在斥责这个人时，才对他进行适当的惩处。这就要求把怨恨不要理解为一种纯粹个人的愤懑，纯粹个人私怨的宣泄，而应把怨恨的质的指向归属于大多数人所能体验得到的生活事实，与大多数人的怨恨情感趋于一致。并对怨恨的对象多一些理解和宽容。正如培根所说："何况为作恶而作恶的人是没有的，作

---

① 《论语·阳货》。又，端木赐（公元前520—前456），字子贡，孔子学生，儒家杰出代表。
② 参见杨伯峻：《论语译注》，中华书局2002年版，第190页。
③ 《论语·颜渊》。
④ 《韩非·三守》。

恶都无非是为了利己自私罢了。既然如此，又何必为别人爱自身超过爱我们而发怒呢？即使有人作恶是因为他生性险恶，这种人也不过像荆棘而已。荆棘刺人乃是因为它的本性如此啊！"①

正是，我们把怨恨作为人生的情感体验，并没有将怨恨作为人与人之间不可逾越或调和的深仇大恨。怨恨本质上是可以化解的，对于绝大多数怨恨者来说，他们与怨恨的对象一开始并没有不可逾越的鸿沟，而且往往有着密切的联系。正所谓：爱得越深，恨得越切，正是从这个意义上理解的。因此，怨恨是可以消除的，只要我们对怨恨的情感体验多注入一些宽容，多给予一些理解，心中的积怨就一定不会太深。即使内心充满怨恨，只要我们多给予一些理智的控制，看它是该恨的，还是不该恨的，也就会有明智的决断，而不至于仅凭感情便武断加害他人，也更深地伤害了自己。如果心中积怨确实难消，也应掌握恨的分寸。憎人不独害，不也是我们所取用的正确方法吗？

无论我们赋予怨恨以怎样的理解，恨总不是人生的一件幸事。没有人是愿意恨的，人生不能自我怨恨，即使怨恨迎面而来，也应尽全力躲避。无论我们的怨恨多么正义、多么富于充足的正确理由，怨恨总是伤人的，本质上说，怨恨不值得人们去体验、去尝试和回味。有句箴言说得好：

> 正如爱会产生爱一样，恨也会产生恨。尽管使我们产生怨恨感觉的原因是各种各样的，但它不值得我们全神贯注地去消耗我们的活力、精力和脑力。许多美好图景就在我们周围展现，而正在流血的血肉模糊的创造会转移我们的注意力，而看不到那美景。旭日东升，我们却感受不到它的温暖；百鸟鸣啭，我们却充耳不闻；百花争艳，我们却嗅不到香，看不到它的美丽。
>
> 生活中充满了美好的东西，我们为什么不去欣赏它呢？干嘛要把怨恨永系胸怀呢？只要我们把怨恨彻底埋葬，我们就会看到

---

① 〔英〕培根：《人生论》，何新译，湖南人民出版社1987年版，第38页。

生活的美好，在生活的列车到达终点之前为美好的生活锦上添花。①

嫉妒

人生情感微妙幽玄。不知从何时开始，嫉妒的情感就像幽灵般地在人间游荡，冷静地说，嫉妒并非一种积极的生命情感，但它却是一直伴随人类的生命延续和生长着的，在一定程度上嫉妒是每一个人都无法躲避的生命情感。正所谓：同道者相爱，同艺者相嫉；同与者相爱，同取者相嫉；同病者相爱，同壮者相嫉，人情自然也。

1. 嫉妒情感

作为一种生命事实，没有人会不感到嫉妒的存在。一方面来自对他人的感觉，即通过他人对自己的态度、所采取的行动而感受到心中的不快、苦闷、伤心，以至于悲愤；一方面出自对自己心情的体验，即对他人怀有一种不可言明的不满、怨恨、气闷的心理感受。前者是嫉妒情感存在的客观依据，不论个人是否有着嫉妒情感的现实体验，嫉妒情感的存在总是人类生命过程中的客观事实；后者是嫉妒情感存在的主观感受，嫉妒情感体验不是外在于个人的生命事实，它是生成于个体生命之中的，通过他人只能感觉到嫉妒存在的形式，而只有通过自身才能体验到嫉妒存在的内涵，形成嫉妒情感。从这个意义上讲，嫉妒情感作为一种生命事实，它完全是个人的自我心理体验，它

---

① 引自《人生哲学宝库》，中国广播电视出版社 1992 年版，第 623 页。

是存在于个人内心的生命情感。

总体上说,嫉妒情感是存在于人心灵中最不健康的一种生命情感因素、一种心理疾病、一种人生症结。《堂吉诃德》作者塞万提斯(1547—1616)曾说:"嫉妒真是万恶的根源,美德的蠹贼!一切罪恶都掺夹些莫名其妙的快乐,可是嫉妒只包含厌恨和怨毒。"[1]

弗兰西斯·培根说:"所以,我们知道在《圣经》中把'嫉妒'叫作一种'凶眼',而占星术士则把它称做一颗'灾星'。这就是说,嫉妒能把凶险和灾难投射到它的眼光所注目的地方。不仅如此,还有人认为,嫉妒之毒眼伤人最狠之时,正是那被嫉妒之人最为春风得意之时。"[2] 中国古人也曾有过:"善莫大于恕,德莫凶于妒"之言。这就是说,一个人品性中最完美、最善良的本性都不可超越宽恕这一至高的德性;一个人的品性中最丑恶、最凶狠的本性都不如嫉妒情感显示得那样恶劣。这是因为,从嫉妒情感在人类情感史上的表现和在人生情感过程中的展示来看,嫉妒常常不只表现为一种个人的心理体验,而是带有实际性的损害他人名利,乃至于生命的行为。从古到今,概莫能外。

战国时期,著名的兵法大师孙膑早年曾与庞涓同学兵法,二人是一对要好的朋友。孙膑学习发愤,为人诚实,可谓德才兼备,深受老师喜爱,便引发了庞涓对他的嫉妒之心。后来,庞涓到魏国,当了魏惠王的将军,仍念念不忘,妒其才能,便将他诓骗到魏国,设计陷害,罗织罪名,将其投入监狱,并施以残酷的膑足之刑,使孙膑受尽了无穷的痛苦磨难。可见嫉妒之情若达以极至实在害人匪浅。

今人之事,何尝不见睹这样的事端。他人的天赋、好运和成就总是会引起一些人心中的不满、不安和怨气,由此而产生嫉妒。轻则艳羡,重则苦恼,过则涌现出对他人的恶意,再过则恶言恶语刺人,再过则从实际行动害人,如庞涓嫉妒孙膑一般,或暗施诡计,或明刀明枪,以至必置被嫉妒者于死地而后快。应该说,因嫉妒而产生恶念恶

---

[1] 引自《人生哲学宝库》,中国广播电视出版社1992年版,第703页。
[2] 〔英〕培根:《人生论》,何新译,湖南人民出版社1987年版,第52页。

行的事情在今日社会中还是常常发生的。几乎一切人都曾有过此类或轻或重的嫉妒和被嫉妒的体验与感受。同时，也有许多人不是被自己的嫉妒情感所折磨、所撕裂、所噬咬，就是被他人的嫉妒所攻击、所诋毁、所伤害。

正是由于嫉妒情感体验的普遍性，人们在生命的进程中往往难以逃避这一体验，即使是最不在乎人生得失的人，有时也难免遭到嫉妒的攻击或感受到内心中隐隐蠕动的"嫉妒"之情。更何况谁能保证，自己可以超然于"自我"，不计较人生的功利、得失？

所以，培根说："在人类的一切情欲中，嫉妒之情恐怕要算作最顽强、最持久的了。所以古人曾说过：'嫉妒是不懂休息的。'同时还有人观察过，与其他感情相比，只有爱情与嫉妒是最能令人消瘦的。这是因为没有什么比爱与妒更具有持久的消耗力。但嫉妒毕竟是一种卑劣的情欲，因此，它乃是一种属于恶魔的素质。《圣经》曾告诉我们，魔鬼所以要趁着黑夜到麦地里去种上稗子，就是因为他嫉妒别人的丰收啊！的确，犹如毁掉麦子一样，嫉妒这恶魔总是在暗地里，悄悄地去毁掉人间的好东西。"[①]

2. 嫉妒的质

嫉妒情感体验是一件痛苦的事，它不是人风光得意、踌躇满志的愉快而喜悦的情感体验，而恰恰相反，嫉妒是一种缺乏自信、深感生命失落的心理感受，它是人们在看到、感受到，或预感到他人的才干、好运、地位、财富以及未来的命运好于和优于自己时，内心产生的一种深深的刺痛。这种刺痛又总是积闷为一种抱怨、憎恨的情感，并通过攻击或诋毁他人来维护心理的平衡，来满足好胜的自尊。

作为生命的情感体验，嫉妒可看作是：一种抱怨、憎恨某方面或某些方面超过自己，并以攻击和诋毁他人来抬高自己的唯我独尊的心

---

① 〔英〕培根：《人生论》，何新译，湖南人民出版社1987年版，第57页。

理情感。而且，嫉妒情感的强弱往往与被嫉妒者的亲疏距离成正比。正如亚里士多德所说："我们嫉妒那些在时间、空间、年龄或声望接近我们的人，也嫉妒与我们竞争的对手，……我们不会和那些生活在一百年以前的人，那些未出生的人，那些死人，那些住在天涯海角的人，那些在我们或他人看来，远低于或远高于我们的人相竞争。所以，我们和那些与我们有相同奋斗目标的人相竞争，如在赛场或情场上和对手竞争；总之，是在和那些追求同样东西的人在竞争；正是这些人，而不是别的什么人，是我们一定要嫉妒的。"①

这就是说，一个人产生嫉妒情感，常常是由于只看到了自身周围的生活世界，比如家庭之间、朋友之间、同事之间（即竞争对手之间），原本都在同一生活境况之中，地位一致、教养一致、利益相同，一旦他人发生好的境况的变化，就易产生嫉妒。因此，嫉妒伤害的也便是相对亲近的人，在现实生活中，越是亲近的人，越是容易受到嫉妒的攻击。正所谓：嫉妒之心，骨肉犹狠于外人。

因此，嫉妒总是具有明显的指向性和强烈的攻击情绪，同时，被嫉妒者一般又都是在德、才、学、识等某一方面有所作为者。往往嫉妒总表现为对善与美的攻击，它并不是希望所爱的东西的善与美，而是想要征服所爱的东西以及对所爱东西的占有，这样，嫉妒就表现为是针对别人的生命价值而产生的一种心怀憎恶贤达之情感。所以，嫉妒情感在生活实践中，不仅害人，同时也害自己。

如果，我们说每一个人都能逃避嫉妒情感的体验是确立的，那么，把嫉妒推向极端，并时常纠缠在嫉妒情感之中，就不是常人所为和正常的了。所以，由于嫉妒对待生命的极端性，使人们给予嫉妒以最恶的认识和理解，便是古今中外大多数人的共识。

培根就认为："无德者必会嫉妒有道德的人。因为人的心灵若不能从自身的优点中取得养料，就必定要找别人的缺点来作为养料。而嫉妒者往往是自己既没有优点，又看不到别人的优点的，因此他只能

---

① 〔古希腊〕亚里士多德：《修辞学》。引自《人生哲学宝库》，中国广播电视出版社1992年版，第70页。

用败坏别人幸福的办法来安慰自己。当一个人自身缺乏某种美德的时候，他就一定要贬低别人的这种美德，以求实现两者的平衡。"[1]

在人生实践中，好嫉妒之人，又总是表现为"争名日夜奔，争利东西鹜。但期一身荣，不惜他人污。闻灾或欣幸，闻祸或悦豫"[2]。这自然就使人显得卑鄙、丑恶、道德低下了。生活也确实证明，一个喜爱嫉妒他人的人往往是心胸狭窄的人，他的生命注意力较多地瞄在个人的名利地位上，他的眼光也常常盯住个人的得失，稍不遂意，或一旦他人超过自己，就会妒性大发。

事实上，人的一生并不是一朵美丽的七色花，不可能总是朝着有利于自己的最理想的方向发展。个人的荣辱兴衰、进退得失，也不可能完全由自己的主观愿望来决定。所以，他人一时从某方面超越自己，获得名位，得到晋升是生活中的常事，也是一种客观必然。面对这样的生活现实，一个人一旦心胸狭隘，思想放不开，就会容易感到积闷在心，自觉痛苦。于是乎就想通过胸中愤懑的发泄而获得痛苦的解脱，一当看到他人在自己的攻击中遭损、被贬、受到伤害时，便有一种变态的欣慰快感。正如 17 世纪荷兰哲学家斯宾诺莎（1632—1677）所说："嫉妒是一种恨，此种恨使人对他人的幸福感到痛苦，对他人的灾殃感到快乐。"[3]

其实，嫉妒是无法解脱、更无法超越人生苦闷的，嫉妒就是本身的痛苦，嫉妒能吃掉的，只是自己的心。嫉妒者受的痛苦比任何人遭受的痛苦更大，他自己的不幸和他人的幸福往往使他痛苦万分。从现象上看，嫉妒的攻击性的确能达到危害他人的目的，但是，对于一般人而言，易于泛起嫉妒情感的人往往更多的是伤害自己，危害自己的精神健康，说得更透彻一点，经常困扰于嫉妒情感中的人，实际上是精神脆弱者，久久陷于嫉妒情感而不能自拔的人很容易引发精神分裂症。客观上说，一个经常嫉妒的人，往往会使自己陷入受人指责、遭

---

[1] 〔英〕培根：《人生论》，何新译，湖南人民出版社 1987 年版，第 52~53 页。
[2] 曾国藩：《忮求诗二首》。
[3] 〔荷兰〕斯宾诺莎：《伦理学》，贺麟译，商务印书馆，1983 年版，第 157 页。

人鄙弃的难堪境地。正所谓："机关算尽太聪明，反误了卿卿性命。"这也正好应了一句中国格言：问嫉何以然，无自知之明故。

美国人莫尔兹在《人生的支柱》一书中这样写道："嫉妒是一种消极的情绪，它驱使你离开自我，阻止你达到高尚、完美的自我。确实，嫉妒能使人变得卑下、猥琐。你会因此而怨天尤人，失去理智，更不懂得公正待人。你怀着仇视的心理和忿恨的眼光去估量他人的成功，而你自己也在这种危险的情绪中受到极大的心理伤害。

经常会遇到这种情况：你所嫉妒的人可能完全不知道有你这么一个人存在，嫉妒是精神方面的高血压症，它会使你瘫痪，使你无法达到真正的自我。于是，莫尔兹告诫说："也许，奥维德（古罗马诗人），以这段话对你会有所启示：'嫉妒——最卑劣的恶习，就像地上蠕动的蟒蛇。'"[①]

3. 嫉妒化解

在现实的人生实践过程中，无论我们给予嫉妒情感以什么样的合理的解释，嫉妒总是一件痛苦的事情。嫉妒在心，闷而不发，是对心灵的折磨和伤害；嫉妒于外，泄而不止，是对他人的攻击和诋毁。因此，嫉妒是人生诸种情感中最应注重解除的情感。

由于人生总是在相应的社会关系中运行、发展，人们脱离不了关系，当然也就脱离不了人与人之间的相互比较，关系越亲近，所处空间越小，相隔时间越近，比较的值就越大，频率也就越高。人与人之间是没有绝对一致的，总是有着差异性的。但是，在生命的现实中，个人一般来讲是很难从主观意识上接受自己的不足的，都可能过高地估计自己，着眼于自己的长处，由此而有着极强的自尊心。然而，现实的结果，往往是出人意料的，生命实践中的每一件事不可能都与人的自我估价相一致，都极有可能与人的自尊相冲突，甚至完全破坏人

[①] 引自《人生哲学宝库》，中国广播电视出版社1992年版，第711页。

的自尊。

自尊的伤害可以导向两极，一是失去自信，使生命产生严重的失落感而使人的个体生命显得自视无奈；一是出于维护自尊的需要，对他人采取攻击的行为，以使自己的生命估价与他人趋于一致，或高于他人，以此来自慰自尊。

这是客观存在的生命实践现象，我们无法阻止它的存在，但是，我们却极有可能化解它对生命的伤害。嫉妒源于人与人之间的比较中自尊心的失落与伤害。当然，我们也不能绝对地说，有自尊就必然有嫉妒，但是，我们可以肯定地说，没有自尊也就没有嫉妒。因此，嫉妒化解的根本在于如何看待人的自尊。

自尊本不是坏事，自尊是人的本能需要之一，追求和满足自尊需要是人生的一种高级目标。问题是，自尊靠什么来维系和满足？自尊的内涵与实质应怎样理解？

老实说，哪一个人终其一生不愿意使自己的生命更富有光彩？使自己的生命尊严得到极大限度的满足？然而，人处天地间，无时无刻不置身于人与人之间所构成的关系网络之中，人的成功、得意、富贵等这些有利于自尊满足的状况，往往并不取决于一个人的主观愿望和主观努力，它更多地体现在他人所接受、所承认、所认肯的程度上，而且往往还受一个人所生活在其中的社会状态、自然环境的制约。

因此，人的自尊需要满足是有条件的，人们不能不顾一切外在条件而扩张自己的自尊心，人们必须依据客观外在的物质的精神的条件来调整自己的自尊需要。只有这样，人们的自尊心才能处于与客观外界相一致、相平衡的状态中，才可能避免因自尊需要的超前而受到心理的伤害，才可能避免因自尊需要的滞后而感到心理的自卑。由此，才有可能避免心中的积闷、抱怨、不满、嫉恨，并能从心中生发出对客观世界中的人与事以宽容、理解、体谅和豁达的情感境界。

应该承认，命运有时是不公平的，若处于人生的失意、失败，乃至于受辱状态，我们有挣脱困境的自尊，但我们没有承担嫉妒的义务。孟子说得好:"穷则独善其身。"① 一个人身处不利境况时,不怨天,不尤人,坚持自己的个人品性、才识修养,并以自己的优良品德、卓越才识表现于世,自尊不也是能很好地得以维护和满足吗?

嫉妒源于自尊的伤害,但实质上应是个人对直观的未来缺乏自信的产物。可以肯定,一个具有强烈事业心,非常自信,不计较一时一地的得失,对未来充满希望,且踏踏实实立足于现在,具有刻苦奋斗精神的人,即使胸中有积闷,心中有怨气,也会自然化解,而不会受到嫉妒情感的困扰,去害人,又害己的。

总之,嫉妒是可以化解的,只要我们把自己的生命放到历史的高度来认识,不图一时的痛快,不图一时的宣泄,人生自有定夺。

---

① 《孟子·尽心上》。

第五章 人生的课题

人生是艰难的。人的伟大就在于，明知生命的艰难，也要走下去。尽管，生命注定是有限的，较之于无限宇宙、悠悠万古，人生一世不过一瞬间，然而，对于每一个具体的生命而言，真正要走完自己一生的生命历程，也并非易事。正是生命的艰难，才使每一个人的生命一世，显得漫远悠长，充满瑰丽光环。

当个体生命从情感世界的症结中摆脱出来时，他的生命必然会摆到人生的课题之中，人的生命也正是在解决一个个人生课题的过程中勾画历史的。我们说，无论何人，在其一生中总不免留下种种故事，印下幅幅足迹，镌下处处心痕，其意也正在明言，人是不能不面对许许多多的人生课题的。虽然，自古以来，人们都在各自驾驶着自己的生命小舟在人生的大海中永无止息地航行，时而波峰，时而浪谷；时而骤雨，时而疏雨；时而四顾茫然，时而泊坞灯火。但是，没有一人不是在偶然的生、必然的死之间，在欢乐与痛苦、大义与小利、荣誉与耻辱、顺境与逆境之间航行，正是迎着这一个个、一串串人生课题，才使人生五光十色、意蕴无穷。

生与死

生与死，是人生过程中最现实、最不可逃避的事实，也是人们不得不面临和必须做出回答的人生课题。弗洛姆说："我相信，人的基本选择是生与死的选择,每一个行动都蕴含着这种选择。"① 对待生与死的态度,也就是人们怎样看待自己人生意义的态度。对生死问题的解答,也就意味着人们怎样展开自己的生命,并将给自己的生命赋予什么样的价值。

1. 有限的生与无限的死

的确,没有必要一开始就给生与死下这么一个确定性的规定,这好像给人一种冰凉的感觉。从生命的事实来看,求生总是生命的愿望,没有一个活的生命在自然的状态中不求生的,但是,这毕竟是不可以回避的生命事实。如果人生的生与死发生了颠倒,即死是有限的,且生是无限的,可能人生的性质和社会的状态都要彻底地翻一个个儿了。

我想正是有限的生与无限的死,才使人们如此地看重和延续生命、保护和珍惜生命,才使人们绞尽脑汁地去对有限的生命给予无限的补偿,才使人们煞费苦心地从死的无限性中去挖掘生命的意义,并赋予死以生的光辉。

因此,面对生与死,我们没有必要对此惊诧得了不得,生死乃正常事。明代思想家李贽(1527—1602)说:"生之必有死也,犹昼之必有夜也。死之不可复生,犹逝之不可复返也。人莫不欲生,然卒不能使之久生,人莫不伤逝,然卒不能止之使勿逝世。即不能使之久生,则生可以不欲矣。即不能使之勿逝,则逝可以无伤矣。故吾直谓死不必伤,唯有生乃可以伤耳。勿伤逝,愿伤生耳!"② 这就是说,人的生死不由己,是一种自然发展现象,对生对死,都不可因想生就能长生,悲死就可以不死。因此,人不必为长生而奢求,为死亡而伤感,人应该多想想眼前的生,为生而感慨。

---

① 〔美〕弗洛姆:《在幻想锁链的彼岸:我所理解的马克思和弗洛伊德》,张燕译,湖南人民出版社1986年版,第185页。
② 《焚书·伤逝》。

生命的有限性正在于生命的短促，以及生命在何时终结的不可预测性。看似鲜活精灵的生命，有时会戛然而止。生总是以死的形式结束，好像每一个人的生命本质就是向死亡奔进。中国当代哲学家张岱年先生说："有生则必有死：（一）生之维持在于若干器官之不息的活动，此若干器官势不能永久不息的活动，此诸器官有成长亦有衰萎，衰萎之极虽无外力相加亦将自趋于死亡。（二）在生活历程中常与他物冲突，生之维持或扩充，在于能克服他物之改变，然不能永久克服他物，而必终于不能克服而趋于死亡。（三）人之生死为种类的新陈代谢，由有生殖与繁衍，即可见死之必然，如无死，则不需生殖。"于是，张先生总结道："对于死，惟一合理的态度为'不喜亦不惧'，而求善其死，即死以其道。"[1]

生命的确是一去不复返，正因为死的无限性才使人对其一次性的生命存在给予重视，"求善其死"。今天，无论人们通过什么样的手段和方式为死亡编织美妙的仙境，死亡对于个体生命来说毕竟永远是一种"黑洞"，它只有起点，而没有终点。无论一个生命怎样相信"起死回生"，那个新生的生命同样也不是自己。正如古波斯格言说：活人走进坟地，死者永远不能复活，自从苍穹运转时起，世界就是这般。因此，我们没理由去追问那个无限的死，更没有理由去追逐死的无限性。

有限的生，的的确确使人感到生命短促，但是，正因为如此，才迫使人们去思索、去探寻生的永恒奥妙和它的规律，这也正是人高于一切物的精妙之所在。死的无限性，实实在在让人看到生命止息的永恒，没有一切困扰和痛苦，一切都终止于静。这种死的无限性，也迫使人们去思索、去探寻不死的奥妙和它的规律。在此，生与死的有限与无限性给予人们一个相同的人生启示：在有限的生中去追求生的无限，将无限的死转换为无限的生。

正因为如此，人们才给予生命以积极的肯定意义，给予死亡以消

---

[1] 张岱年：《论死与不朽》。引自《人生哲学宝库》，中国广播电视出版社1992年版，第61页。

极的否定态度。"蝼蚁暂且偷生,何况人否?"这应该是最起码的对生与死的认识态度。人,面对生与死,应当立于生的基础之上。日本当代著名文学家夏目漱石对此有一段含义深邃的精彩描述:

> 我疲惫地在布满不快的人生道路上行走,心里时常在想着自己总有一天要到达的死的境地。我坚信那死一定要比生快乐。我也想象着届时将是人类所能达到的至高无上的状态。
>
> "死比生可贵。"
>
> 这句话近来不断地在我胸中徘徊。
>
> 可是我现在仍活着。从我的父母、祖父母、曾祖父母渐次向上溯,一百年、二百年,乃至一千年、一万年,人们已养成了一种固习。而我这一代势必不可能冲破这样的固习。所以我也依然执著于这个生了。
>
> 为此,要我给人以什么忠言,我一定不会越出以生为前提的范畴。我认为,我必须在如何活下去这一狭窄范围内,以人类的一员来应答人类的另一员。既然承认自己是在生的当中活动的,又承认他人也是在这生的当中呼吸的,那么,不论如何苦,也不论如何丑,相互之间的根本大义当然得置于这生的基础之上。①

2. 生死体验

生是什么?死亦是什么?大概人有意识以来就已在探索和思考着这个问题,而且自有文字记载以来就有着千百种说法。

先秦思想家荀子说:"生,人之始也;死,人之终也;终始俱善,人道毕矣。"② 生与死是人生的一种自然现象,生死一样,不因生善,不因死恶,从生到死是人的生命规律。生死者,人之常,犹草木之春荣秋落。

---

① 〔日〕夏目漱石:《玻璃门内》。引自《人生哲学宝库》,中国广播电视出版社1992年版,第71页。
② 《荀子·礼论》。

生与死是人生命的两个方面，是既对立又统一，既区别又联系着的。从人类的生死状态来看，出生，才能入死。出生入死，生生死死，死死生生。正所谓：生者死之根，死者生之根。生何以福，死何以悲？"可以生而生，天福也；可以死而死，天福也。可以生而不生，天罚也；可以死而不死，天罚也。可以生，可以死，得生得死，有矣；不可以生，不可以死，或死或生，有矣。然而生生死死，非物非我，皆命也，智之所无奈何。"① 这是一种对生与死的宏观认识体验，站在人类生命进化史的高度，生与死确实是相依相存、相互变换流动的，生死现象皆是一切生命的客观发展规律，是一切人心物力不可以驾驭的。

正因为生死流动，人类的生命才在不断地更新和演进。也正因为死的无限性，才使人类的生命永远不能回归到旧的生命形态中，而始终显示着新的朝气和活力。对于人类而言，没有死，就没有新生；没有死，就没有生命的进化；没有死，就没有人类的历史和今天。梁漱溟先生说："生命本原非他，即宇宙内在矛盾耳；生命现象非他，即宇宙内在矛盾之争持也。生物为生命之所寄，乃从而生生不已，新新不住。生物个体有死亡，乃至集体（某种某统）有灭绝，此不过略同于其机体内那种新陈代谢又一种新陈代谢耳。"② 因此，生死对于人类来说，皆为合理的存在。生并不高于死，死并不低于生。生死相等，合乎于人类生命史的自然逻辑规律，生死烘托出了人类的生命世界。

但是，生死体验对于具体的个体生命来说，却不是显得那样具有辩证法了。由于生总是一种肯定的现实，是一种能感觉到的生命的实在，尽管，生命的生存状态并不尽如人意，有"天堂"有"地狱"，即有幸福、快乐和不幸、痛苦，但这毕竟是实实在在的活的生命感知与体验，因此，人总企望着生。而这种个体生命的生，仅只是一次性的，不可逆转的，它会因死亡而形成断裂。这正如德国当代知名学者罗伯特·谢勒尔所说："生命因死亡而形成断裂，尤其破坏了体验人

---

① 《列子·力命篇》。
② 梁漱溟：《人心与人生》，学林出版社1986年版，第126页。

生的同一性。但是，上述断裂和破坏由于人的精神本质而被淡化，因而一般认为，生命在死后的延续是当然而然的。都以为肉体会朽变，而不灭的灵魂则不会死亡。但是，人是生活在易逝的肉体中，人不可能把自己的生命设想为非肉体。肉体的感官不仅使人了解自己在自己一生进程中所能积累的现实范围，而且也会告知人现实物是如何相继消失的。"①

死，对于每一个活着的人来说，无论出于什么样的理由，从生的本能来讲，都是不情愿的。由于看不到任何生命的"起死回生"，所以，个体对死的体验总是通过理性的认识来体验的。从感觉的直观上，死亡作为现实生命的消失状态，它给予人的认识不仅是没有活的时间和空间形式，而且是一种凝固了的静的空间和永不消失的时间感受，是永恒的虚无。无论将死亡形容、理解得多么好，如庄子所说："死，无君于上，无臣于下，亦无四时之事，从然以天地为春秋，虽南面王乐，不能过也。"② 即使如此，人们也会视死亡于不幸，也不会无缘无故地追求于一死。

人固有一死，这是生命的必然。但是，人们总是在生存中去体验死亡的，生的体验自然重于死的体验。人们愿永远地活下去，这也是出自生命的本能。当理智告诉人们，这种生命的本能不可能实现时，人们会为此感到不悦、痛苦和恐惧。然而，人们并没有退步，弗洛姆说："畏死和畏惧垂死并不是表现的原型，原型是贪生。正如古希腊著名哲学家伊壁鸠鲁（公元前341—前270）所说："死亡与我们无关，因为只要我们还在，死亡就不在；而死亡在时，我们就不在了。"又说："由于我们生活在拥有的形式中，我们不得不害怕垂死，任何理性的解释都不可能使我们摆脱这一畏惧。但是，通过对生命更加坚定的热爱，通过对他人的爱（它能激起我们自身之爱）的回报，这一惧怕本身在死亡的一刻会得到缓解。然而，克服对垂死的恐惧不应该

---

① 〔德〕贝克勒等：《向死而生》，张念东等译，生活·读书·新知三联书店1995年版，第6页。
② 《庄子·至乐》。

以准备死亡为始,而应该成为不断努力的一部分,即不断力求进一步从拥有心态过渡到存在心态。斯宾诺莎认为,智者要思考的是生命,而不是死亡。"①

由此,我们说,对死亡怀有恐惧的人总是有的。人们也不能够达到一切准备完毕,随时可以死的程度,但怕死绝不是聪明之举,人应该尽可能地珍惜自己的生命。古印度箴言道:"人们啊,珍视生活!生活中的一切都是神圣的!谁也无权侵犯他人的生活。在生活中有真正的天堂,也有实在的地狱——痛苦和肉体的折磨。然而,死是不足畏惧的。所有一切都是一场平静而美满的梦。在梦中,一切激情、痛苦和不幸都会平息的。"②

即使害怕死亡,到了死的时候,总还是要死的!不到死的时候,也不会就死。人不到死的时候是活着的,当死了的那一刻,也不会想到求生。因而,人的生死体验就是在生死之间去品味生的韵律,即在未死之际,利用生的时光,把活着时应办的事尽力办好,用生命力的丰富结晶去充实死的虚无。这就是人对生命所应尽的义务,也是人对生死所应体验的质。

3. 向死而生

不可否认,人是向死亡而生存的,作为自然生命,这是确定的。但是,人不仅只是一个自然生命,作为人而言,他更重要的是一种社会性的生命。虽然,生死已有定论,但人并不是一种完全被动的生命,他能主动地向死而生,即在被动地向必然的死流动时,主动地展开着自己的生命。人能在自己的生命过程中,通过他的主观能动的活动,不仅能创造出一个不断翻新的物质世界,同时还能创造出一个永恒不灭的精神世界。肉体消失了,精神永在。

---

① 〔德〕贝克勒等:《向死而生》,张念东等译,生活·读书·新知三联书店1995年版,第396页。
② 《人生哲学宝库》,中国广播电视出版社1992年版,第65页。

正是精神的不死,给人开辟了生命永恒的道路。向死而生,不是为死而生,它正是要求人们面对死亡,而不惧死亡;面对生命的消失,而发掘生命的永恒。面向死亡,人们只有在其生命发展的过程中,通过物质世界的创造,将自己的自然生命转化为一种精神生命时,他才在将自己有限的生向无限的生延续,才在将自己面对的死向希望的不死发展。

面对死亡,追求生命的永恒,最重要的就是对生的重视,对死的坦然。一次,孔子的学生季路壮起胆子问孔子死是什么时,孔子回答说:"未知生,焉知死?"[1] 即生的道理还没有弄明白,怎么能够懂得死?意思是说,人们首先应该重视的是生命和生命活着的意义,而不是首先关心的是死亡和死亡的内容。

那么,生是什么?孔子说得明白:"志士仁人,无求生以害仁。"[2] 懂得生命和生命活动意义的人,不能因为追求自己生命的存在而去损害他人的利益,即损害爱人之事。这也就是说,人生命的意义不在自然生命的维护、保持之中,而在自然生命的生存意义之外。即通过自己生命的有益的活动,给他人和社会以利益的保障。生即如此,死也亦然。孔子说:"有杀身以成仁。"[3] 生命的活着为"仁",生命的消失也为"仁",这就是以孔子为首的中国儒学对待生与死的态度。应该说,这是极富道理的。面临死亡,生命是宝贵的,但生命的宝贵并不在于对生命本身的乞求,贪生怕死、苟活一世不是生命永恒的要旨。只有通过人的生,才能创造生命的不死。

所以,生死虽极平常事,但真正的生,善其死却是不易做到的事。当我们把人的生命意义确定在他人、社会所赋予的评价上时,人在生时,不可为私而生,死时,不可为私而死。人可轻死,但不可枉死,只有当死亡的意义胜过生存的意义时,然后可死。那种生不知其所以生,死不知其所以死,以为平平庸庸的生超过壮壮烈烈的死,故

---

[1] 《论语·先进》。
[2] 《论语·卫灵公》。
[3] 《论语·卫灵公》。

贪生怕死的人，犹如秋蝉、朝露一般，不足以称道，这种人的生命之短暂，也就不足为怪。

懂得生的永恒，面对死亡，就一定是轻松而坦然的。正如培根所叙述的那样："人生最美好的挽歌无过于当你在一种有价值的事业中度过了一生后能够说：'主啊，如今请让你的仆人离去。'"① 所以，死本质上并不是可怕的，只要生命有价值，人生充满着意义，死并不虚无。死亡还具有一种作用，它能够消歇尘世的种种搅扰，打开赞美和名誉的大门——正是那些生前受到妒恨的人，死后却将为人类所敬仰！

面向死亡，真正能找到切入点，而这切入点正与生的永恒意义相联系，生命便能在熄灭的一刹那闪耀着不灭的光环。蒙田曾庄重地说："有一些死亡是堂皇的、幸运的。我曾见过，死亡把非常辉煌的生涯，在其鼎盛的时候，带到这种壮丽的结束，我认为，已故者的抱负和勇敢的计划，都不及它们的中断那样崇高。他到达了自己渴望到达而实际没有到达的地方，并且比他欲想或希望更为崇高和光荣。他通过自己的沉沦，超出了整个生涯中一直渴望的权力和声望。"②

一个人当然不愿意轻易放弃自己的生命，人生的目的，在于发展自己的生命，可是也有为发展生命必须牺牲生命的时候。中国儒学曾认为：人生有五死可导向生命的壮丽结束，这就是：天下第一等好死是为国、为民、为正义、为仁德勇于自愿地舍生赴死；其次是临阵而死，临阵而死是英勇行为；其三是不屈而死，不屈而死皆烈丈夫之死也；其四是尽忠被谗而死，虽死而荣；其五是功成名就而死，此死成天下之大功，立万世之荣名，虽死有何忧伤？生命当怎样结束？不正是给予人们一个好的思考点吗？

的确，生命自然的死亡应该是不可怕的。向死而生，最怕的是对生命的无奈。对生活碌碌无为的人，人虽活着，不过徒有其名，是空间、时间的汪洋大海中的一个微不足道的小东西，周围的人对他的命

---

① 〔英〕培根：《人生论》，何新译，湖南人民出版社1987年版，第31页。
② 〔法〕蒙田：《论死后才能判定我们的幸福》。引自《人生哲学宝库》，中国广播电视出版社1992年版，第78页。

运漠不关心。这样的活是最可担忧的，有时不如死来得清静、洒脱。生与死是如此的交替，只要当一个人立志追求生的永恒时，死并不是灾难和痛苦；只要当一个人敢于为正义笑迎死亡时，生便充满着永恒的活力和青春。与此相反，当苟活人世，生命便充满着不幸和痛苦，死亡便咄咄逼人，张着黑洞洞的恐怖之口，生命也将随着死亡而尘飞烟灭；当惧怕死亡，死亡更显得它的阴森致远和虚无空旷，生命便显得懦弱无助和稍纵即逝，死亡将永远给予生命以消极的意义。这就是生命的辩证法。向死而生，就要求我们以积极的态度去重视我们的生命，在有限的生命中去追逐一种永恒的生命意义和人生价值。

蒙田说得好："死说不定在什么地方等候我们，让我们到处都等候它吧。预先思考死亡就是预先思考自由。学会怎样去死的人便忘记怎样去做奴隶。认识死的方法可以解除我们一切奴役与束缚。对于那彻悟了丧失生命并不是灾害的人，生命便没有什么灾害。"①

苦与乐

除生与死之外，人生最难逃避的生命现象就是快乐与痛苦。这正如边沁所说的："自然把人类置于两个至上的主人——'苦'与'乐'——的统治下。"② 快乐与痛苦作为人生命过程中众多矛盾的一种表现，犹如影子一般始终缠绕在人生命进程的每一刻，且无法挣脱。因此，人们要懂得人生，就不得不将快乐与痛苦作为生命过程中的问题来思考，并由此做出相应的回答。

---

① 〔法〕蒙田：《蒙田随笔》，梁宗岱等译，湖南人民出版社1987年版，第74页。
② 引自周辅成主编：《西方著名伦理学家评传》，上海人民出版社1987年版，第530页。

1. 绝对的苦与相对的乐

苦是绝对的，仅从人的感官感觉的角度来看，人的生命形式所表现的任何功能都是痛苦的运作。仔细想想，无论人们赋予生命以什么样形式的表现，在生命的活动过程中，肉体总要接受这样或那样的刺激，对于这种刺激如果我们不给予一种理性的理解，它本身应该是对人身体功能的消耗和折磨，一旦这种状况超过身体功能的极限，人在生理的感觉上就是痛苦的。同时，生命作为有条件存在的有机体，它无时无刻不处在生存条件匮乏的威胁之中，使生命充满着极大的忧虑和恐慌。人无一时不处在肉体与精神的双重磨难之中。生命是痛苦的。

相对于痛苦，快乐却是由人们对生命活动意义体验的结果所产生的，快乐不是肉体刺激的直接反映，快乐是一种心理感觉和理性的理解，快乐不是生命的本原，快乐是相对于痛苦而存在的，是相对于对生命意义的理解而存在的。快乐是对生命形式含义的诠释，并不是所有的生命形式都可以快乐的，它取决于人们对某种生命形式体验的理解。同样一种生命表现形式，或生命活动过程，人们对它的理解不同，它就具有不同的意义，有些人以为是一种享受和一种快乐，而另一些人却认为不是一种享受和快乐；相应，同一个人去感受同一种生命形式，但因时间、空间不同，有时所采用的手段、方式发生变化，快乐的体验也会发生变异，此一时是享受、是快乐，彼一时便不是享受、不是快乐。快乐是相对的。

古希腊哲学家苏格拉底（公元前469—前399）说："被称为快乐的事物是多么奇异，并且它和痛苦奇怪地联系在一起，甚至可以认为它是痛苦的对立物；它们决不在同一事件中让人们同时感觉到，但追求其中一个的人，一般总要被迫接受另一个。它们对肉体感觉来说是两种不同的，但在单一的头脑中它们是结合在一起的。"[1] 可以这样说，快乐是对痛苦的认识和理解，正因为生命形式的苦和苦的绝对，才使人们从生理和心理趋动中去追逐快乐，并赋予苦以快乐的意义，由此，才形成"趋乐避苦"的观念意识。

中国当代思想家梁实秋先生说："快乐是在心里，不假外求，求即往往不得，转为烦恼。……没有苦痛便是幸福，再进一步看，没有苦痛在先，便没有幸福在后。"[2] 快乐是一种心理的体验，它体验的载体是痛苦。痛苦是实在的，无一刻不被人感受得到。中国明代文学家袁宏道（1568—1610）说："世上未有一人不居苦境者，其境变而月不同，苦亦因之。故作官则有官之苦，作神仙则有神仙之苦，作佛则有佛之苦，作乐则有乐之苦，作达则有达之苦，世安得有彻底甜者，唯孔方兄庶几迁之。而此物偏与世之劳薪为侣，有稍知自逸者，便掉臂不顾，去之惟恐不远。"[3] 这便说明，苦是一个绝对的存在，人总是身在苦中，无一处不苦。就是用钱来买得一时舒适，但挣钱是一苦差事，不付出辛劳，不忍受艰难，只图安逸者，钱从何来？

苦是生命的事实。中国清末思想家康有为（1858—1927年）在《大同书》中对人生苦境作了相当详细的剖析。他说：

> 人道之苦，无量数不可思议，因时因地，苦恼变矣，不可穷纪之，粗举其易见之大者焉：
>
> （一）人生之苦凡七：一，投胎；二，夭折；三，废疾；四，野蛮；五，边地；六，奴婢；七，妇女。
>
> （二）天灾之苦凡八：（室屋舟船，亦有关人事，亦有关天灾者，故附焉。）一，水旱饥荒；二，蝗虫；三，火焚；四，水灾；五，火山（地震山崩附）；六，屋坏；七，船沉（汽车碰撞附）；八，疫疠。
>
> （三）人道之苦凡五：一，鳏寡；二，孤独；三，疾病无医；

---

[1] 引自《人生哲学宝库》，中国广播电视出版社1992年版，第584页。
[2] 引自《人生哲学宝库》，中国广播电视出版社1992年版，第577页。
[3] 《袁宏道集·王以明》。

四，贫穷；五，卑贱。

（四）人治之苦凡五：一，刑狱；二，苛税；三，兵役；四，有国；五，有家。

（五）人情之苦凡八：一，愚蠢；二，仇怨；三，爱恋；四，牵累；五，劳苦；六，愿欲；七，压制；八，阶级。

（六）人所尊尚之苦凡五：一，富人；二，贵者；三，老寿；四，帝王；五，神圣仙佛。

人生淹没于一片苦海，乐在何处？康有为认为：一个人只要做到"目击苦道而思有以救之"，虽然不一定就能成就伟大的事业，但却能因此而使人展现高尚的道德境界，乐便在其中了。乐正是对苦的体验。

我们不将乐看成是生命的必然，不赋予乐以永恒的绝对的认识，不是因为我们对苦有特别的偏好和喜爱，而是只有将人生的痛苦有一个准确的定位，才可能使人们在生命过程中超然于痛苦本身，去体验和享受快乐的滋味。正是因为乐的相对性，才有可能使人们去追求快乐、创造快乐和珍惜快乐。

2. 苦乐体验

正如中国儒学家们所体验、领悟的那样：人必有终身之苦，而后能有不改之乐。君子所乐如之何？曰：所乐皆生于所苦。不苦行验，不知居易之乐；不苦嗜欲，不知淡泊之乐；不苦驰骛，不知收敛之乐；不苦争竞，不知恬退之乐；不苦烦扰，不知宁静之乐。[1] 可见，苦乐体验是一个对痛苦与欢乐相互感知照映的过程，认识、体验人的苦境越多、越深，人也就越能从苦中解脱以获得乐的体验和韵味。

不可否认，这一苦乐体验的认识是具有合理意义的，这是人生苦乐体验的原则。人们不能仅仅凭空去期待着快乐，快乐总是潜在于生

---

[1] 参见《魏源集·学篇十》。

命运行的过程之中,人们对快乐的挖掘就不可能避开生命痛苦的体验,企图回避痛苦去寻找纯粹的快乐是徒劳的。由于痛苦总产生于对人的身体的破坏性刺激和磨难,如果,人们不对这种生命形态赋予一种特定的意义,并给予一种理性的崇高理解,人们就会加重对生命的折磨,将身体的破坏和磨难升华为心理的痛苦感,使人在肉体和心灵上遭受双重痛苦。因此,乐应是人生追求的生命原则,人们也应该在生命的进程中尽最大可能地去体验生命的快乐。

由于快乐总是给生命带来欣慰、舒心、快意和乐趣,使生命充满朝气、生机、活力和希望,乐的体验又可说是对生命的一种善或美;相反,痛苦总是给生命带来焦虑、不安、悲伤和愁苦,使生命显得衰弱、无助、无力和无望,苦的体验又可说是生命的一种恶或丑。霍布斯说:"快乐或喜悦便是善的表象或感觉,不高兴和不快乐便是恶的表象或感觉。"[①] 斯宾诺莎说得更明确:"善与恶的知识不是别的,只是我们所意识到的快乐与痛苦的情感。"又说:"只要我们感觉到任何事物使得我们快乐或痛苦,我们便称那物为善或为恶。所以善与恶不是别的,只是自快乐与痛苦的感情必然而出的快乐与痛苦的观念而已。"[②] 这是有相当启迪意义的,人的苦乐体验其实质就是人生善恶体验的一种表现形式。如果,人们在生命的进程中没有或缺乏快乐的体验,就不仅不能从痛苦中超脱出来,而且总是把自己的一生圈定在"恶"的状态中,这样的生命存在形式就显得毫无意义了。

当然,由于生命存在形式总是显现着一种苦涩的状态,人们对快乐的体验一般意义上是对既成生命形式的观念感受。快乐体验相对于痛苦体验来说,更观念化,更深刻得多,也更高级得多。因此,快乐体验是超然的,是对生命感知的间接认识和把握,一般不能从生命存在形式中的某种正在进行的过程或表现的状态来规定。也就是说,人们的快乐不能用肉体感官去视、听、嗅、闻而直接体验,快乐是心的

[①] 〔英〕霍布斯:《利维坦》。引自《人生哲学宝库》,中国广播电视出版社1992年版,第591页。

[②] 〔荷〕斯宾诺莎:《伦理学》,贺麟译,商务印书馆1983年版,第176页。

领悟。柏拉图说:"与肉体相关的快乐几乎都会先有某些痛苦,由于这个原因,把肉体快乐称作奴役性的快乐是很正当的。"① 伊壁鸠鲁也说道:"当我们说快乐是一个主要的善时,我们并不是说放荡者的快乐或肉体享受的快乐(如有些人所想的那样,这些人或者是无知的,或者是不赞成我们的意见或曲解了我们的意见)。我们所谓的快乐,是指身体的无痛苦和灵魂的无纷扰。不断地饮酒取乐,享受童子与妇人的欢乐,或享用有鱼的盛筵,以及其他的珍馐美馔,都不能使生活愉快;使生活愉快的乃是清醒的理性,它找出了一切取舍的理由,清除了那些在灵魂中造成最大的纷扰的空洞意见。"② 很显然,快乐不能通过肉体的感官满足去获取,肉体的满足是短暂的、易消失的,如果不把生命的快乐体验通过理性而给予确定,肉体的满足本身只能更加激动和调起人的生理欲望,这种生理欲望的永不满足性不仅不能使人快乐,相反,会使人更陷于痛苦的体验之中。

因此,要注重于苦乐体验的意义,要明确什么是真正的乐,什么是真正的苦。应该说,苦乐都不在生命的形式和状态。尽管,我们认为生命存在的形式是苦涩的,但是,真正的苦是在人的心灵的理解之中,真正的乐也在人的心灵的理解之中。孔子曾说:"益者三乐,损者三乐。乐节礼乐,乐道人之善,乐多贤友,益矣。乐骄乐,乐佚游,乐晏乐,损矣。"③ 人生有益于生命的快乐有三种,有害的给人以痛苦的快乐有三种:以得到礼乐,即道德规范的调节为快乐,以宣扬他人的好处为快乐,以多交贤明仁德的朋友为快乐,这便是有益于生命的三种快乐;以骄傲为快乐,以游荡无所事是为快乐,以饮食荒淫为快乐,这便是有害于生命的三种快乐,当然这种快乐就不是真快乐,而是生命的痛苦体验。所以,苦乐体验归根到底是对生命意义的体验,它源于人们对人生实实在在的生命意义的把握。

---

① 〔古希腊〕柏拉图:《斐德罗篇》,载《柏拉图全集》第二卷,王晓朝译,人民出版社2003年版,第174页。
② 北京大学哲学系外国哲学教研室:《古希腊罗马哲学》,生活·读书·新知三联书店1957年版,第368~369页。
③ 《论语·季氏》。

由此，苦乐体验的真实意义应该把握在：当生命的形式本身无处不呈现苦涩时，一味地追求生命表象的满足，而不立足于对生命实质的把握，将会使生命陷入灾难。人生固然需要快乐，但这种快乐不是肉体感官的满足，不是亲者痛仇者快的行为实现，不是私欲极度扩张的快慰。一种构建在生命形式上的感官快乐，不但没有，而且是不值得享受的。这正如近代中国思想家梁启超在《德育鉴·存养》中所说："真苦真乐必不存于躯壳，而存于心魂，躯苦而魂乐，真乐也；躯乐而魂苦，真苦也。"①

3. 乐在苦中

法国著名作家罗曼·罗兰（1866—1944）说："通过痛苦，得到欢乐。""痛苦的顶点是很甘美的，痛苦的顶点是很苦涩的……啊！隐隐的苦涩，它藏在某些酒杯之底！可是，在心的苦难之上是微笑的天，优雅的讽刺，典雅的花朵发出骄傲的芬芳，掺杂在暴风雨中。"②这诗一般的语言道出了乐的真谛。既然，痛苦不能回避，真正懂得人生的人，就应迎着痛苦上。痛苦的确是十分沉重的，但是，如果人们能用思想和感情去了解生活、了解心灵的渴望和理想，那么，痛苦本身就能成为并且逐渐变成人们对生活的信念的源泉，会给人们指明生活的出路和它的全部意义，从而使人在痛苦中领悟人生的快乐。

因此，作为一种生命体验，乐并不在于有什么样的生命形式，而在于一个人在自己的生命过程中赋予其什么样的内容，以及用什么样的心理感受去体验自己的现实生命形式。对于一个生命境界高的人来说，毕生为正义、至善、为创造有价值的人生而努力，无论生命处于一种什么样的境况，他都不会为肉体所受到的折磨而深感痛苦。相反，一个生命境界低的人，只是为自己的生存欲望的满足，为一时的

---

① 梁启超：《德育鉴》，北京大学出版社2011年版，第83页。
② 〔法〕罗曼·罗兰：《妙语录》。引自《人生哲学宝库》，中国广播电视出版社1992年版，第599页。

生理快感而生活，尽管，这种生命形式会一时处于很好的舒适、惬意状态，但这不一定是真快乐，却可能会发展为，将自己的人生放在大火上烤一样，总是苦不堪言。这正所谓："君子以道为乐，则但见欲知苦焉；小人以欲为乐，则但见道之苦焉。欲求行仁之乐，先求行仁之苦。忿、欲皆火也，未有炎上而不苦者也。淡莫淡于五谷之甘乎，乐莫乐于道义之湛乎！故世味不淡者，道味不浓。"①

这便是一个显而易见的事实，对快乐的追求和体验，不能构筑在一种看起来好像十分完善、十分高级，确实也可能给人显现出一时的适意、欣慰和舒服的生命形式的基础之上。这是因为，如果一个人太在乎这样的生命形式，他必然会在心灵深处十分担心这种生命形式在某一刻突然地失去，所以无时不处在惊恐之中，感到生命的压力太重、太大、太持久，从而非常痛苦。这种苦是生命意义的体验之苦，外在的生命形式如何快慰也无法弥补。这样的苦太刻骨、太铭心，处在这种苦境中的人，在生命形式上获得的现象上的成功越大，地位越高，荣誉越多，将越不堪重负，身心也将会受到极度的伤害。所以，快乐不能通过快乐来体现，快乐只在痛苦之中。

俄国著名文学家契诃夫（1860—1904）说："痛苦是一种生动的观点：'运用意志的力量改变这个观念，丢开它，不诉苦，痛苦就会消灭。'这话说得中肯。大圣大贤，或者只要是有思想、爱思索的人，他们之所以与众不同就是因为蔑视痛苦；他们永远心满意足，对任何什么事物都不觉得奇怪。"② 快乐自是从苦中求来。"众人以顺境为乐，而君子乐自逆境中来；众人以不如意为苦，而君子苦却从快乐处起。"③ 这一典型的中国儒学对待乐的生命态度，是具有极高的借鉴意义的。

我们承认：痛苦确是人生命的一部分。真正的快乐，不是天上掉

---

① 参见阎钢：《内圣外王——儒学人生哲理》，四川人民出版社1992年版，第86页。
② 〔俄〕契诃夫：《第六病室》，引自《人生哲学宝库》，中国广播电视出版社1992年版，第599页。
③ 参见阎钢：《内圣外王——儒学人生哲理》，四川人民出版社1992年版，第89页。

下来的，而是从生命的奋斗搏击过程中产生的。在生命的奋斗搏击中，自然有痛苦，却也有快乐，等到成功以后，则变为甜蜜的回忆，更是最大的快乐。好比爬山，山坡陡险，山路崎岖，喘气流汗，费尽气力，身体感受之痛苦难以言喻。但是一旦登上山顶，放眼回顾，此时的快乐，此时体验生命意义的欣慰，决非平常人所能领略的。这正体现出："快乐是一种发自内心的情感，是一种清澈明确的内心感受。这种感受，会使你发现你有能力超越自己，创出意想不到的伟业。"①

这正如罗曼·罗兰所说："欢乐，如醉如狂的欢乐，好比一颗太阳照耀着一切现在的与未来的成就，创造的欢乐，神明的欢乐！唯有创造才是欢乐。唯有创造的生灵才是生灵。其余尽是与生命无关而在地上飘浮的影子。人生所有的欢乐是创造的欢乐：爱情，天才，行动，——全靠创造一团烈火迸射出来的。"② 生命就是在痛苦中创造着快乐。从生命感觉的直接体验来说，创造本身就是一种痛苦。强者接受生命，就是将痛苦作为快乐的前奏，一个人的生命不经受痛苦的磨难，这个生命是无力的、软弱的，不具创造力，且不会成功的，当然，也就无快乐的体验、领悟和享受。生命的奇葩，事业的辉煌，正是通过生命运作的痛苦磨难、痛苦创造后的成功喜悦产生的。同时，这正是一个人真正体验和领悟到的快乐的实质所在。对此，爱因斯坦有着深切的感慨。他说："一个人一生都在高度紧张之中生活，直到最后去世才能得到解脱。但使我感到欣慰的是，我的工作中的很重要的一部分已被大家接受，成为我们科学理论的一部分。"③

所以，一个真正的生命强者、快乐者不求现成的享乐，不苟求于生命形式的好坏，而是承认痛苦，接受磨难，以坦荡的胸襟接受痛苦，从痛苦中创造成功，从成功中产生快乐、体验快乐、领悟快乐。

---

① 〔美〕莫尔兹：《快乐的人生》。引自《人生哲学宝库》，中国广播电视出版社1992年版，第600页。
② 〔法〕罗曼·罗兰：《妙语录》。引自《人生哲学宝库》，中国广播电视出版社1992年版，第599页。
③ 〔美〕杜卡斯、霍夫曼编：《爱因斯坦谈人生》，高志凯译，世界知识出版社1984年版，第22页。

一句话：苦中求乐。

义与利

自古以来，当人类能较为清醒地将"自我"与"他人"区别开来时，就陷入了义与利的两难课题之中，人的一生到底是该为自己活着，还是应当为他人活着？在有限的物质占有的现实生活中，一个人应该是尽其所能满足自己的物质占有欲，使自己的生命获得充实的物质保障，而不顾周围世界的状况呢？还是应该首先考虑他人的生命状况，甚至于往往牺牲自己的物质利益也在所不惜呢？人类正是在这样的两极矛盾状态中演变着自己的历史，个人也正是在这样的他人与自我利益相交的矛盾关系中发展着自己的生命。

1. 为他的义与为己的利

所以，我们可以在一开始就给"义"与"利"作一个明确的规定，以使我们的思想有一个明确的界限。

所谓义，就是指一个人的思想和行为符合一定社会的理想标准。义，体现在政治上，具有正义的含义，是个人应该为之尽力的使命，是社会对人的公正要求；义，体现在道德上，具有道义的含义，是个人应该为之尽责的职责，是社会需要对个人合乎公益的要求。

义，充分体现着利他的精神，是为他人和社会的需要满足所应该或正在做或已经做出的自我利益的牺牲及奉献。

所谓利，就是指一个人为满足自己的需要所获得的现实物质利益，以及为此而确立的理想标准和行为原则。利，在社会行为规范系统中，一般专指利益、功利。与义相反，利主要表现为一种利己精神，是为自己个体生命发展需要准备做或正在做或已经做出的利益满足行为。

在人生实践过程中，义与利是一对永远相对立、相抗衡，但又相联系、相依赖的既矛盾又统一的生命课题。只要有社会与个人、他人与自我的存在，只要自然与人类所能提供的生命资源无法尽其所欲，即按需所分，义与利就总会与社会相伴，与社会中的每一个人相伴；只要社会中的每一个人都有利益需要考虑、需要满足，人们就必须用义与利来对自己的生命实践进行调节和导向。社会的发展，即人类整体生命的共同发展，不允许每一个个体生命只为自己的生命需要提供满足，而不顾及其他，同时，也不存在剥离了个体生命需要满足的、抽象的社会需要满足。这就必然存在着一个度的把握，人们既满足着个人的需要，同时又不损害他人的需要；人们既满足着所有人的需要，同时又不破坏个人的需要。

人类生命发展的具体展现过程，并不是无差异的生命发展，由于生理、心理、地域、环境、文化、教养等诸种因素，导致个体生命发展的各自的不平衡性，从而在满足生命利益需要的状态上便呈现出极大的差异。如果不对这种差异进行适当的调节，一味任其个体生命欲望的无止境追求，就会在社会的整体发展过程中产生负效应，并使个人与他人、与社会之间的矛盾激化，对个体、对他人都可能产生破坏和伤害。因此，人类生命发展的历史事实证明，只有对个体生命满足的欲望进行适当的控制、压抑，对个体生命满足的物质进行合理的调配、克扣，让个体生命作出一定的物质利益的牺牲，或使其做出无报偿的奉献，人类生命发展才有可能处于一种相对稳定的状态。

于是，在人类生命的历史发展中，人们非常清醒明了地在观念意识中形成、产生、发展、充实着"义"与"利"这两极范畴，使人生一开始就立于义与利两难课题之中。个体生命是根本不可能摆脱义利纠纷的，要么以义，要么以利来调节、指导着自己的人生。

从严格的意义上讲：义在调节人们行为和指导人生时，主要体现为一种精神追求，表现为一种思想境界，而且它蕴含的是社会整体的利益；利在调节人们行为和目标导向时，主要体现为一种物质追求，表现为一种具体利益，它所蕴含的常常是个体的或局部的利益。

义，本质上是为他性的。在中国思想史上，"义"总是被规定为一种高尚的道德规范和行为表现，早在先秦时期，孟子就已确认："义，人之正路也。"① 即义是人的生命进程中最正确的道路。正是由于义的为他性，义不具有生命的自然性，它是超越于生命自然属性之上的，即义是对生命欲望的超越。所以，作为一种生命的事实，义必须是生命在发展过程中做出来的。

也就是说，只有一个人有意识地、自觉地、自愿地将生命意义不是与自己生命的自然意义相连，而是与他人、社会的生命意义相连时，义才是真实的。从这个意义上说，义是人生价值的一种现实表现形式。义，对于个体生命而言，不具有实在的物质形式，是一种意识或观念形式。但是，对于他人而言，却必须具有实在的物质利益性，义不存于个体生命的观念、意识之中。

利，本质上是为己性的。利表现为人生命发展的一种自然需要性，为自己的满足，是生命需要的本能和满足生命发展的需要，是每个个体生命的自然欲望。在这一点上，人与人之间没有质的差异，只有量上的区别。因此，利是紧紧围绕人的自然属性展开的，它受人的生命欲望的自然驱使，并具化到每一个个体生命之中，所以，利不是超越人的生命欲望的，它更显现为个人的功益满足，利是物质性的。利仅是一种自然行为，它不是通过人的观念意识所产生的自为行为，所以，利不是人生命发展状态中的高级形式。正因为如此，人们在力求解决义与利这一两难人生课题时，历来重义而轻利，希望通过对义的张扬，以便于利的调适，从而使人摆脱义利苦恼。

---

① 《孟子·离娄上》。

2. 非义不居

面对义利两难，孟子有一段著名的论述。他说："鱼，我所欲也，熊掌亦我所欲也；二者不可得兼，舍鱼而取熊掌者也。生亦我所欲也，义亦我所欲也；二者不可得兼，舍生而取义者也。生亦我所欲，所欲有甚于生者，故不为苟得也；死亦我所恶，所恶有甚于死者，故患有所不辟也。"[①] 孟子的这一思想是中国历代思想家所推崇的义利观，这一观念的实质在于，当义与利处在不相矛盾的状态时，取义求利，既为他又为己，才是人生合适的、正当的追求和行为实现；一旦义利不可协调时，即为己的利与为他的义发生冲突，且二者不可同时获取时，则舍利而取义，以牺牲个人的利益追求而成全社会的利益实现，以重义而舍利来解决，或平衡义与利的矛盾冲突。

应该说，孟子的这一义利思想是有极高的合理意义的。冷眼观之，人生的一切纷扰、矛盾、苦恼、哀怨，以及争斗、痛苦、恶运和灾难，如果排除自然的因素，放在社会之中，这一切极难不与义利有关。也就是说，个人的利益与社会的利益的矛盾冲突，是人生一切问题的根源。与社会利益相比较，个人利益在某种程度上总是从属的，并不是义利矛盾的主要方面，因此，对个人利益进行适当的调控，合理地克制，以及必要时的放弃确实是解决义利矛盾的基本着眼点，也是恰当的途径。

在中国思想史上，义利关系是需要从道德高度来认识和解决的课题。孔子就曾说："君子喻于义，小人喻于利。"[②] 孔子在此将义与利的认识和解决赋予了鲜明的道德意义。舍利者为义，取利者为不义。一个有德性的、道德境界高的人懂得的应该是"义"；一个无德性的、道德境界低的人懂得的只是"利"。所以，取义者是道德的，取利者是不道德的。中国思想家们企图用"道德"和"不道德"的界定来

---

① 《孟子·告子上》。
② 《论语·里仁》。

启导人们在义利两难问题上的抉择。

宋代思想家朱熹（1130—1200）说得更明白："君子见得这事合当如此，却那事合当如彼，但裁处其宜而为之，则无不利之有，君子只理会义，下一截利处更不理会。"① 这就是说，一个道德境界高的人，对自己的行为不因事论事，而应根据这件事是否适合一定的规范来做，如适合一定的行为规范，便无不利于自己的行为发生，这就是义，即所谓：义者，宜也。而君子只应该知道义，对自己的利害得失不必理会。

这就要求，"君子慎其所处，非义不居。"② 一个有德性的、道德品质好的人，应该谨慎地、严肃地对待自己的人生，不符合道义、正义的事不做，不与违反道义、正义的人共谋相处。不过于贪图私利，不过于贪求一己之得。在人生的实践过程中，人们只要重视社会的利益，重义，而不贪于自己的利益，轻利，虽然身处不佳，地位不高，但他们的人生也是值得称颂的，并且能自好而乐生；如果，一味贪利而不重视义，虽然一时富足，也难免社会的斥责、他人的憎恶，一个人的人生就难得快乐。正如西汉思想家董仲舒（公元前179—前104）所言："人有义者，虽贫能自乐也；而大无义者，虽富莫能自存。"这是因为："天之生人也，使人生义与利。利以养其体，义以养其心。心不得义不能乐，体不得利不能安。义者，心之养也；利者，体之养也。体莫贵于心，故养莫重于义。"③

非义不居，就是要求人们在其人生实践过程中时时处处遵循一定的社会道德规范，始终侧重于社会利益的方向发展，才能在终极意义上解决义利两难问题。生命的终极意义正是在义的领域中展开并得以实现的，义，正是指向人生崇高境界的大道。孟子说得十分形象："仁，人心也；义，人路也。舍其路而弗由，放其心而不知求，哀

---

① 《朱子语类·卷二十七》。
② 《二程集·易传卷三》。
③ 《春秋繁露·卷九》。

哉!"① 仁是人的心，义是人的路。放弃正路不走，丧失了做人的善良之心不知道去寻找，真是可悲得很啊！因此，对待义与利，人们应当要有一个明智的态度，实不能苟求于两全，也决不能呵护于个人的一己私利，人，必须着重于义。

3. 见得思义

当然，义利两难时，我们倾向于重义，但并不要求人们完全放弃利而只顾取义，只是言明，在人的生命运行过程中，义利矛盾激化，非舍利不可求义，或是求义不得不舍利时，才要求人去追逐义而放弃自己的私利。正如程颢、程颐所说："圣人于利，不能全不较论，但不至防义耳。"② 这就最明白不过了，有崇高德性的人，不是不要财物之利，不是不计较利害得失，只是在求人生利益时，尽力不做违背和有碍于义的事而已。正所谓：君子爱财，取之有道。君子处世，事之无害于义者，从利可也，害于义则不可从。"义与利者，人之所两有也。虽尧舜不能去民之俗利，然而能使其欲利不克其好义也。"③

在此，我们首先注重义利两难中的辩证统一，我们希望无论是从个人生命发展的角度，还是整个社会发展的角度来看，二者都应该达到尽可能完善的一致，人生正是由义与利交织更替地发展着的，这是生命的事实。人要考虑个体生存的利益，但又必须顾及社会整体的利益；相应地，当着重于发展社会的利益时，又必须保障个体生存的利益，并尽可能地使个体的利益得到最大的保障。实际上，义与利的关系问题归根结底就是一个利益问题，这其中的差异，无非是利益分割倾向性的偏颇。当我们将利益重心倾向于他人、社会时，这就体现为义；当我们将利益重心倾向于个人时，这就是利。义、利两难，难就难在利益获取或占有的观念理解上，也就是心理平衡上。利益具有直

---

① 《孟子·告子》。
② 《二程集·外书卷七》。
③ 《荀子·大略》。

接感觉性，它能直接满足人的生理官能需要，所以，利益又具有直接的感觉接受性，从人的生理直觉上讲，利益是人的当然接受对象。仅此一点，对人而言是无可厚非的。

但是，人的高级不只体现在利益的占有和满足上，人还有一种精神的追求和需要一种心理的安然。因此，人不能在相互的利益争斗、相互剥夺和相互侵占中获得精神的追求和心理的安然。个人必须做出让步，通过个人利益的暂时牺牲而赢得精神上的道义满足和心中的安然自慰。只有个人在自我利益上做出让步，他才不至遭到来自他人、社会的攻击，才可能避免个体之外的第三者的伤害，个体的生命才可能得到有益的发展。

所以，在生命的流动中，我们倡导"见得思义"，即面对可以获得的利益时应慎重考虑，切不可唯利是图，更不能见利忘义。人应当自约，也就是说，人总是应该具有一种精神的。我们说，利益不可以不要，但必须赋予利益获取以道义的内涵。不顾一切所限，专为利而利，容易将生命作为一种利益赌博的筹码，使生命充满危险，输是灾难，赢亦是灾难。见得思义，重在"思义"二字。当我们的生命充满着义利矛盾时，多想想人生的利害得失，把利益重心放在心中认真掂量掂量，生命会自然觉醒、明悟的。

日本学者松下幸之助在《创造的人生观》一书中说道："人类生活本质是借着精神上的心安以及物质上的富足方能不断提升，两者是缺一不可的吧！如果徒有精神上的安定，而欠缺物质上的供应，岂非连生命都难以维持？要是仅仅在物质上一无匮乏，精神上却不能安身立命，就没有'人'的价值和幸福可言了。"[①] 人何以得到精神上的"安身立命"，这恐怕不是私利所能给予的吧？！

总而言之，在面对义利两难时，我们倡导义，即倡导国家、民族、社会的大利，反对不择手段坑害国家、民族、社会利益的私利。在大利与私利的矛盾对立中，我们力求两者尽可能一致，但是，当两

---

① 引自《人生哲学宝库》，中国广播电视出版社1992年版，第1001页。

者在同一水平线上不可能调和其矛盾时，我们要求尽可能降低损失的程度而牺牲必要的个人利益。与此同时，我们希望在求义中，即在创造大利中，在力求精神上的"安身立命"中，显示和体现出更多、更丰富的个人利益。

四 荣与辱

在现实生活中，荣誉与耻辱同样是人们所需要认真对待的人生课题。荣誉与耻辱不仅是一对相对立的伦理范畴，同时又是一对体现人生价值高低、生命意义大小的社会评价尺度。由于荣誉和耻辱表现的是一定社会、阶级或某种集体，以及个人对人自己行为的赞赏、肯定性评价或诋毁、否定性评价。所以，社会中每一个人从维护自己的尊严、满足自我的需要、实现自己的人生价值出发，总是力求在自己的生命过程中尽可能地去获得荣誉而清除耻辱。换句话说，人的生命意义就在于：以什么样的生存方式，在什么样的生活状态中，在多大程度上获得荣誉，摒弃耻辱。

1. 自尊的荣与不安的辱

生命的高级，就在于有着强烈的自尊需要，而荣誉是最能满足生命自尊需要的。生活在现实中的人，应该说，没有一个人从心底的本能中不渴望着满足自尊需要的，也没有一个人不希望着获得荣誉，人们总愿意看到来自他人、社会的赞赏、称道和推崇。可以说，支撑着一个人的生命发展的，不仅只是生理的生欲望，从更高的意义来看，生命有时能在极其困苦的状况中生存和延续下来，靠的就是荣誉，荣誉确实可以给人带来生命的自信、自尊,以及生命的激情和力量。同时,荣誉能拓展人的生存领域,并赋予人以相应扩大了的自由空间。因此,荣誉获取量越大,个体的人格形象便将随着在他人、社会中的影响面的扩展、深入而显得充实、完满和高大,人的自尊也相应得到极大的满足。

生命是无法挣脱荣誉的,无论每一个人是否明智地认识到了这一点,这都是生命的必然。荣誉是人们自我生存的一种手段,是人类自我延续的一种途径。荣誉是必须存在的,它对我们是可贵的,它能赋予我们以心中的快乐和欣慰。荣誉又是对人生命价值的肯定,对人是有积极作用的。正如莎士比亚所说:"享受着爱和荣誉的人,才会感到生存的乐趣。"[1] 因此,荣誉又是一种鞭策,能焕发纯洁的精神,给人以最大的生的勇气和信心。

所以,孔子才有"君子疾没世而名不称焉"[2] 的感叹。一个力求于自己生命价值高贵的人,最引以为恨的,就是到死自己的名声还不被人传颂,也就是还没有获得相应的荣誉。孟子也说道:"欲贵者,人之同心也。人人有贵于己者,弗思耳矣。"[3] 渴望获得荣誉,是每一个人的共同心愿。人人都追求生命的尊严,这是根本用不着思考的问题,即是十分自然的人生现象。

相反,耻辱却是每一个人都不愿追寻的生命现象。耻辱来自他人、社会的毁誉、指责和攻击,给人以生命的失落、伤害、羞辱,从而使人产生自卑、消沉的心理情绪。由于处处受到指责和攻击,耻辱总是给人一种十分不安的情绪体验。又由于耻辱源于客观外界的诋毁,相对于他人、社会而言,个体的生存状况基本上是被关闭在他人、社会相沟通的大门之外的,个体受着沉重的压力而紧缩在狭小的生理、心理生存空间中,显得孤单、猥琐、无助、无力和无奈。耻辱

---

[1] 〔英〕莎士比亚:《理查二世》。引自《人生哲学宝库》,中国广播电视出版社1992年版,第1068页。
[2] 《论语·卫灵公》。
[3] 《孟子·告子上》。

对生命而言总是消极的。

躲避耻辱就如同渴望荣誉一样，是人生的必然。来自古波斯的格言说得好：宁可饥饿致死，也不吃受耻辱的饱餐。因此，人生须当慎之，从原本的意义上把握，渴望荣誉确实是人的生命本能，躲避耻辱也确实是人所极力要求的事实。但是，荣誉与耻辱并不是一个人的心理感受事实，它本身不是人自我领悟和自我规定的。也就是说，一个人不能自己赞誉自己，一个人可以肯定自己的生命意义，但他不能规定自己的名分，他不能在意象中扩大自己的声誉和影响力，同样，一个人也不能自己诋毁自己，一个人可以了结自己的生命，但这并不能与耻辱画上等号。一个人可以因耻辱而自毁，但没有一个人是因自杀而获得耻辱。

因此，荣誉与耻辱在人的生命现实中，并不具有必然性，它是有条件的、偶然的。在主观上，人们对荣誉与耻辱，有着必然的追求或躲避，但是在客观实现上，有时可能正与人的主观愿望相反对。这样，作为一种人生课题，有时也会使人陷入两难之中：应该得到的没有得到；应该躲避的没有躲避掉。荣誉与耻辱发生了颠倒。处在这样的生存状态中，生命自然会受到伤害，人生会陷于低谷，人生的意义会发生变异。然而，保持和维护生命的尊严，这却永远是生命本能的必然，因此，无论人生发生什么变化，渴望荣誉都在人的生命中流动。为了自尊，人总要追求荣誉；为了抛弃不安，人总在躲避耻辱。

这就意味着，人生的目的不仅是活着，人需要荣誉的生存。荣誉是人格尊严的光辉闪现，也是整个人生意义不可分解的部分。没有荣誉心、没有耻辱感的人，就谈不上自尊，就谈不上人格，也就没有生命的光辉，漆黑黯淡地过一世，这种生存有何意义？

2. 荣辱体验

荣誉与耻辱作为一个人生命的外显形式，具有鲜明的社会化性质。相对于人类社会而言，荣誉与耻辱在不同的时代，在不同的阶级、阶层和集体中，往往有着不同的社会内容和表现形式，同时，也具有不同的荣辱体验。

在原始社会，人们的荣辱体验以及由此产生的荣辱观念是同履行集体劳动和对氏族的义务相联系的。在原始公社的氏族风俗中，如果一个有能力打猎的人偷懒而不去打猎，只想到别人家去找东西吃，那么，他就要为此行为付出惨重的代价，接受"可耻""懒汉"这种形容。许多原始氏族部落把好客看作对氏族的义务，在这样的部落里，无论是族内还是族外成员，只要来到自己家里，就要供给他们最好的食物。他们将此视为一种荣耀，而把不尽这种义务的行为看作不礼貌和耻辱。这就是说，在原始社会的特定状态中，诚实还是不诚实的劳动，遵守还是不遵守氏族风俗和履行对氏族的义务，是荣誉与耻辱体验的标志。在此，这不仅是一种来自外在的客观评价，也是要求人们恪守的内心戒条和律令。

进入奴隶社会，人们外显的身份、名誉在现实生活中的实际体现主要来自以奴隶主阶级所支撑的国家及其政治集团。因此，人们的荣辱体验不得不受到奴隶主阶级的观念意识的制约和影响。这一时期的荣誉体验便是奴隶主阶级的身份和特权，特别是以拥有奴隶的多少来衡量名声和荣耀。人类便以社会公认的形式，具有了"贵人"与"贱人"之分。权力和富贵便是生命的荣耀；无权和贫穷便是生命的耻辱。奴隶的身份是最低贱、最受耻辱的生命形式。

在封建社会，对于封建贵族和地主阶级来说，等级、权势和门第，就是他们的尊严和荣誉的象征。相反，失去身份、特权，失去等级、权势、门第，就是耻辱。于是，荣辱体验就使人们把中举做官看作是抬高自己身价，可以光宗耀祖、流芳百世的最大荣誉。虽然，荣辱体验对于多数普通平民和有识之人来说，有着不同的理解，也曾对"以族举德，以位命贤"的"俗士之论"进行过尖锐抨击，如东汉思想家王符（约85—约163）提出："所谓贤人君子者，非必高位厚禄富贵荣华之谓也","宠位不足以尊我,而卑贱不足以卑己"①。

但是,作为实际的荣辱形式,最终给人的体验仍然是等级、权势和门第。人类进入资本社会以来,金钱的魅力使得它在生活中看上去似乎可以满足个人的一切生命欲望,并使人们的生命形式显得雍容华贵、富丽堂皇,正如马克思所讥讽的那样:

> 我是丑的,但是我能为自己买到最美丽的女人。所以,我并不丑,因为丑的作用,它的使人见而生厌的力量,被货币化为乌有了。我——就我作为一个个人的性质而言——是个跛子,可是货币给我养到二十四只脚;所以,我并不是跛子。我是一个邪恶的、不诚实的、没有良心的、没有头脑的人,可是货币是受尊敬的,所以,它的持有者也受尊敬。货币是最高的善,所以,它的持有者也是善的。此外,货币还使我不必为成为一个不诚实者伤脑筋,所以我事先就被认定是诚实的。我是没有头脑的,可是货币是万物的实际的头脑,它的持有者又怎么会没有头脑呢?而且,他还可以给自己买到头脑聪明的人,而有权支配头脑聪明的人的,岂不比他们更聪明吗?既然我能够凭借货币得到人的心灵所渴望的一切东西,我岂不具有人的一切能力吗?②

金钱的力量,给人以荣辱的体验,往往会导向:谁有钱,谁就值得尊敬,谁就最有势力、最有地位、最具荣耀;相反,谁没有钱,谁就失去尊敬,谁就最软弱、最无地位、最具耻辱。如果说,作为人类生命的一种历史体验现象,荣辱体验的差异是合乎人类社会的历史进程的,那么,当我们的人生处于今天这样的历史高度,荣辱体验应给予人们以什么样的实质呢?当身份、特权、等级、门第不再炫耀着昔日光辉,当金钱不再如原始资本积累时存在着那种绝对魔力,人们荣辱体验的立足点应基于何处?

---

① 《潜夫论·卷一·论荣》。
② 〔德〕马克思:《1844年经济学哲学手稿》,中共中央马克思恩格斯列宁斯大林著作编译局编译,人民出版社1979年版,第106页。

实事求是地说，千百年来，统治着人们对荣辱体验的基本意识，是以财富和特权为基础的，谁有财富和特权，谁就拥有荣誉，反之，就是耻辱。在此，人们计较的是既成的事实结果，是个体的生命形式，而并不顾及为其结果所采取的什么手段，以及他人的生命形式。因此，这种荣辱体验往往是超越社会大众利益之上的个人利益的美誉或诋毁，这种荣辱体验一开始就将个人与他人对立起来，为了追求荣誉不惜一切手段，不惜牺牲国家、民族、社会和大众的利益，这就将个人处于非常险恶的境地，使个人充斥着追求荣誉的虚荣心和伪善行为，尽管做着最可耻的事，却昧着良心说着最荣耀的话。

3. 追求尊严

生命自当应追求尊严的，荣誉便不是不可要的，正如孟子所说："人不可以无耻，无耻之耻，无耻矣。"[①] 人不可以没有羞耻心，对于应该感到耻辱的事情而不觉得耻辱，这真正是不知羞耻呀！知耻便知荣，人不可以无耻，当然，也不可以无荣。正所谓：士皆知有耻，则国家永无耻矣；士不知耻，为国之大耻。问题是，荣是什么？耻亦是什么？追求生命的尊严，应立足于什么样的荣辱感之上？

我们说，荣辱不仅是一种来自外界社会、他人，根据一定的政治目的和道德义务对一个人行为选择所做出的单方面的赞赏性或诋毁性评价，而且实际上更着重于体现一个人根据自己的道德责任感和良心对自己行为选择所做出的赞赏性或诋毁性评价。因此，追求生命的尊严，我们更希望于一个人自存于内心的荣誉体验，而不仅是着重于生命形式本身。换句话说，一个人对荣誉的享有并不在于生命形式的浮华，而在于生命内容的实在。也就是，一个人的生命尊严不仅是一种高官厚禄和荣华富贵，而最终取决于自我道德修养境界的高低和思想品性的优劣，以及人生行为的善恶。正因如此，"君子未必富贵，小

---

① 《孟子·尽心上》。

人未必贫贱"。

对此,孟子有深刻的领悟。他说:"仁则荣,不仁则辱。"[1] 荣誉来自崇高的道德行为,以爱人为天下,以天下之任为己任,乐以天下,忧以天下。相反,就是耻辱。这一思想是有积极意义的。中国当代教育家蔡元培先生(1868—1940)说得好:"人即有爱重名誉之心,则不但定之于生前,而且欲传之于死后,此即人所以异于禽兽。而名誉之可贵,乃举人人生前所享之福利,而无足以尚之,是以古今忠孝节义之士,往往有杀身以成其名者,其价值之高为何如也。"[2]

因此,一个人要获得真正的荣誉,必须能维持自己生命的尊严。有荣誉心的人,必定有不可被侮辱的身体、不可被侮辱的精神、不可被侮辱的行为。一句话,有不可被侮辱的生命!一个人的生命是完整的,不容稍有玷污。正所谓:"石可破也,而不可夺坚;丹可磨也,而不可夺赤。坚与赤,性之有也。性也者,所受于天也,非择取而为之也。豪士之自好者,其不可漫以污也。"[3] 只要一个人不自己侮辱自己,别人无法侮辱他。一个人的理想生命,就是崇高、伟大、正直、坚强;一个人只要注重德行,他的生命就是高贵的、庄严的;只要不自损,必然是"赫赫师尹,民具尔瞻"[4]。这样别人就会尊重他,而不敢轻视他;敬爱他,而不敢亵渎他。不管这个人的现实生命状态、生活处境是什么模样,荣誉将会跟随他。这种荣誉可能是他人所给予,也可能是自我体验而得到的。

此外,要获得荣誉,必须懂得自尊,懂得尊人,力克虚荣。一个人不仅要爱护自己的荣誉,也要爱护他人的荣誉。荣誉不是傲慢,不是自夸自赏,居功不可骄横。懂得尊重自己的荣誉,先应懂得尊重他人的荣誉,切不可为了自己的荣誉,而毁灭他人的荣誉,"毁人者失其直"。所以,有荣誉心的人,一定能尊重人,承认他人的能力,赞

---

[1]《孟子·公孙丑上》。
[2]《蔡元培全集》第二卷,浙江教育出版社1997年版,第239页。
[3]《吕氏春秋·诚廉》。
[4]《诗经·小雅》。

叹他人的特长，尊敬他人的善处。一个人能适当地自尊，也能适当地谦虚，也就不会被虚荣所控制。

虚荣当力克，企求浮华虚名是有害的，虚荣总是在背后折磨人，总是把他人的功劳吹嘘为自己的。弗兰西斯·培根曾辛辣地说："'大家看，我扬起了多少灰尘啊！'那苍蝇叮在大车的轮轴上神气地自我吹嘘说。——伊索寓言中的这个故事真妙极了。世上有多少蠢人，正如这只苍蝇一样，为了得到一点虚荣，而把别人的功劳冒认成自己的。"① 满足虚荣，便可能是对他人的伤害和冒犯。虚荣者常常会为一点微不足道的事津津乐道、自夸自赏。培根说："自夸自赏是明智者所避免的，却是愚蠢者所追求的，又是谄媚者所奉献的。而这些人都是受虚荣心支配的奴隶。"② 虚荣只能使人满足一时，从长远看，谁也不会有所得。因此，懂得生命尊严的追求，懂得获取荣誉的人，是必须从虚荣中超然而出的。

最后，一个人要想真正获得荣誉，必须严格求诸己，而不要更多地企望于他人。在现实生活中，荣誉的名称和荣誉的实质往往会由于人为的偏差出现不相一致的状况，谁也无法保证一个人能真正由外界获得名称与实质相一致的荣誉。对于外界给予的荣誉，如果实至名归，名副其实，所受不辞；但如果一个人所做的事已符合荣誉的实质，却未获相应的荣誉名称，这时应该调整自己的心理，以对荣誉的体验来补偿自己，尽自我的道德责任，不必分心去猎取流俗的恭维；尽内心去感知荣誉的实质，而不必全力去争夺荣誉的名称。

正如柏拉图所说："身体应当受荣誉的不是它的美貌，也不是它的强壮，也不是它的敏捷，也不是它的健康。"又说："在一切与城邦和同胞有关的事情中，最优秀的人，或至今为止最优秀的人，就是那些在奥林匹克赛会上取得胜利、在战争或和平时期取得胜利、在遵守家乡法律方面取得信誉、终生为家乡人忠实服务的人。"为此，"荣誉归于自己不作恶的人，但能够使别人也不作恶的人配得上双重荣誉，

---

① 〔英〕培根：《人生论》，何新译，湖南人民出版社1987年版，第214页。
② 〔英〕培根：《人生论》，何新译，湖南人民出版社1987年版，第216页。

乃至更高的荣誉"。① 所以，追求自我生命尊严和荣誉的人，不可图求虚名，生前最不求虚名者，往往死后最能得名。正所谓：行善不以为名，而名从之。

总之，当今天的人们着力去追求自己的荣誉，并以此获得生命尊严时，须当谨慎行之。同时，面对荣辱，应以积极认真的态度领悟其实质，找准立足点，以利于人们去获得一种真正纯洁的、高尚的、不可磨灭的荣誉，而不是在暂时的浮华虚名中将自己钉在历史的耻辱柱上。

顺与逆

人的生命发展过程，无论从哪个角度去把握，都不可能是坦途，总要遇到一时的灾难、祸患，遭遇意想不到的挫折与失败。当然，人也会有欢乐、幸福，以及预想的收获和成功，人生总是这样在顺与逆的交替起伏中运行、发展着。顺与逆作为人生的一大课题，是每个人都必须面临且应该做出回答的。同时，对顺与逆的感受，以及对这一人生课题的认识和回答，又常常影响和制约着人的生命发展的进程、意义和价值。

1. 幸运的顺与厄运的逆

人们对自己生命意义的认识和感受，及其人生价值的追求和实

---

① 〔古希腊〕柏拉图：《法篇》，《柏拉图全集》第三卷，王晓朝译，人民出版社 2003 年版，第 487、488、489 页。

现，往往是以其一生中一时的成败、得失、穷达、福祸等为触发点的。成功、获取、富贵、幸福被人们看作人生中的幸运，是生命的顺；相反，失败、丧失、贫困、祸害却是生命过程中的厄运，是生命的逆。顺与逆在其意义上，又时时显示为一种生命的运势，表现出一种生命存在的客观状态。

由于顺逆内涵的质的差异，在人的生命发展的现实过程中，人们总是力求于追逐有利于自我生命发展需要的顺境，并将生命的发展始终规范在幸福的运势之中，而力求避免于难，远离祸害，企图躲开厄运和生命的逆境。但是，顺与逆从来都不会专宠于某一个人，人生中必然有幸运，同时也会遭遇厄运，并且经常是幸运不见，厄运却时时不期而至。厄运，即人生的祸害和灾难、失败和丧失时常超过幸运的恩赐。正所谓：祸不单行，福不双降。也就是说，人在自己的生命进展中，处于逆境的时候要比处于顺境的时候多得多。逆境几乎是人生的必然伴随物——人生不顺之事十之八九，"屋漏更遭连夜雨，船迟偏遇顶头风"，这几乎成为人生频遇逆境、迭遭厄运的写照。

我们说，顺与逆从来就是相互交织在一起的，它作为人生命过程中的遭遇，一方面给人构成一种生命境况，造成一种客观的、现实的生活形态，例如富贵与贫穷、成功与失败、显达与卑贱等等。从生命形式上来说，富贵、成功、显达自然就是生命运势上的顺境，而贫穷、失败、卑贱自然表现为生命遭遇中的逆境。

正是顺与逆所显示出的人的生命运势的差异性，才使人们在感知自己的生命形式和生命状态时，产生心理上的不平衡感和极大的落差感，发出幸与不幸、利与不利、好与不好的命运感叹。在此意义上，顺就是幸运，幸运也就是顺；逆就是厄运，厄运也就是逆。

另一方面，顺与逆的生命运势又往往构成人们生命发展过程中不可能回避的生命环节。个人的生命发展不可能尽然地按照自己预期的目标发展，而且个人对自己生命发展的设定，也不一定就是十分正确的，个人的主观意志不能对自己的生命发展起到完全的主导和制约作用，个人无法预测生命将会遇到什么样的突发事件，包括自然的、人为的事件；个人也就无法断言，自己的生命总是在一个轨道上运行，或者在一种状态中发展，所以，个人生命的运势总是在顺逆交替中起伏发展着。严格说来，人存在于世界上，无时无刻不处在人与人之间的关系网络之中，一个人的成败、得失、穷达在很大程度上并不取决于他的主观愿望，它更多地体现在他人所接受、所承认、所认可的程度上，而且往往还受一个人所生活在其中的社会状态、自然环境的制约。因此，人生究竟要遭到什么的境遇？人生究竟有着什么样的运势？一般意义上是不以人的主观意志为转移的。这是顺与逆的必然性。

当然，顺与逆的必然性旨在揭示人的生命进程中所客观存在的生命状态是不可躲避的，人不在这一种生命状态中，就在那一种生命状态中，没有超然的生命。但是，这并不证明相对于一个人而言，顺逆是不可改变、转换的，或者幸运与厄运是恒定不移的。只是，由于人生的制约性，生命的有条件性，在生命的既成事实上、表现形态上和生命质量的感受上，人所处的顺境要比逆境少，逆境要比顺境多，也就是说人的生命运势，常常是厄运显见，而幸运难觅。

因此，没有天生的幸运者，也没有一帆风顺的成功者，人必须在顺与逆的波折中延伸着自己的生命。尽管，人们如此不情愿地看到厄运的不期而至和体验到身处逆境的痛苦与不幸，但是，当人们无法改变这一生命事实时，生命的强者并不会去怨恨命运的不公平，去甘心地体验生命的苦楚，他们会对现实的生命状况给予积极地有利地理解，并赋予生命以新的意义。

2. 顺逆寻思

由于人们总是希望将自己的生命放到顺境之中，总是希望幸运光顾自己而躲避逆境、摆脱厄运，因此，顺与逆便必然是人生所需要解决的课题。面对生命的运势，人们最迷惑不解、最难以把握的就是顺逆对人生观照的不可捉摸性。虽然，我们将顺逆境遇、幸厄运势看作人生的必然，但是，顺境何时而至，逆境何时可免，对于个体生命而言，有时是带有相对偶然性的，甚至是多变化的。这正如印度伟大诗人泰戈尔所说："人的命运之神是颇具幽默感的。他是不是精通数学，我不知道。不过，看来他对这门学问并无兴趣，他对人生悲欢离合的简单计算结果满不在乎。有时，简直是故意阴阳颠倒，黑白混淆，使理应发生的事，完全转了向。正因为如此，世界上就产生了戏剧冲突，就出现了两个极端——笑与哭的风暴。事情就是这样，哪里长着盈盈荷花，那里就会出现丧失理智的大象。它把污泥与荷花搅在一起，弄得乱七八糟。"[①]

当然，无论顺逆给人以多么难以预料的把握，究其渊源，顺逆仍然有其产生的原因：一是在于客观必然性。社会事物的发展变化有自己的规律性，当人们的认识和行为与这一规律相符时，其人生所预期的目的就能顺利实现，其人生也就处在相对顺利的状态，生命便显得很走运；相反，当人们的认识和行为与这一规律相悖时，其人生所追求的需要由于不合乎客观社会的必然发展，其人生就显得处处被制、倒运和背时，生命便处于逆的境遇；二是在于机遇。社会事物的发展条件错综复杂，原因也多种多样。当社会事物在各种复杂条件的综合作用下产生某种变化，而这一变化又恰好与人们所期待的某一具体目的相吻合时，就产生了机遇。机遇是社会事物发展必然性的偶然表现，这种偶然性常常是可遇而不可求的，是人生意外之事。机遇助人则为顺境，机遇弄人则为逆境。

对此，冯友兰先生曾说："人所遇之意外，有对于其自己有利者，有对于其自己有害者。遇有利底意外，是一人之幸，遇有害底意外，是一人之不幸。一人之幸与不幸，就一时说，是一人之运；就一生说，是一人之命。如一人之幸于一时多于其不幸，我们说他的运好；如其不幸于一时多于其幸，我们说他的运坏。如一人之幸于一生多于其不幸，我们说他的命好；如其不幸于一生多于其幸，我们说他的命

---

① 〔印〕泰戈尔：《哈尔达一家》。引自《人生哲学宝库》，中国广播电视出版社1992年版，第1132页。

坏。一人于一时或于一生之幸或不幸，皆是不期其至而至，所谓'莫之致而至者'。此不是求得者，而是碰上底，此所谓'机遇'。"①

此外，人生的顺与逆，还可源于人自己，也就是说，除了上述的客观原因外，顺与逆的人生境遇，有时是人自己造就的。这有三种情况，一种是自己实现其人生追求的条件。如果智力、能力、经济条件、身体条件乃至人际关系等还不足以达到人生期望目的的要求，而强行之，就会屡遭挫折，使人生不顺；一种是自己主观感受的差别，即对自己所处的现实生命状态与他人的生命状态相比较而产生的心理体验的差异。顺与逆在此意义上完全取决于一个人对待生命的态度，以及对生命形式状态要求的高低，根本上在于对生命意义的诠释和理解，这是至关重要的一条；一种是对社会事物及其规律的认识。如果缺乏正确的认识和行动计划，人生必遭挫折，使生命处于逆境，显得厄运不断。相反，就会使人生顺利，并给予生命以幸运。

在现实的生命运行中，顺与逆的产生并不是十分简单明了的事实，正如客观世界中的许多事物都是多因一果那样，顺与逆常常由两个以上的原因共同造成，因此，顺与逆给人的感觉就显得难以捉摸和把握，明明该是这样，它一下就是那样了。日本人松下幸之助说："命运是非常不可思议的东西。每一个人都会立志，可是却不见得进行顺利，愿望常常难以实现。有时候，走一条和自己希冀相反的路，却意外地能达到自我的初衷。这种情形也所在多有。因此，我认为不要为一件事过度伤心。在这个世界上，自己能了解的只占百分之一左右，其他的就全靠暗中摸索了。认定自己什么都不知道，心情也许会轻松一些。总之，人应该具有各种不同的情态。生活多彩多姿固然好，单纯也很好。最重要的是怀着一颗万事皆好的心面对世界。"②

很显然，这是一种对待顺逆课题的生命态度，值得玩味。但是，对待顺与逆还应该更深刻一些。人们理所当然期盼着现实与理想的一

---

① 冯友兰：《三松堂全集》第四卷，河南人民出版社2001年版，第175页。
② 〔日〕松下幸之助：《经营者365金言》，引自《人生哲学宝库》，中国广播电视出版社1992年版，第1132页。

致，事实与追求相符。可是，生命的展开，对于每一个人来说，出乎预料并不是鲜见之事，因此，面对生命运势的意外，人们总要有一个明确态度。对此，冯友兰先生有一个明白的告诫。他说："不管将来或过去有无意外，或意外之幸、不幸，只用力以作其所欲作之事此之谓以力胜命。不管将来或过去有无意外，或意外之幸、不幸，而只用力以作其应作之事，此所谓以义制命。如此则不因将来成功之不能定而犹疑，亦不因过去失败之不可变则悔尤。能如此谓之知命。知命可免去无谓的烦恼，所以《易·系辞》说：'乐天知命故不忧。'"① 可以说，这是对顺与逆、幸运与厄运的人生境遇状态的真领悟，是对顺与逆人生课题的哲学沉思与回答。

3．逆水行舟

弗兰西斯·培根说："'幸运固然令人羡慕。但战胜逆境则令人惊佩。'这是塞涅卡模仿斯多葛派哲学讲的一句名言。确实如此。超越自然的奇迹，总是在对逆境的征服中出现的。"② 人生多舛。在人的生命发展过程中，每一个人都必然会遭遇到厄运的袭击，使人处在生命的逆境状态，对此，人与人之间没有质的区别，只有量的差异。当然，有时生命也会一帆风顺，幸运光顾。但是，这绝不意味着身处顺境就必然能助人成就事业，身处逆境就必然使人意志消沉。"自古英才多磨难，从来纨绔少伟男"，"宝剑锋从磨砺出，梅花香自苦寒来"。生命的辩证法就是这样，顺是好事，但也可成就坏业；逆是坏事，但却可成就伟业。天下之祸，往往不生于逆而生于顺，因为，人生处顺境时，一切都顺心如意，悠悠自得，则只见其好处而不见其凶险，故溺心纵欲，便易将其生命隐于极大的灾难、祸害之中，反成其逆。

---

① 冯友兰：《三松堂全集》第四卷，河南人民出版社2001年版，第176页。着重号为引者所加。
② 〔英〕培根：《人生论》，何新译，湖南人民出版社1987年版，第41页。※塞涅卡（？—65），古罗马斯多葛派哲学家。（原书注）

我们说，身处逆境自然不是一件乐意之事，逆境犹如上水撑船，逆水行舟，每进一步都异常艰辛，而且往往受挫，无疑会给人带来一系列的焦虑、忧愁、痛苦和不安，使人精神难以自控，思想难以开阔，信心难以确立，由此使人孤独沮丧、悲观失望。然而，正是逆境给予人的磨难，才使人显示出英雄本色。德国著名音乐家贝多芬（1770—1827）一生坎坷，厄运不断，28岁就开始受着双耳逐渐失聪的痛苦折磨。但他没有向厄运低头，处逆境而志不衰，用他自己的话来说，就是面对逆境"决不要苦恼。——不，这是我不能忍受的！我要扼住命运的咽喉。它决不能使我完全屈服。"①

中国汉代史学家司马迁（约公元前145—？）通览史事，发出如此感叹："盖文王拘而演《周易》，仲尼厄而作《春秋》。屈原放逐，乃赋《离骚》。左丘失明，厥有《国语》。孙子膑脚，《兵法》修列。不韦迁蜀，世传《吕览》。韩非囚秦，《说难》《孤坟》。《诗》三百篇，大抵圣贤发愤之所为作也。"② 而司马迁本人也正是在惨遭"宫刑"后，在厄运磨难中发愤著书，完成了千古名著《史记》，而名载青史，流芳百世。

身处逆境而不消沉，逆水行舟而不气馁，并不是一件容易的事情，正如培根所说："幸运所需要的美德是节制，而逆境所需要的美德是坚韧，后者比前者更为难能。"③ 因此，身遭厄运，处于逆境时，一味地怨天尤人、情绪低落、心情郁闷、意志消沉是于事无补的。人们可能会由此而同情你、可怜你、照顾你，但如此消极地生，不如积极地活。只要坚信顺与逆是可以转换的，正如老子所说："祸兮，福之所倚；福兮，祸之所伏。"④ 祸福不是绝对的，顺逆也不是绝对不变的。身处逆境，只要意志坚定，生命顽强，不丧失信心，不放弃抗争，逆总会有向顺的转机，即使一生不顺，也会显出生命的辉煌。

---

① 〔德〕贝多芬：《致前人书》。引自《人生哲学宝库》，中国广播电视出版社1992年版，第1137页。
② 《汉书·报任安书》。
③ 〔英〕培根：《人生论》，何新译，湖南人民出版社1987年版，第41页。
④ 《道德经·五十八章》。

逆水行舟，不要夸大眼前的境遇，也不能低估既成的事实。对逆境要有一种实事求是的科学态度，不仅要有坚强的意志和毅力，而且要有计谋，努力弄清逆境的症结所在。如果是个人主观认识和行为造成的，就应毫不犹豫地重新校正自己的认识，调整自己的行为，以利于逆向顺的转换；如果是个人无法自控的外界因素所造成的，如自然灾害、疾病；困扰、陷害，以及其他的人为压制，那么，就需要心理的坦然，处险不惊，临危不惧，迎难不恐。切不可自己伤害自己的自尊心、自信心，一定要充分肯定自己的生命价值，以及自己生命延续的意义。一定要看重自己的生命存在，千万不得自暴自弃、轻生厌世。在逆的生命存在形式中找到生命的光点，使被动的生命形式在内涵上充满着主动的力量。由此而使人在对生命价值的内在体验中，所领悟到的快乐感受用以补偿其生命形式的不幸。逆境是不幸的，但当我们在逆境中体验到生命自由创造的活力，和生命的那种生生不息的力量时，心中总是欢快、喜悦的。

人，不能过于企求于顺境，人的生命事实使人们不得不承认，只有逆境才使人生充满着搏击的力量，客观地说，人类也正是在逆境中才得以发展、成熟、辉煌起来的。顺只是逆的相对状态，只有深刻地体验和领悟逆的意蕴，人生才更显出其价值。培根说得好："一切幸福都并非没有烦恼，而一切逆境也绝非没有希望。最美的刺绣，是以明丽的花朵映衬于暗淡的背景，而绝不是以暗淡的花朵映衬于明丽的背景。从这图像中去汲取启示吧。人的美德犹如名贵的香料，在烈火焚烧中会散发出最浓郁的芳香。正如恶劣的品质可以在幸福中暴露一样，最美好的品质也正是在逆境中被显示的。"[①]

---

① 〔英〕培根：《人生论》，何新译，湖南人民出版社1987年版，第42页。

第六章

人生的迷离

人生并不是一目了然的。中国古乐府《木兰诗》中唱道："雄兔脚扑朔，雌兔眼迷离；两兔傍地走，安能辨我是雄雌！"男人、女人，性、爱，总是错综复杂，难探究竟。千百年来，人们总是想把这一问题弄得清清楚楚，明明白白，《诗经》开篇就有："关关雎鸠，在河之洲。窈窕淑女，君子好逑"，千百年来，诗与爱、情与礼，成为古老而又常新的人生课题。

性与爱

人的世界就是由男女两性构成的世界。有男女，就有性，就有爱，这是最自然不过的事实。一方面，"男女之间的关系是人与人之间的直接的、自然的、必然的关系。在这种自然的、类的关系中，人同自然界的关系直接地包含着人与人之间的关系，而人与人之间的关系直接地就是人同自然界的关系，就是他自己的自然的规定"[1]。另一方面，通过男女间的关系，可以判断出人类的整个文明程度。这正如马克思所说的那样："可以表现出人的自然的行为在何种程度上成了人的行为"，以及"人在何种程度上对自己说来成为类的存在物，对

---

[1] 〔德〕马克思：《1844年经济学哲学手稿》，中共中央马克思恩格斯列宁斯大林著作编译局编译，人民出版社1983年版，第72页。

自己说来成为人并且把自己理解为人"。① 这是最富哲理的思辨,在人的最简单、最自然的关系中,蕴含着人的本质要素。

1. 生命的两极

无论人类怎样变化,生命总是以男、女两极构成完满的人的世界。生命两极的差异是大自然赋予人类的神奇造化,它是在人的生命孕育之初便决定了的,这是人类生命存在的必然形态,不以人的主观意志为转移。

正是生命两极的客观存在,才使男女之间产生了极大的差异,并导致整个人类的完整和统一。正如法国著名作家安德烈·莫罗阿(1885—1967)所说:"两性之中一性较优么?绝对不是。我相信若是一个社会缺少了女人的影响,定会堕入抽象,堕入组织的疯狂,随后是需要专制的现象。……纯粹男性的文明,如希腊文明,终于在政治、玄学、虚荣方面崩溃了。唯有女子才能把爱谈主义的黄蜂——男子,引回到蜂房里,那是简单而实在的世界。没有两性的合作,决没有真正的文明。但两性之间没有对于异点的互相接受,对于不同的天性的互相尊重,也便没有真正的两性合作。"②

生命的两极,即男、女的差异,首先是通过人人都可直感到的第一性征和第二性征表现出来,也就是解剖学方面的,男女在生殖器官构造上的不同,以及身体结构和造型上的特殊性。英国著名博物学家、进化论的奠基人查理·达尔文(1809—1882)描述道:"在人类,两性的差别比大多数四手类动物(即猿猴)要大些,……男子平均颇为明显地要比女子高些、重些、力气大些、肩膀方些、而肌肉鼓得更为清楚些。"③ 当我们将男女两性进行详细的比较,就会明显地感觉

---

① 〔德〕马克思:《1844年经济学哲学手稿》,中共中央马克思恩格斯列宁斯大林著作编译局编译,人民出版社1983年版,第72页。
② 〔法〕莫罗阿:《人生五大问题》,傅雷译,生活·读书·新知三联书店1987年版,第26页。
③ 〔英〕达尔文:《人类的由来》,潘光旦译,商务印书馆1983年版,第845页。

到：在体型上，男性显得高大、壮实，男性的胸骨比较宽阔，身材的轮廓较为清晰，肌肉比较发达；而女性则往往胸骨不太发达，但乳房较大而隆起，肌肉也较柔弱，骨盆宽阔，胯股呈圆形。从头颅结构把握，首先是颅腔大小不相同，男性头颅通常较大，面部轮廓严峻，棱角分明，肌肉组织富于弹性；而女性头颅则较雅致，面部浑圆，上下颚和头颅底部较小，面部组织柔软。从体肤上来看，男性皮肤略显粗糙，不太光洁，毛孔大而清晰，多毛而长且粗；女性皮肤细腻光洁，柔滑滋润，少毛而短且细。

男女两性不仅有上述解剖学上的差异，在生理上也有着不同的特点。生理上的差异同两性的内分泌系统的活动有内在的、功能上的联系，它直接涉及所谓"人的生命活动的主要职能"实现的力度和速度。达尔文说："男子比女子更为勇敢、好斗，更有精力，而在发明的天才上，也要强些。"① 保加利亚著名作家基里尔·瓦西列夫（1904—1977）在《情爱论》一书中写道："男女之间在体力的自然积蓄方面的差异是十分明显的。男子潜在能量比妇女大。肌肉发达的必然结果就是力量上占有优势。"又说："两性在生理上的主要自然差异还表现在运动的速度和灵巧程度上。"② 一般说来，男性的速度——一种力的展示——高于女性，而女性的灵巧——对事物的敏锐性——优于男性。

此外，如果说男性的特点是顽强的积极性，女性则相反，其行为的典型趋势是精神的和身体的优雅，反应灵敏，举止灵活而委婉。女性的情绪即使在抑制不住的时候，也往往是内在的、含蓄的，不像男性那样暴躁外露。比起男性的粗犷、刚毅、炽烈，女性更显细腻、脆弱、温柔。从思维特点来看，"在最为典型的生活情势中，男性维较为抽象，而且往往是乖谬、狂妄的。他们的特点是，任凭想象力纵横驰骋，具有启发式的果敢精神。"③ "女性思维的特点是，立论优美和

---

① 〔英〕达尔文：《人类的由来》，潘光旦译，商务印书馆1983年版，第846页。
② 〔保加利亚〕瓦西列夫：《情爱论》，赵永穆译，三联书店1985年版，第74页。
③ 〔保加利亚〕瓦西列夫：《情爱论》，赵永穆译，三联书店1985年版，第87页。

谐，更讲究典雅，分析细腻，直观深刻，在探索事物和现象的奥秘方面表现天真率直。"[1]

男女两性的差异，及其作为生命的两极，并不是哲学思辨的结果，人类最早从感觉上就赋予了形象化的表达，并通过艺术手段给人类的生命两极以及其不同的形象展示。正如瓦西列夫所说：

> 人的两性分化出色地、优美地体现在古希腊的大理石雕像中。只要回想一下米洛的阿佛罗狄忒（即维纳斯）优美的线条和雕塑家格利康制作的赫拉克勒斯（即希腊神话中最伟大的英雄，以力大闻名）孔武有力的形象，就可以相信这一点了。这是典型男子和典型妇女的永恒形象。米洛的阿佛罗狄忒体现了赏心悦目的和谐以及神话般的女性的妩媚。赫拉克勒斯刚劲的体态则是力量和严峻的美的体现。他强健的身体微微弯曲着，肌肉丰满，仿佛是一团团铁疙瘩，这是足以翻天覆地的生命力的威严的凝聚。文艺复兴时代的艺术家也使男子和妇女的类型特征予人以美的享受。我们只消举出两个形象就够了：达·芬奇的蒙娜·丽莎和米开朗基罗的大卫。蒙娜·丽莎仿佛神话般地出现在自然的背景上，她温柔、优雅、含情脉脉，她含蓄的微笑令人心醉。大卫匀称的身材大胆地裸露着，神态安详，对自己的体力和道德力量充满信心。[2]

正是由于生命的两性极差，人的生命充满丰富的内涵，以及无穷的韵味；也正是因为生命的两性极差，人的生命才更完善、更加充实与和谐。在此，没有谁轻谁重的问题，只有相辅相成和相得益彰。所以，男女两性的差异便决定了人们在生活中必须作为两个价值相等的方面结为一体。当我们进一步地指出："男子身体较笨重，妇女体态轻盈。男子较健壮，妇女较娇弱。男子较重理智，妇女较重感情。男子较'刚劲'，妇女较'柔顺'。男子较注重逻辑，妇女则凭借直感

---

[1] 〔保加利亚〕瓦西列夫：《情爱论》，赵永穆译，三联书店1985年版，第86页。
[2] 〔保加利亚〕瓦西列夫：《情爱论》，赵永穆译，三联书店1985年版，第75页。

行事。男子较严峻，妇女较热情。男子偏重概括，妇女偏重分析。男子好斗，妇女富于同情。男子更热衷于抽象概念，妇女则关心具体事物。男子始终不渝，妇女变化无常。男子较易激动，妇女完全受心境支配。男子较果断，妇女较审慎。男子更'威严'，妇女更文雅。男子'敢作敢为'，妇女勤奋不懈。"① 无论这种分析的准确度有多高，但也正是这样的两性差异将"男性的气概"和"女性的温柔"结合起来，使人的世界表现得尽善尽美。

显而易见，生命的两极赋予了男女各自最优美的特征。正因此，才使生命充满活力，才使人们荡漾着激情的冲动以及爱的期盼。在此，对男性而言，男性总是以阳刚之美取胜，男性宽阔饱满的胸大肌、健壮结实的躯干、灵活有力的腰部，以一种挺拔昂然的感觉展现出一种强烈的力感、量感和动感之美；那浓眉大眼和棱颚凸起的肌肉、黝黑的皮肤蕴蓄着巨大的爆发力、抵抗力、张力和应力；男性魁梧高大，呈倒三角型，上宽下窄，不稳定，适宜于动：站起来像一座挺拔的高山，躺下去如一条壮阔的大河，奔走如一串滚动的惊雷。

对于女性来说，她们的形体包含"维纳斯"一般的韵律，以阴柔之美见长，呈现出一种优雅的柔软感、弹性感和性感之美。那浑圆的臂膀、饱满的乳房、纤细的腰肢、丰满的臀部构成神奇的起伏完美的曲线；那飞瀑似的头发、闪动的睫毛、莹白的肌肤、嫩红的樱唇，弥漫着微妙的色彩、飘忽的馨香；女性形体成正三角形，上窄下宽，稳定平衡，适宜于静：站起来像一个亭亭玉立的花瓶，躺下似一泓微波起伏的梦湖，行动如一缕轻舒漫卷的烟霞。

女性所展示的美使法国现代雕塑大师阿里斯蒂德·马约尔（1861—1944）联想到宇宙的全部奥秘。他说："女性身体表面的凹凸纹沟像山峦，像丘陵，像海洋，像河流；秀发飘拂如奔腾流泻的溪水、瀑布；肌肤的起伏变化、丰臀硕乳，都令人想到大自然的神奇造化。"②

---

① 〔保加利亚〕瓦西列夫：《情爱论》，赵永穆译，三联书店1985年版，第91页。
② 引自阎钢：《交际美学》，四川大学出版社1996年版，第258~259页。

泰戈尔更用诗一般的语言赞叹道："啊，用一转的秋波，你能从诗人的琴弦上夺去一切诗的财富。美妙的女人，你能使世界上最骄傲的头俯伏在你的脚前。"①

生命的两极将人类分开，两性之分别又充满神奇的魅力，洋溢着异性的芳香，人正是在这样的分离状态中追逐着性的体验和爱之升华，人也正是在两性的结合状态中显示出：人在何种程度上将动物的本性升华为人的本性。

2. 爱之升华

爱确实具有一种至高无上的力量，它能将人平等而完全地融合为一体，爱显示为一种在保存人的完整性、人的个性条件下的融合。爱是人的一种主动能力，一种突破人和异性相分离之围墙的能力，一种使人和他人相联合的能力。爱不仅能使人类克服孤独、空虚、失意和分离，也能保持双方人格的完整性，允许人成为他自己。在爱中，两个人如同一个，而人实际上仍然是两个。正如黑格尔所说："爱情里确实有一种高尚的品质，因为它不只停留在性欲上，而是显出一种本身丰富的高尚优美的心灵，要求以生动活泼、勇敢和牺牲的精神和另一个人达到统一。"② 又说："在爱情里最高的原则是主体把自己抛舍给另一个性别不同的个体，把自己的独立的意识和个别孤立的自为存在放弃掉，感到自己只有在对方的意识里才能获得对自己的认识。……在这种情况下，对方就只在我身上生活着，我也就只在对方身上生活着；双方在这个充实的统一体里才实现各自的自为存在，双方都把各自的整个灵魂和世界纳入到这种同一里。"③ 于是爱能赋予人以专注的情操和独特的审美意识，在爱的体验中，"这个男子就只爱这个女子，而且这个女子也就只爱这个男子。……每一个男子或女子

---

① 引自阎钢：《交际美学》，四川大学出版社1996年版，第106页。
② 〔德〕黑格尔：《美学》第二卷，朱光潜译，商务印书馆1979年版，第332页。
③ 〔德〕黑格尔：《美学》第二卷，朱光潜译，商务印书馆1979年版，第326页。

都觉得他或她所爱的那个对象是世界上最美，最高尚，找不到第二个的人，尽管在旁人看来只是很平凡的。"①

爱没有神奇的外罩，当今天的人们对爱束手无策时，不是因为爱的情感的不存在，而是人们没有找到"爱"的感觉。英国18世纪哲学家休谟（1711—1776）说："两性间的爱显然是根植于人类天性中的一种情感；这个情感不但出现于其特殊的表征方面，而且表现于激起其他各种的爱的原则，并使人由于美貌、机智、和好感发生出一种比其他情形下更为强烈的爱。"②

在此，我们没有理由去否认爱情是一种复杂的、多方面的、内容丰富的生命现象。瓦西列夫说："爱情把人的自然本质和社会本质联结在一起，它是生物关系和社会关系、生理因素和心理因素的综合体，是物质和意识多面的、深刻的、有生命力的辩证体。"③

法国18世纪唯物主义哲学家狄德罗（1713—1784）说："人生来是要有伴侣的，如果夺走他的伴侣，把他隔离起来，那他的思想就会失去常态，性格就被扭曲，千百种可笑的激情就会在他心头升起。"④

爱情具有一切生物都不可比拟的高贵性。爱情赋予生命最大的生机就是男女处于平等和自由的状态，莫罗阿说："爱情真正的原素只是自由。它与服从、嫉妒、恐惧，都是势不两立的。它是最精纯的最完满的。沉浸在爱情中的人，是在互相信赖的而且毫无保留的平等中生活着的。"⑤ 正由于人的平等和自由，才能充分地展示爱情中最核心、最关键的实质，即爱情："是以所爱者的互爱为前提的。"⑥

没有互爱，爱是无从升华的。没有互爱，爱就是不幸。因为，爱是一种能产生爱的能力，如果爱不能产生相应的爱，这样的爱就是一

---

① 〔德〕黑格尔：《美学》第二卷，朱光潜译，商务印书馆1979年版，第332页。
② 〔英〕休谟：《人性论》下册，关文运译，商务印书馆1983年版，第521页。
③ 〔保加利亚〕瓦西列夫：《情爱论》，赵永穆译，三联书店1985年版，第42页。
④ 引自《情爱论》，三联书店1985年版，第8页。
⑤ 〔法〕莫罗阿：《人生五大问题》，傅雷译，生活·读书·新知三联书店1987年版，第5页。
⑥ 《马克思恩格斯选集》第四卷，中共中央马克思恩格斯列宁斯大林著作编译局编译，人民出版社1972年版，第73页。

种无能力的爱，就是爱的不幸；没有互爱，也就意味着，一个人永远得不到所爱者的回报、给予，以及自觉的付出和主动的关注。生命的原始力量无法得到主动的明显的确证，人无法表示自我生命的存在性，生命接受的便是一种灾难。

所以，我们强调爱之升华的互爱性，并以追逐互爱来丰富和完善人的情感体验。我们没有理由在自身没有爱的状态下，强迫他人给予爱；同时也没有理由在他人没有爱的状态下，促使自己给予爱。两性之爱与其他爱的差异性，就在于它是要求回报的，只有在给予和回报的统一中才能产生纯真的爱情。马克思用他精妙的辩证法对此做出过完美的表述。他说："假定人就是人，而人跟世界的关系是一种合乎人的本性的关系，那么，你就只能用爱来交换爱，只能用信任来交换信任，等等。如果你想得到艺术的享受，你本身就必须是一个有艺术修养的人。如果你想感化别人，你本身就必须是一个能实际上鼓舞和推动别人前进的人。你跟人和自然界的一切关系，都必须是同你的意志的对象相符合的、你的现实的个人生活的明确表现。如果你的爱没有引起对方的反应，也就是说，如果你的爱作为爱没有引起对方对你的爱，如果你作为爱者用自己的生命表现没有使自己成为被爱者，那么你的爱就是无力的，而这种爱就是不幸。"[①]

两性世界

人，不能割裂男女两性在社会中的生存与发展。男人重要，女人

---

① 〔德〕马克思：《1844年经济学哲学手稿》，中共中央马克思恩格斯列宁斯大林著作编译局编译，人民出版社1983年版，第108~109页。

更重要。中国著名诗人冰心先生说得真切:"世界上如果没有女人,这世界至少要失去十分之五的真,十分之六的善,十分之七的美。"[1]

在现代社会中,男人和女人无时无刻不交织在一起。所以,面对两性世界,人们应该学会和懂得两性交往的种种原则和技巧。这就是说,一方面,人们不应将两性关系仅限于爱的领域;另一方面,追逐两性之爱,并不是人类生命发展的唯一目的。我们需要爱,更需要在两性交往中完善生命的价值。

生命两极的客观存在,必然使男女双方处于相互对立又相互联系的生命状态之中。作为一种生命事实,没有一个生理、心理正常的男性不愿意走出自己的世界,没有女性的世界,不成其为一个完满的世界;不能进入女性世界的男性,是生活苍白、枯燥且灵魂乏味的。相应地,从身心本能与基本动因来讲,也没有一个女性不愿意开辟男性的世界。

正是由于现代社会的文明和自由,男女之间,已打破了过去几千年来的固有模式。而由于性别的差异,其在生理、心理感应上也大相径庭,表现在思想认识、情感态度上也是大不相同。

1. 男性之美

为此,两性之间便各自存在内在的对异性可接受的评判标准和尺度。对于男性而言,应把握以下几个方面:

一是,雅致而又整洁。这样的男性总会令人赏心悦目,从而乐意与其结交。一个男性如想在女性的世界中保持自己的吸引力,他就必须注意在自己外在的修饰打扮,给人以清爽、典雅的感受。

二是,刚劲而又壮美。男性之美是一种雄壮之美,男性是通过力量来表现刚劲的。在两性之间,充分展现刚劲之力与雄壮之美的男性,往往令人更愿意与之结识交往。

---

[1] 引自阎钢:《交际美学》,四川大学出版社1996年版,第259页。

三是，自信而不轻狂。坚定的自信心，不仅是一种气质，同时也能给人带来生命的力量。当然，自信并不是一种轻狂，并不是人前的虚张声势。轻浮而狂妄的男性，不仅会使他人丧失对他的信心，而且会引起他人的反感。

四是，潇洒而不粗俗。潇洒是一种风度美，对于拘谨的男性，总让人有一种可怜兮兮的感觉。潇洒是为女性所欣赏的男性魅力。潇洒不是粗俗，不是毫无顾忌。故作姿态，举止随意，实在令人不齿。

五是，毅力坚韧而又意志刚强。懦弱不是男性的品质，退缩也不是男性的德性。男性天生就应该毅力坚韧、意志刚强，不论人生遭遇如何，都能一往直前、奋勇拼搏。这也是男性性格特质的源泉和内在力量。

六是，思想深邃而又善于表达。对于思想浅薄的男性，现代女性往往不屑一顾，而思想深邃不能只停留于一种自我感受，而要在日常的交往中自然地表现出来。它不是装腔作势和故弄玄虚，而应是自然的，与日常交际生活中的言谈融为一体，让人在平凡的往来中不知不觉地、潜移默化地感受到。

七是，感情真挚而坦诚无欺。在与女性交往的过程中，感情真挚的男性常常使对方感觉可靠，并为之由衷地动容，而虚情假意之人最易令人心生厌倦。

八是，胸襟开阔而又慷慨大度。男性的胸襟要开阔，要容得下高山大川。落落大方，慷慨大度，拿得起、放得下，这是男性的胸怀、男性的气质、男性的风度、男性的美德。

2. 女性之美

而男女之间，倍受尊重与认可的女性，多有以下特质：

其一，温文尔雅。温柔、文静、雅致，这应是女性最具特色的美感特征。温文尔雅是从一颗平和美丽的心灵里潺潺流淌出来的细流，也是一种以柔克刚的力量，一个明智的女性，一定善解人意，富有宽容之心，可以理解人的种种苦衷和无奈，并以温柔和智慧化解。

其二，大方而爽朗。没有朝气的生活是可怕的，女性的大方爽朗往往给人以极度的精神慰藉。如若过分忸怩，则常常会使人感到尴尬窘困、手足无措、下不了台，一旦遇到大方爽朗的女性，则一切都是那么亲切和自然。

其三，高贵而秀美。穿金戴银并不一定就能赢得美妙的形象，过于的装扮往往给人带来一股"铜臭"味，显得俗不可耐。女性的高贵更多地在于人格的崇高和知识的修养，在于人生的境界和思想的纯正。女性的高贵不是人为的高高在上和言行的装腔作势，女性的高贵是一种脱俗，一种出淤泥而不染的净化的人格美，是一种无以伦比的秀丽之美，从而绽放出一种女性独特的美感韵味。

其四，素朴而自然。雍容华贵，刻意雕琢，并不是男性所需要的女性之美。只有素朴而自然，天然去雕饰，才能深深地激起人最真切的审美情感。素朴而自然，就是要保持女性天生的自然丽姿，保持女性独特的自然美形态。素朴就是一种纯真，自然就是一种原汁原味。

其五，情长而意浓。现代生活，到处充满着商品气息，功利原则充斥着社会的方方面面，商品竞争的残酷、金钱交换的冷漠，使人更需要情的交流、意的依恋。女性最具有美感与生命力的特质，就是其所展现出的那种情长而意浓的关照和依恋。

之，在今天两性之间的关系并不取决于男性的意志，因此，人们就不得不思考和把握男女之间相互各异的接受标准和尺度，以利于自身的完善和人生的充实与丰富。也只有这样才能使两性世界更加和谐与完美。

第七章

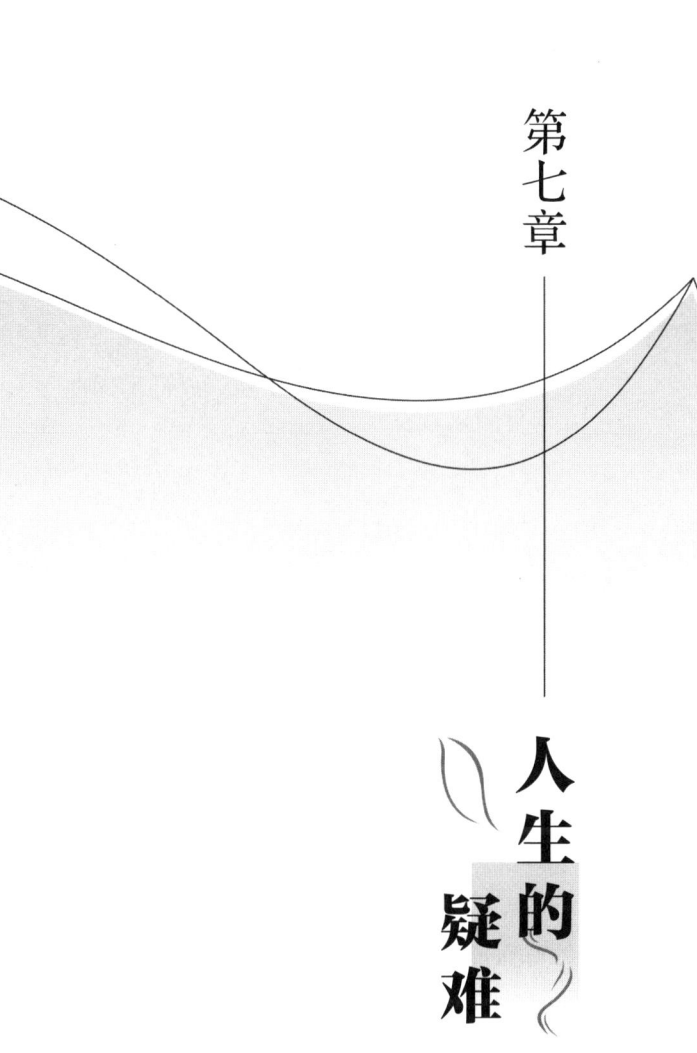

人生的疑难

人的一生中有诸多磨难，人越有意识、越具理智地求生存，人生就越显得迂回曲折、疑虑重重。人的生命形式越高级，人生的问题也就更显突出。

人生与自由

自由是人生永恒的难题。当有主观意识的个体生命日渐成熟之时，自由便成为人们向往和追逐的目的。人人都想最大限度地根据主观意愿做决断，不受任何约束地生存和发展自己。自由，可以说是生命的实质所在，是生命的最终目标，人类努力地发展和完善一切，也无非是希望在强大的自然的必然王国中，赢得更多更广阔的自由空间。

因此，没有人不在人生中思考自由。实际上，人类也正是在不断地思考自由、争取自由的生命实践中发展和日渐完善起来的。换言之，人类的每一次进步都是趋向自由的，个体生命的实践活动便是导向自由的有效途径。

1. 生命的本能

应当说，追逐自由是每个人的生命本能属性，无论以什么样的生命形式存在，人总想无拘无束地生存和发展自己，不愿意受到任何来自外界的制约和束缚，而总想按照自己的意愿自行其是。

从纯粹抽象理论来看，人类总想摆脱自然界的限制而无限地发展和延伸着自身的生命领域，期望着自由自在地驾驭自然界，不受到任何的威胁、恐吓和灾难。人想做什么，就能做什么，而且就能做到什么。同时，作为个体，人不仅期望不受自然界的制约，还企图不受社会和他人的束缚，无所顾忌地发展自己的生命。无论我们怎样掩饰，这始终是人的生命事实。

仅从这一生命事实来看，人对自由的期盼，作为一种生命本能，根源于人类的先天不足与自然界的强悍，以及个人的弱小与社会的强大的矛盾状态之中。正是自然界的压迫和制约，才迫使人类不得不采取一切实践手段和途径来保障生命存在的自由性，开拓生命延伸的自由领域；也正是社会的限制和束缚，个人不得不追求生命的自由度，不得不在生命的进程中努力争取一切自由的权力，以使生命得以有价值的发展。

事实上，人类生命的每一次进步，都可看成人类自由本能的一次充分显示。我们知道，人类是被自然界强迫生存着的，应该说，没有自然界的强迫，也就没有人对生命自由存在的渴望。与自然界其他生物相比，人的一个最大的本质差别在于，能自觉地意识到人与自然界之间的区别，能自觉地知道自然界的强迫性，和人必须生存下去的迫切性。一句话，人具有主观意识性，能摆正人与自然的关系，能在强迫性中确立自己的主动性，在受制约中确立自己的主体地位，并保持独立性。人类明白，只有对自然界保持一种进攻的姿态，并将其作为征服的对象，才会尽可能地挣脱自然界的束缚，减轻自然界的强迫性，使人类既发展着类的整体，又完善着类的个体。实际上，人类力图在自然界中确立自身，将自然界作为征服对象时，人类就正是在极力显示自己的自由本能。

作为生命本能，自由并不是人类的一般生命事实，自由本质上不是抽象的，自由是每一个具体生命的本能。我们说，当人类面向自然界争取类的自由时，人已经在自己所组织形成起来的社会关系中争取着个体的自由。这是因为，个体生命的自由是人类历史的开端和终结，类的自由是以完善个体的自由为其目的的。当然，迄今为止的人类生命史表明，人的类自由的追逐和实现往往是不以个人的主观意志为转移的，并且时时制约着个体的自由发展。但是，应该看到，人的类自由的每一次实现都更趋近于个体自由的完善。同时，个人在面对社会时，也并不是纯粹被动的生命实体，他也总是在最大限度地表现着与他人、社会的制约抗争，渴望着自我生存的最大自由。

因此，如果人类丧失了类的主体自由性，那么，也就意味着人类将在无情的大自然面前遭到彻底的失败乃至泯灭。同样，一个丧失了个体主体自由性的人，一个不能分辨自我与类的自由关系的人，一个无法在社会面前保持人格自由的人，是很难判定为生命完善的。人类的生命进程表明，只有当个体生命不是作为一个平均数，而是作为一个独立的存在而得到充分自由的发展时，人的整体生命才能在对外在自然界的征服中强劲有力，才能充分体现人类整体生命的自由性质。相反，当人的类自由不为个体生命的自由发展和完善创造有利的条件，而是一味地只考虑类生存状态而压抑个体生命自由时，社会的力量就必然日益削弱，人的类自由也必将丧失。换言之，当个体生命自由受到人为的扼杀时，人的类自由必然遭遇噩运。因此，人的类自由只有落实到每个人的个体生命的自由上，才能产生无穷无尽的力量和希望，人类才能呈现多层次、多色调、多声部的生命存在形式，世界才能充满勃勃生机。

自由是来自生命本能的渴望。一个人抛弃了自由，便贬低了自己的存在，"不自由，勿宁死"，这便是人的生命的呐喊。然而，自由是什么？怎样理解？英国哲学家洛克（1632—1704）说："一个人如果有一种能力，可以按照自己心理的选择和指导，思考或不思考，行动或不行动，那么他便可以说是自由的。如果一个动作的进行与停顿不是平均地在一个人的能力之内，如果人心理的选择和指导不能决定行动的静止，那么这个行动即使是自愿的，也并不是自由的。因此，所谓自由观念就是，一个主体有能力按照自己心理的决定或思考，决定某一特殊行动的实现或停顿与否。这里，行动的实现或停顿都必须在主体的能力范围内，如果不是在其能力范围之内，如果不是按其意愿产生，则他便不自由，而是受到了必然的束缚。因此，离开思想、意欲、意志就无所谓自由。"①

在此，洛克把人的自由解释为人的思想、意志的抉择功能，自由就是人们能根据心理的决断，选择做什么或不能做什么。应该承认，洛克在此强调了自由的理性方面，人们确实应该有权力决定自己的生命行为，人们有权力做出生命的判断。然而，自由更重要的应在于人的生命的实践形式，在于这一生命实践形式的无障碍性、无伤害性，在于人对其生命自控的程度。

这表现在认识论上，自由是对必然的认识。正如恩格斯在《反杜林论》一书中所说："自由是在于根据对自然界的必然性的认识来支配我们自己和外部自然界；因此它必然是历史发展的产物，最初的从动物界分离出来的人，在一切本质方面是和动物本身一样不自由的；但是文化上的每一个进步，都是迈向自由的一步。"② 因此，自由作为人的生命本能，它是人类历史和文化的产物，人需要从思想、意志方面根据自己的愿意抉择自己的行为而不受束缚，但人更需要摆脱自然的控制，给生命形式以更宽广的空间和活动余地。

当然，自由并不是人主观想象出来的，自由也不是一种理论的符号，自由是现实的，它产生于对必然的认识之中，而且必须是正确的认识，是感觉得到的。为此，洛克有一个很妙的说法："如果一个人只是自由地做蠢事，使自己蒙羞受苦，那么怎么配用自由这个字眼呢？脱离了理性的引导，不受考察和判断的限制而使自己进行并去实践最糟糕的选择，如果这也是自由，是真正的自由，那么疯子和愚人都可以说是世上最自由的人。但我认为，没有会为了这种自由去甘愿

---

① 〔英〕洛克：《人类理解论》第二卷，引自《人生哲学宝库》，中国广播电视出版社1992年版，第223页。
② 《马克思恩格斯选集》第三卷，中共中央马克思恩格斯列宁斯大林著作编译局编译，人民出版社1972年版，第154页。

做疯子，除去确实疯了的人。"①

2. 相对的自由

自由作为人的本能之一，是应该给予确定的，自由应该是人类的生存权力，无论是在理论与实践上，人都不可能抛弃自由。一个人抛弃了自由，便贬低了自己的存在，这一点是绝对的。正如卢梭所说："放弃自己的自由，就是放弃自己做人的资格，就是放弃人类的权利，甚至就是放弃自己的义务。对于一个放弃了一切的人，是无法加以任何补偿的。这样一种弃权是不合人性的；而且取消了自己意志的一切自由，也就是取消了自己行为的一切道德性。"②

人生当然要解决自由问题，人总想在其生命的实践中实现自己的自由本能。在理论上，自由具有绝对的肯定性，一方面，我们不能否认自由的客观存在性；另一方面，我们同样不能否认人追逐自由的权利。但是，在生命的发展过程中，即在人生的实践领域，人生自由的实际体现却是有条件的、相对的。也就是说，从实践上看，人的自由只是一个相对的范畴，世界上从来没有，也不会有超然的个人自由。在这一点上，卢梭是明智的。他说："人是生而自由的，但却无往不在枷锁之中。自以为是其他一切的主人的人，反而比其他一切更是奴隶。"③

所以，不能把自由在理论上的绝对性，任意地运用到生命的实践过程之中。因为，在生命的实践过程之中，在具体的生命形式上，人无论如何也不可能实现理论上所体验的那种"自由"。人总是受约束的。歌德有句名言值得一品："一个人只要宣称自己是自由的，就会同时感到他是受约束的。如果他敢于宣称自己是受约束的，他就会感

---

① 〔英〕洛克：《人类理解论》第二卷，引自《人生哲学宝库》，中国广播电视出版社1992年版，第222页。
② 〔法〕卢梭：《社会契约论》，何兆武译，商务印书馆1980年版，第16页。
③ 〔法〕卢梭：《社会契约论》，何兆武译，商务印书馆1980年版，第8页。

到自己是自由的。"① 自由，没有绝对的实践形式；自由，一定只是相对的存在状态。我们应该知道：在人类历史发展的任何一个时期，在生命实践的任何活动中，人总是处在一定的社会关系中的现实的人。这样的人不是抽象的，而是具体的；不是超然的，而是实在的；不是超越于一切事物之上的，而是融汇在一定的国家、民族、阶级之中的。因此，这样的人不可能不受到某种特定的社会经济、政治、法律、道德、宗教、哲学、文化、习俗等关系的制约，所以，在这样的人的思想、意识、观念中，乃至于在其生命存在的实践形式和实践途径、方法、手段，以及预期目的上，都不同程度地带有特定社会关系的烙印，具有他人的倾向性。这是无法否认的生命事实，承认这一生命事实，本身就意味着：个人，没有生而自由的生命实践形式，也不存在随心所欲的自由发展。黑格尔说："当我们听说，自由就是指可以为所欲为，我们只能把这种看法认为完全缺乏思想教养，它对于什么是绝对自由的意志、法、伦理等等，毫无所知。"②

人生就是这样充满矛盾，一方面生命总想无拘无束地发展，一方面生命又只能在受限制中去寻找自由，这种由理性与实践构成的人生疑难，确实是使人感到费解而深觉苦恼的。尤其对个体生命而言，自由的相对性更为明显、突出和不可否认。马克思说得明白："个人是社会的存在物。""因此，人作为对象性的，感性的存在物，是一个受动的存在物。"③ 人类发展史证明，个人一开始便是他人的产物，受社会的制约。一个人的发展总是取决于直接和间接地同自己发生交往关系的其他一切人的发展。并且，彼此发生关系的个人的世世代代是相互联系的，后代的肉体的存在是由他们前代决定的，后代继承着前代积累起来的生产力和交往形式，决定了他们这一代人的相互关系，也就决定了作为个体的人，无论怎样，总是与他人、社会相联系，并受

---

① 〔德〕歌德：《歌德的格言和感想集》，程代熙等译，中国社会科学出版社1982年版，第49页。
② 〔德〕黑格尔：《法哲学原理》，范扬等译，商务印书馆1979年版，第27页。
③ 〔德〕马克思：《1844年经济学哲学手稿》，中共中央马克思恩格斯列宁斯大林著作编译局编译，人民出版社1983年版，第76页。

他人、社会所制约的。因此,一个人在自己特定的生命发展阶段中,无论怎样"自由自在"地发展,都不能脱离他所在的那条历史轨迹,以及他所赖以生存的现实社会状况。应该说,人生的自由一开始就是被限定和受制约着的。

当然,人作为自然界的最高产物和特殊组成部分,自然具有与其他生物相区别的最本质的属性,如人有着自觉能动的创造能力,人有着深邃认识自然规律的思想意识能力等等,看似具有独享"自由"的一切手段和条件。但是,作为一种自然生命体而存在的人,与其他生物一样,首先要求得生存,要满足吃穿住行的自然本能需要。由此,当人将自然界作为满足自己生存需要的索取对象时,人便将自己置于受大自然的制约之下,而自然界绝不会由于人与其他生物不同便恩赐于人类。在自然界面前,一切生物都是平等的。相对于自然界的无限领域,人的自由必然是极其有限的,人必须通过自身能动的创造力,自觉地、积极地和努力地认识、改造着大自然,以取得相对自由的生存状态。同时,人在自然界中也并不是可以为所欲为的,人要取得生存的相对自由,还必须谨慎地对待自然界,有意识、有计划、有秩序地改造自然界以满足人的需要,还必须谨防肆意地破坏自然界,而导致人类的生存灾难和生存自由的毁灭。

对个体生命而言,一旦涉及求生存,就注定不能随心所欲生而自由。随着个人意识的成熟,人在内心深处渴望自由,但是,个人确实是不自由。人是天生的弱者,他不具备先天性的自我生存能力,在这方面人类低于许多生物体。一头非洲小角马生下来五分钟就能跟随母亲奔跑、求食,而人必须在三百多天后才能勉强直立行走,大约十五六年后才能逐渐脱离家庭、进入社会开始自求生存。个人的生命自由不具先天的性质,它是个体生命在后天参与人类社会实践的结果,是人类劳动的产物。众所周知,人类的劳动一开始就不是单个人的随意活动,而是在一定的社会形式下进行的有计划、有目的、有组织的创造性活动。个人的生存受到大自然的威胁,要获得自由就必然要受到人类劳动形式的制约,因为,个人只有在由人类组成的劳动中才感到安全、充实与满足，人类的劳动形式制约着个人的随心所欲，但同时劳动又使人从自然界中获得自由，劳动创造了人本身。这就是生命历史的辩证法。

个人受着客观自然界和人类社会自身关系的限制，这便意味着所谓人的自由无非是一个相对范畴。一方面，作为一种形式存在的生命自由，相对于对自然界的认识、改造的深度，以及一定社会经济、政治、阶级形式而言的。也就是说，一个人的生存活动形式离自然的状态愈远和愈具有人的主动性，不是更多地按照自然的状态，而是按照人的主观意志展开的，同时，这种人的生存活动形式不是以该社会的经济、政治、阶级形式作为相抗衡的敌对状态存在，而是从总趋势上适应客观现实形式的发展的，那么，这种个人生存的形式，在感觉上就是自由的；一方面，作为一种意志存在的生命自由，是相对于自然界及其规律性，是相对于一定社会关系及其发展状况和必然规律性的认识而言的。正如恩格斯所说："自由不在于幻想中摆脱自然规律而独立，而在于认识这些规律，从而能够有计划地使自然规律为一定的目的服务。这无论对外部自然界的规律，或对支配人本身的肉体存在和精神存在的规律来说，都是一样的。这两类规律，我们最多只能在观念中而不能在现实中把它们互相分开。因此，意志自由只是借助于对事物的认识来作出决定的那种能力。因此，人对一定问题的判断愈是自由，这个判断的内容所具有的必然性就愈大。"[①]

所以，自由不是一个抽象的范畴，它是建立在一定的社会形式之中的，是确定在对一定的客观自然界、社会发展状况的必然规律性认识基础之上的。因此，世界上，可说从人类社会始创以来，没有也不会有绝对的生命自由。自由，总是相对的。尽管，人们无时不渴望着自由，但我们却不得不赋予自由以明智而冷静的认识，在此，不容许任何形式的任性。

---

① 《马克思恩格斯选集》第三卷，中共中央马克思恩格斯列宁斯大林著作编译局编译，人民出版社1972年版，第153~154页。

3. 自由之路

人的自由一开始就受着自然的和社会的客观必然性的支配和制约，因此，人的生命自由的发展必然是建立在认识、改造自然和社会的人类实践过程中的。正如泰戈尔在《人生的亲证》中形象地比喻道："当人类砍倒了腐朽的丛林，使它开辟为自己的田园时，他这样安排正是使美从丑陋的环境中解放出来，变为自己灵魂的美，不给予这种外部的自由，他就不可能获得内心的自由。当他将法则和秩序贯彻到起伏多变的社会中时，他就将善从恶性的障碍中解放出来，变为自己灵魂的善，没有这样的外部自由就不可能找到内在的自由。这样，人类以他的力、他的美、他的善，他的真正的灵魂不断地诉诸行动，以求得自由。这样做他才能取得更大的成就，也才能看清自己是比较伟大的，自己认识的范围才变得广阔。"[1]

在此基础上，我们来谈人的生命自由的发展之路。可以断言，自由并不是一种仅存在于人心灵之中的美好的主观愿望，即完全的主观意志自由。自由应该体现为一种现实的生命存在形式，是可感知的，自由有其自身特定的实现轨迹和道路。鉴于自由体现的实践性，生命形式是否自由，不能以个人的主观意向和好恶来判断。自由，并不是随心所欲。不受任何限制的极端自由是不存在的。正如英国哲学家博克所说："极端的自由（指理论上尽善尽美的自由，而非现实中有缺陷的自由）在任何地方都是得不到的，也是不应当企求能在什么地方得到的。"[2] 因此，这里必然存在着一种客观的价值尺度和评判标准。

换言之，一个人的生命形式是否是事实上的自由，不是以个人自身的感觉、确认和说了算，而是以社会、他人的客观需要程度来确定的。这也就是说，在现实生活中，自由意味着责任。仅此一点，法国存在主义哲学家萨特（1905—1980）也不得不承认："人，由于命定

---

[1] 引自《人生哲学宝库》，中国广播电视出版社1992年版，第218页。
[2] 引自《人生哲学宝库》，中国广播电视出版社1992年版，第232页。

是自由，把整个世界的重量担在肩上：他对作为存在方式的世界和他本身是有责任的。"① 这就意味着，一个人在自己的生命发展过程中，越表现出自己生命的自由性，就越必须承担起对社会的责任；他就越必须将个人的生存方式制约于这样一个限度内：即必须不使自己有碍于他人；他就必须为社会、他人所需要，被社会、他人所认肯和赞颂。一个无论何时都被社会、他人所需要、赞颂的人，其生命存在形式及其感觉状态就是最自由的人。因此，人生命自由之路的基点，只能是一种不断展示自己社会价值效益的客观实践过程。

在此，我们反对那种毫不顾及社会、他人利益，只顾自己生存需要的个人自由。事实上，这种个人自由是难确立的，即使确立，也是以生命作赌注，以生命来冒险。法国启蒙思想家孟德斯鸠说："在一个国家里，也就是说在一个有法律的社会中，自由只能在于能够去做应当想做的事，而不被迫去做不应当想做的事……自由就是做一切法律许可的事的权利。如果，一个公民能够做法律禁止的事，那就不再有自由了，因为别的人也同样可以有这种权力。"②

很显然，在人们共同生活的社会关系中，在每一个人的生命自由发展圈子里，如果，人们时时处处思考的都是自己的利益，当人人都为自己的生存欲望肆无忌惮地争夺时，实际上，每一个人的生命自由都无从保障，因为，他们的每一份私人利益，甚至生命都处在被人掠夺、强占的境地。因此，仅从个人的角度去思考和发展生命的自由，并赋予这种自由以私人的意义，只能是一种自欺欺人的虚幻存在。生命自由不是一大堆贪婪的个人欲望，一个绝对自私自利的人、一个十足的利己主义者是不可能真正实现生命的自由的。

今天，人类的生命形式较之于千百年前，由于人们对自然界和社会生活的认识和改造日渐深入、完善，自由程度已大大加强，但是，

---

① 〔法〕萨特：《存在与虚无》，引自《人生哲学宝库》，中国广播电视出版社1992年版，第239页。
② 〔法〕孟德斯鸠：《论法的精神》，引自《人生哲学宝库》，中国广播电视出版社1992年版，第225页。

无论生活在哪一种社会形式或状态中的人,都没有进入在物质、精神、文化需要上取之不尽、用之不竭的必然的自由王国。人们生命存在的形式或状态不可能具有不受任何束缚限制、随心所欲的自由性质,人们还必须相互地依赖着、需要着,由此而还必须相互地制约着、被支配着。今天,人的生命自由的发展仍然是一个历史的范畴,生命自由的程度仍然是一个历史的相对概念。自由是比较出来的,面对人类生命的昨天,我们应该是满足的。当然,向往着人类生命的明天,我们或许还有许多的失落和惆怅。但是,我们坚信,人类的每一次跃进,都显示着其中的每一个个体生命向必然的自由王国迈进了一步。人的生命总是充满希望的。今天的相对不自由也就是为了人类明天的绝对自由;今天个体生命的受制约也就是为了他所生活在其中的那个整体人类生命的自由。自由之路是如此的实在、具体,自由不是抽象的泛论和虚幻的乌托邦。

  归根到底,自由之所以重要,是因为它是发挥个人潜力和促进社会发展的条件。没有光明,人就会死亡。没有自由,光明就会暗淡,黑暗就会笼罩大地。没有自由,古老的真理就会腐朽不堪,以至于成为外界权威的单纯命令。没有自由,新真理的寻求和人类得以更安全更舒适地阔步其中的新的大道的开辟就会停止。使个人获得生命的自由,是社会向更人类更高尚的目标发展的根本保障。所以,美国近代著名哲学家杜威(1859—1952)说:"因此,自由是永恒的目标,必须永远为自由而斗争,并重新去获得自由。自由不会自动地永久地自己维持下去,如果人们不继续做出新努力来战胜新的敌人以重新获得它,它就会沦丧。"[①] 从积极的意义上来理解,杜威表达的自由之路的意思是有启迪作用的。自由是一个永无止境的认识过程和发展状态,人们绝不能固守已成的生命自由形式。当社会在前进,人类在进步,自然界在发生变化,如果人们不在自己的生命实践中深化对自然界和社会关系的认识,不做出新的努力,那么,相对自由的生命形式就有

[①] 引自《人生哲学宝库》,中国广播电视出版社1992年版,第237页。

可能陷入新的不自由，人的生命就会自封、僵化、呆板，直至死亡。

当然，每个向往生命自由的人，必须靠自己实现自由，自由不会像一种奇异的礼物从天而降，掉在任何人怀里。生命是自由，也是约束。懂得生命价值所在的人，就懂得自由的真谛，反之，抛弃生命价值所在的人，就只有生命的约束。因此，当个人还不能脱离社会、他人，去获得对必然的自由王国的认识而赢得完全的生命自由时，我们坚信，在这样的历史状态下，一个人生命自由的获取之路，只存在于社会、集体和他人之中。

马克思和恩格斯为此写道："个人力量（关系）由于分工转化为物的力量这一现象，不能靠从头脑里抛开关于这一现象的一般观念的办法来消灭，而只能靠个人重新驾驭这些物的力量并消灭分工的办法来消灭。没有集体，这是不可能实现的，只有在集体中，个人才能获得全面发展其才能的手段，也就是说，只有在集体中才可能有个人自由。在过去的种种冒充的集体中，如在国家等等中，个人自由只是对那些在统治阶级范围内发展的个人来说是存在的，他们之所以有个人自由，只是因为他们是这一阶级的个人。从前各个个人所结成的那种虚构的集体，总是作为某种独立的东西而使自己与各个个人对立起来；由于这种集体是一个阶级反对另一个阶级的联合，因此对于被支配的阶级说来，它不仅是完全虚幻的集体，而且是新的桎梏。在真实的集体的条件下，各个个人在自己的联合中并通过这种联合获得自由。"[①]

马克思、恩格斯在一百多年前的论述，在今天的社会仍然具有实际的人生指导作用。尽管，现在的社会、集体并没有像马、恩所设想的那么完善，也并不尽然反映出每个个人的意识和思想。但是，人们必须依赖于社会与集体，它毕竟是当前人们生存的现实保障，且随着文明的进步，它总是比以前的社会、集体更具有真实性，虽然不完善，但却是真实的。因此，我们应正确地摆正个人与社会、与集体、

[①]《马克思恩格斯选集》第一卷，中共中央马克思恩格斯列宁斯大林著作编译局编译，人民出版社1972年版，第82页。

与他人的关系；正确地摆正个人的利益与社会、与集体、与他人利益之间的关系；正确地摆正个人的生命自由与整个社会、集体、他人生命自由的关系。一句话，生命的自由之路仅在于：在社会中生存，在集体中实现。

人生与规范

这是与自由相对而言的人生中最不易解的疑难问题之一。人按其生命意识的本能，是拒绝一切束缚的，对人而言是难容决定论的，即无条件地屈从于先人而存在的某种必然性，或者某种既定的生命轨迹。正如萨特用存在主义的思考方法所说的那样："假如存在确实是先于本质，那么，就无法用一个定型的现成的人性来说明人的行动，换言之，不容有决定论。人是自由的，人就是自由。"① 但是，人确实无处不在束缚和限制之中。当然，不可否认，人也确实可以有决定自己生命轨迹，即命运的自由，然而，这必须是有条件的，甚至是受制约的。一个真正懂得人生的人，就应该理性地来思考生命的规范性，摆正人生与规范的关系。

1. 受制约的人生

不可否认，人有生命自由的权利，人确实应该享有生命的自由。但是，无论我们怎样理解和实践人的生命自由性，在其内容与形式上生命总是受制约的。一方面，生命本身并不是人想成为什么样子就可

---

① 引自刘放桐主编：《现代西方哲学》，人民出版社1983年版，第564页。

以成为什么样子的,人们可以有条件地对生命本身加以改造,但并不能完全自由地改变生命的结构。人们可以通过后天的教养使生命发生某些质的根本性的变化,但教养本身就是一种有限的束缚和制约。因此,生命本身自有其内在的规律,及其发生、发展的必然性;另一方面,生命意识本身也是有限制的,它存在双重的制约:一是生命物质载体的制约。生命意识的优劣、高低,往往取决于生命质量的好坏程度,尤其是人类大脑的功能状态;一是对客观必然性的认识的制约。生命意识的自由是随着人们对客观必然性的认识的不断深化而展开的,由于客观必然性的无限性,人们的认识又总是逐渐趋进的,而人的生命意识的自由却永远只能是相对的。当然,人们有可以主宰自己的生命意识去认识或不认识客观必然性的主观臆断性,但这并不能称之为生命的自由。随意地放弃认识,只能更加重生命的不自由,使生命更加地受到制约与限制。执着地去加强认识,便可拓展生命的自由空间,但并不能否定其制约性的存在;第三方面,生命的实践进程更是被制约和规范着的,也就是说,人生并不是随心所欲的过场。生命是具体而实在的,人总是生存在特定的时间和空间之中的,人赖以生存的那个客观环境,总免不了要同他人交往、同他人发生关系,由此个人总是生活在由他人所决定的某种独特的经济、政治、法律、道德、宗教及其文化关系之中,人生是受制约的。

英国博物学家、进化论学者赫胥黎(1825—1895)以他独特的视角风趣地说:"有一个非常平凡而又基本的真理,那就是:我们每个人的生活、命运、幸福都有赖于我们对下棋比赛规则的了解。这种比赛已经进行了不知多少世纪了:我们中的男男女女都是参加比赛的双方中的一方。棋盘就是大千世界;棋子就是宇宙的各种现象;比赛的对手隐藏起来,我们看不见。我们只知道他下起棋来,遵守规则,光明磊落,而又耐心。但同时,我们还知道他绝不让错误滑过去,也绝不因你的无知而对你作任何让步。对棋艺高超的人,赌注再高,也照付,落落大方,乐于慷慨解囊,正像大力士乐于无保留地显示自己的力量一样。而棋艺低劣的人,就必然要给将死——他不慌不忙,但也不表示同情。"① 这就是赫胥黎的人生思想，人生自当有规则，正如下棋，必须规范在棋盘上，必须遵守规则，人生的对手是客观的自然界和社会现象。人如赢得自然、社会的认识，也就获得自由，否则就是失败，就是不自由。

理智地说，人生受制约并不是一件悲伤的事，人生的不幸不在于生命被束缚和被制约，而是在于对生命的无知，在于对生命欲望的肆意放纵。人生不得不受制约，个体生命力量弱小，只有被规范、制约到特定的生存状态中，人的生命才可能聚集、迸发出巨大的能量，与自然和社会抗衡，人才能争取到生命存在的自由空间。

我们说，个人确实最容易陷入"任性"的状态之中，仅凭生存本能欲望的驱使。有时仅仅为了个体生命存在的状态，而任其自然欲望的流动。人最易感受到的是肉体感官的痛苦，同时，人也最易享受到肉体感官的舒适，因此，人便最易产生非理性的情感冲动。当人类物质财富无法尽最大限度地保障每一个生命享用的自由性时，人如果在无制约状态，就会极度地贪婪、肆意地掠夺、无情地侵吞，从而使人的关系处在高度的敌对状态，人的生命无时无刻不处于危害之中。尤其是私有观念残存的情况下，人生无制约性便会使社会产生无序状态，混乱不堪。恰如德国哲学家叔本华（1788—1860）用悲观主义的笔调所描述的："人生一定是某种错误。""如果我们不去宏观地考察世界，尤其不去宏观地考察一代一代人在经过短促的儿戏式的生存之后就被迅速地连续不断地扫除干净了，如果我们不去宏观地考察世界而来微观地细察人生，比方喜剧里所表现的人生，那么瞧，人生何其滑稽！人生恰似透过显微镜所看到的一滴水。小小的一滴水里却挤满纤毛虫。或者，恰似一小点乳酪里挤满了人肉眼所看不到的小蛆。看着这种小蛆在那么小的空间里互相急急忙忙地拥来挤去，推推搡搡，我们忍不住要笑出声来！在这里，或者在短暂的人生里，如此可怕的

---

① 〔英〕赫胥黎：《文科教育》，引自《西方思想宝库》，中国广播电视出版社 1991 年版，第 34 页。

搏斗都会产生一种喜剧效果。"①

制约人生，就是要求人们对其人生有一种理性的态度。生命越高级，人类越文明，生命对制约性的理解也就越自觉。制约具有强制性，但是，强迫性的被制约，不是生命的退化，就是生命的悲凉。因此，生命越是自由地生存，就越是自觉地处于人生的制约之中。制约从形式上来讲，有时显得机械、教条、呆板和僵化，使人从情感上难以接受和亲近，甚至使人厌倦和反感。但是，生命的发生、发展从最根本的要素上来看，是不由情感所支配的，它更需要理性的武装。因此，要想使个体生命发生、发展，健全、完善，赢得一个适度自由的生存空间和领域，生命就必须自觉地而不是强迫地、理智地而不是盲目地接受人生的制约，并极其有效地规范人生。

2. 法律的规范

法律是人生最起码、最基本的规范。在现代社会中，法律越来越显示着它对生命的保障力量，换言之，现代社会不可能一天缺少法律，现代社会中的人的生命不可能不由法律来维系，来保障。当然，法律并不是只制约他人的规范，同时也是制约自己言行的力量。在法律面前，人人平等。今天，企图逃避法律的制约和规范，是生命的愚蠢。因此，人们在其生命实践进程中，思虑的不应是如何不受法律的制约，而是如何自觉地接受法律。卢梭说："仅只有嗜欲的冲动便是奴隶状态，而唯有服从人们自己为自己所规定的法律，才是自由。"②

法律作为一种生命的规范，可以说是冷峻的，但它确实具有善的功能。柏拉图说过："法律之制定，一方面是为了教育好人，要好人懂得如何和睦相处，另一方面也是为了强制坏人，因为坏人拒不接受

---

① 〔德〕叔本华：《存在的空虚》，引自《西方思想宝库》，中国广播电视出版社1991年版，第32页。
② 〔法〕卢梭：《社会契约论》，何兆武译，商务印书馆1980年版，第30页。

教育，秉性桀骜不驯，不受感化，不听劝阻，执意要犯罪。"① 这是不带有任何过激意识的最素朴的法律认识，卢梭却有着深一步的认识。他说："毫无疑问，存在着一种完全出自理性的普遍正义；但是要使这种正义能为我们所公认，它就必须是相互的。然而从人世来考察事物，则缺少了自然的制裁，正义的法则在人间就是虚幻的；当正直的人对一切人都遵守正义的法则，却没有人对他遵守时，正义的法则就只不过造成了坏人的幸福和正直的人的不幸罢了。因此，就需要有约定和法律来把权利与义务结合在一起，并使正义能符合于它的目的。"② 对此，恩格斯有着他自己的认识。他指出："在社会发展某个很早的阶段，产生了这样一种需要：把每天重复着的生产、分配和交换产品的行为用一个共同规则概括起来，设法使个人服从生产和交换的一般条件。这个规则首先表现为习惯，后来便成了法律。"③ 恩格斯在此是着重于人的经济利益关系的维系来揭示法律的渊源的。无论从正义，还是从经济利益来看法律，法律作为一种规范，总应该对人的生命发展是有益的。"法律乃是公意的行为。"④

因此，法律的规范，对人要有制约力，它就必须更具有普遍的行为善的意义，也就是说法律的内涵应更具有保障绝大多数人的生命权益的性质。法律本质上不是个人意志的表现和实施，它是通过国家制定或认可的，体现绝大多数人（包括统治阶级）的意志的，并由国家强制力保证其实施的行为规范的总和。一方面，法律需要国家来制定、认可和实施，这就必然带有这个国家的统治阶级的意志。法律在此借用国家的力量来强制规范人生，却也使法律异化为某个统治阶级的意志；另一方面，法律的规范要有实效，不仅在于某种法律推行手段的强劲有力，而且在于这种通过统治阶级意志表现出来的法律条

---

① 〔古希腊〕柏拉图：《法律》。引自《西方思想宝库》，中国广播电视出版社1991年版，第785页。
② 〔法〕卢梭：《社会契约论》，何兆武译，商务印书馆1980年版，第48~49页。
③ 《马克思恩格斯选集》第二卷，中共中央马克思恩格斯列宁斯大林著作编译局编译，人民出版社1972年版，第538~539页。
④ 〔法〕卢梭：《社会契约论》，何兆武译，商务印书馆1980年版，第51页。

文，是否更代表着、显示着绝大多数公众的生命意志及其利益需求。

所以，法律一经形成，绝不是某个人的意志和行为规范要求。卢梭说得好："法律既然结合了意志的普遍性与对象的普遍性，所以一个人，不论他是谁，擅自发号施令就绝不能成为法律；即使是主权者对于某个个别对象所发出的号令，也绝不能成为一条法律，而只能是一道命令；那不是主权的行为，而只是行政的行为。"① 正因为法律显示的是人们意志的普遍性，法律便具有普遍的规范性，法律制约着一切人。人生根本就不存在没有法律的自由，也不应存在任何高于法律之上的人。

人，不能超越历史而生存，人必须在生命的每一刻生活在特定的本土，即特定的国家之中。人作为具体国家的具体成员，就必须受法律的规范。人们只有通过法律的制约，才可享有和平与美德。正因如此，亚里士多德早在两千多年前就感叹道："实行法治，简直就等于实行神治、理智之治，但是，实行人治，简直就等于引进了一头野兽。欲望不啻为一头野兽，感情会把统治者的心引向邪路，即使统治者是最好的人，也不能例外。法律就是不受欲望影响的理智。"②

尽管，法律作为国家意志，体现着一定统治阶级意志的行为，但是，法律的作用并不是要捆住人的手脚，使人无法进行自由活动，而是要引导、支持人进行有益于自己，同时也有益于他人、社会的自由活动，却不至于因为无知、冲动、鲁莽、轻率而伤害自己，这就好比路旁的栅栏，不是要妨害行人，而是要行人沿着正路前进。所以，人们应该懂得法律的意义，应该自觉地去认识、了解、明确、遵守和服从法律，而不是被动地被法律强制性地规范和制约着。人生的悲剧和不幸不在于遵守法律的规范，而在于被法律强制性地制裁。

懂得人生，就该懂得法律；赢得自由，就该遵守法律。人生要有序地发展，在现代文明社会中，就应该具有鲜明的法律意识，学会用

---

① 〔法〕卢梭：《社会契约论》，何兆武译，商务印书馆1980年版，第51页。
② 〔古希腊〕亚里士多德：《政治学》，引自《西方思想宝库》，中国广播电视出版社1991年版，第784页。

法律武器来保护自己。这是时代发展的需要。在此，最明智的人生，一定不是在于怎样地逃避法律的规范，而是在于自觉地将生命置于法律的规范之中。

人类需要法律，不仅是千百年前有智慧的人认识到了这一点，在千百年后的今天，法律仍将是人类实践的生命武器。因此，无论个体生命如何"憎恶"约束和制约，都必须习惯于有法律规范的生活。亚里士多德说得中肯："若一直没有在正确的法律之下受到熏陶，要进行正确的德育培养，是困难的，因为要过有节制的、艰苦的生活，对大多数人，尤其是青年人来说，是不那么舒服的。因此，青年的培养与活动应该由法律规定下来，他们习惯了，也就不觉得痛苦了。但是，只在年轻时才受到正确的培养和管教，当然是很不够的。即使长大了，他们也还必须实践，并设法使自己习惯于法律。因此，一般说，我们一辈子都需要法律。"[1]

3. 道德的规范

在人的生命实践历程中，人除了外在的带有强制性的法律规范外，人还应该受到内在的自律，这就是道德的规范。

人类社会发展到今天，无论是一个国家、一个民族、一个阶级、一个集体，以及个体生命的有序生长，都须臾离不开道德规范的制约。这是千百年来人类生命实践证明的结果。先秦思想家管仲（？—前645）说："国有四维，一维绝则倾，二维绝则危，三维绝则覆，四维绝则灭。倾可正也，危可安也，覆可起也，灭不可复错也。何谓四维？一曰礼，二曰义，三曰廉，四曰耻。礼不逾节，义不自进，廉不蔽恶，耻不从枉。故不逾节则上位安，不自进则民无巧诈，不蔽恶则行自全，不从枉则邪事不生。"[2] 礼、义、廉、耻是道德的规范内

---

[1] 〔古希腊〕亚里士多德：《法律》，引自《西方思想宝库》，中国广播电视出版社1991年版，第783~784页。
[2] 《管子·牧民》。

涵，管子以他素朴的自然思想揭示了道德在安邦定国、治民护民中的重要作用。

同时代的孔子在教导学生为人的道理时，一样强调道德规范的作用。一次，孔子的学生子张就怎样做一个行为自如的人的问题请教孔子时，孔子毫不犹豫地说："能行五者于天下，就可以做到行为自如，身之泰然。"子张迫不及待地问是哪五者，孔子说："恭、宽、信、敏、惠。恭则不侮，宽则得众，信则人任焉，敏则有功，惠则足以使人。"① 可见，道德规范赋予人生的意义有多么的重要。

冯友兰先生在其著述《三松堂全集》中写道："一社会之分子，有君子小人之分。君子即是依照一社会所依照之理所规定之基本规律以行动者，其行动是道德底。小人即不依照此基本规律以行动者，其行动是不道德底。若一社会内所有之人，均不依照其社会所依照之理所规定之基本规律以行动，则此社会即不能存在。所以照旧说，对于一社会说，君子为其阳，为建设底成分；小人为其阴，为破坏底成分。如一社会之内，君子道长，小人道消，则此社会之依照其理，可达于最大底限度。如此，此社会即安定；此即所谓治。如一社会之内，小人道长，君子道消，则此社会即不能依照其理。如此，则此社会即不安定，或竟不能存在；此即所谓乱。"② 应该说，这是具有相当说服力的见解，人是做"君子"，还是做"小人"，取决于人是遵循还是违背道德的规范。

正如古阿拉伯格言说得好："有道德的人，即使没有金钱，还是有人敬重他；一只雄狮，虽然静坐不动，依然有人畏惧它；没有道德的富翁，虽然家资百万，依然免不了受人轻视；一只狗，虽然戴着金银首饰，决没有人敬重它。"③ 在此，道德对生命的意义，远远超过了它的规范性。如果说，法律对人生的规范具有神圣性的话，那么，道德对人生的规范便具有高尚性。遵守法律规范，只能使人成为一般意

---

① 《论语·阳货》。
② 引自《人生哲学宝库》，中国广播电视出版社 1992 年版，第 940 页。
③ 引自《人生哲学宝库》，中国广播电视出版社 1992 年版，第 941 页。

义上的生命存在，这种生命存在的形式仅能维系生命的基本运行，而难以使内涵得以丰富和完善。人们遵守法律带有机械和教条的性质，由于"他律"性很强，生命便显得被动和屈从、消极和无奈，人生的自由性显得溺弱，人生便闪现不出多少光点。遵循道德的规范，能使人成为特殊的生命存在，这种生命存在的形式具有较高的价值。由于道德"自律"性很强，它一般由人内在的良心驱使，因此，人们遵循道德便更多地带有自立性、自动性和自觉性，道德能使人的生命自由性显得强劲，人们在道德自律下所从事的行为选择，完全是生命自由抉择的结果。因此，道德行为本身便能将人的生命升华到一个至高的境界。

费尔巴哈说："道德不是别的，而只是人的真实的完全健康的本性。因为错误、恶德、罪过不是别的，而只是人性歪曲、不完整、与常规相矛盾，并且常常是人性的真正低能儿。真正有道德的人，不是根据义务、根据意志而有道德，而是根据本性就是道德的。虽然也借助于意志而成道德的，但意志不是根据，不是他的道德性的来源。"① 尽管费尔巴哈对道德的认识有他的局限性，但他把道德推崇为人的真实完全健康的本性，从道德规范的"自律"角度来看，是揭示了道德的实际性质的。因此，在人的生命进程中，只有道德和能具道德的人格才是有尊严的、高尚的、行为自由的。舍弃道德，也就舍弃了生命的自由。正如卢梭所说："我们还应该在社会状态的收益栏内再加上道德的自由，唯有道德的自由才使人类真正成为自己的主人。"②

我们强调道德的规范，愿望是想使人的生命更高级、更自在、更自由，人们或许可以不遵循道德的规范，只要他能被限制在法律之中，作为人也许就足够了。但是，这样的生命总显得过于被动，由于不是从内心授于制约，生命总感到不是滋味，人生未免过于悲伤和苍凉。生命形式的低级性总不是人永恒的追求。

---

① 〔德〕费尔巴哈：《幸福论》。引自《人生哲学宝库》，中国广播电视出版社1992年版，第953~954页。
② 〔法〕卢梭：《社会契约论》，何兆武译，商务印书馆1980年版，第30页。

当然，道德作为一种生命规范并不是人世中至高无上之物，但它却具有支配力，最有权向人们下达正确的命令。道德唯有在人世间存在，比人低级的动物没有道德，唯一维系它们生存的是生命纯自然的法则，它们不可能有意识地接受这一法则，它们只能是被动地接纳，受生命自然本能的制约。道德是人类有意识自律的结果，"道德乃是基于社会的生活条件而产生的行为规范。在群体内，为满足群体之需要，各分子的行动必受一定的制约，必须作为一定的行动，久之遂成为行为的规范，并被尊崇而具有普遍的约束力"[1]。道德是人类社会进程必然的产物，并非人们臆造出来的。人们应该受道德规范的制约。遗憾的是，在今天的现实生活中，真正明白道德真意，并真正遵循道德规范而生活的人不多，许多人只是不得已地被迫奉行着不完全的道德。从某种意义上来讲，人们不得不呼唤道德。人类生命史曾以血与火的事实告诫我们，人们相互间蔑视、嫉妒、怨恨，彼此因利益关系而缺乏共同协力生存的情感，人与人之间关系冷漠，各种纷争连续不断，人们互相欺骗、勒索、敲诈、伤害、毁灭、侵略。其间不是没有法律，而是缺乏道德。所以，人类需要道德。

应该说，道德是应人类需要、人生需要产生的，向那些茫然走在人生之路上的人告知以光明的坦途。遵循道德的人，会感到人生是认真严肃的，生命是高尚而自由的。只要人生中自觉遵循于道德，生命随时随地都会感到无制约和无限制。道德自律以一种无形的制约化解了生命有形的制约，于是生命可以最大限度地展示其生存的自由度。这就是道德的力量。

今天，也许有人轻视道德的力量，认为现在的世界即使有道德，在商品经济面前也是软弱无力的，不可否认有这样的可能性事实。由于道德不可能借助于国家机器，无法依赖于强权，无论在哪个时代，道德对于那些仅惧怕于强权、仅服从于暴力的人来说，永远都是无能为力的。尽管如此，人们要活得自由、活得高尚，生命若要具有值得

---

[1] 张岱平：《求真集》，引自《人生哲学宝库》，中国广播电视出版社1992年版，第940页。

称颂的价值，还是要借助于道德的力量，借助于道德对人生的塑造。

日本学者武者小路实笃在其《人生论》中说："想要把我们当动物般地奴役，可以使用暴力；想要诱惑性地支配我们，最有效的手段可能是金钱和美女，而如果要用理性的、提高人的价值的方法支配我们，唯有道德的力量，道德能告诉我们错误的根本所在，能使我们日渐变为纯粹的人。"又说："这种力量虽然看来微弱，但却是关键的、理性的、符合人情的力量。嗜好奴役他人的人，看不起道德的感化力。但是希望人类不断健全的人是不会这样看的。道德告诉人们正确的生活，道德并不抹杀人的性格，道德不是支配他人，而是支配自己。道德也不是专为制裁他人的，而是使人们自己管理自己。"[①]

因此，真正的道德规范是为完善人们的行为，为完善人们的生命而被接受的。因而，自觉地将其生命实践置于道德规范中的人，自然洋溢着一股涤荡心灵的力量，使心灵净化而赢得生命的高尚。

人生与审美

生命离不开美，从人类具有生命的意识开始，人们便在追寻着美，无论人类处在什么样的生命状态，是野蛮，是文明；是低级，是高级，没有人能将美与生命割裂。虽然，由于经济、文化、历史的局限，人们对美的观照、审视、规定有着千差万别的理性认识或实践体验，这一群人相对于那一群人，这一时代的人相对于那一时代的人，甚至这一个人相对于那一个人在审美的形式、方法、途径以及感受上是完全不同的，但是，我们却不得不承认，人们总是在追逐、创造着

---

① 引自《人生哲学宝库》，中国广播电视出版社1992年版，第945~946页。

美,在感知、体验着美。剥离掉我们自己的文化形式和审美体验,从人类一般的意义上来把握,不爱美的民族、群体,乃至个人是不存在的。生命与美相连。

1. 生命的张力

无论我们给人的生命自由度以什么样的理性解释,人的生命在其现实性上总是被规定、被制约、被束缚的,在此,只有量的差别,也就是说,在人类生命的实践体验性上,自由永远是相对的和有限的。这种生命自由的实践与人们内心对生命自由的期待形式之间,总存在着难以弥合的鸿沟,而人的内心又总想去填平这条鸿沟。人的生命自由的实践状态越不理想,人就越益激发起一种生命的潜在力量,总想完全地展现生命的自由性。无论在什么样的状态下,人的生命总是充满着无尽的张力,人总想永无止境地外延、倾泻和扩展着生命的自由力,以最大限度地将自己表现出来。

事实上,这太难为人自己了。换言之,这是不可能的,人在现实的生存环境中,无论如何也不可能彻底摆脱自己为生存和发展所建立、构造起来的社会关系网络。正如一只蚕不得不为了自己生命的延续,不断地吐出挣扎一生所积聚的丝一样,将其牢牢地缠住,然后在网的层层结构中生存、变化,最终以一种新的形式——蛾,而挣脱网络力求新的生存。人的悲剧在于,他不能蜕变为"蛾",也无法撕裂"蚕网",人无法越过社会关系去生存、去发展。当然,人也并不像蚕那样茫然、麻木、无所希求地在网络中自然地等待,人知道自己的终极变化,他自知、自明,并有目的地生存。于是,无论这种自造的社会关系网络具有怎样的有利于人的生命自由生存、发展的状态,人的心灵深处还是存在着一种莫名的冲创意志、一种难言的厌倦感,以及一种彷徨、徘徊、忐忑不安而又不甘自怜的心理情绪。人总想将自己的生命升华到无拘无束、无忧无虑的自由状态,人的欲望又总想丝毫不受到制约与限制地宣泄。当生命在其实践过程中无法通过法律、道德，也就是说，无法通过一切外在的制约、规范来完全实现自由形式时，生命潜意识的力量总驱使着人们去寻找和开辟另一条生命的途径，以满足生命自由实现的需要。这就是生命进程中的审美道路。

生命离不开美，生命离不开审美世界的观赏与创造，正是基于上述因素。美，能使人放松；美，能使紧绷着的生命之弦得以暂时的松弛；美，能让疲惫的生命之躯得以短暂的休憩；美，能在一刹那使人的生命得以自由的升华；美，能叫人在一定的时间、范围内忘记人世的纷争、骚扰和痛苦；美，总给人们带来欢乐、生机与活力。因此，寻求审美世界是人的生命张力的必然，我们没有理由怀疑无论何人对审美把握的真实性，也就是说，无论人的生命处于什么样的生存状态之中，只要对生命抱着希望、给予生命以积极而肯定的态度，他就总是在寻求着美，审视着美和感受着美，同时，他也会去创造美。美能赋予人生以慰人的光彩，审美世界能够给予生命自由以内在的补偿。

这是因为，对人生的审美把握能使个体生命自由度得到充分的展示，能使个体内心深处得到充分的安慰，以及使个体生命的深层欲望得到充分的发泄。在生命的进程中，美的观赏或创造相对于其他一切生命的活动形式，如政治、法律、道德、宗教以及商品经济活动等，更贴切和忠实于感性的个人，即更贴切和忠实于具体的、活生生的、丰富多彩的、具有不可预测深度的和无限可能性的个人及其深层的个人情感。这就是说，美更富于情感的因素，美没有更多的理性规定和社会的制约性，美激发和调动的是人的感官知觉，唤起的是人的激情，宣泄的是人的欲望。因此，在审美对象的观赏与创作中，人总是能最大限度地发挥个体感性的生命力和主体意识的显现力，并能自然流露出生命意识中的好恶情绪，不带一丝外在的强迫性，从而体现个体生命的自由度，实现每个个体的特殊，给个人的内心世界带来莫大的愉快与旨趣，以满足个体生命的自由愿望。

审美总是通过个体生命的内心世界来观照审美对象本身，所以，审美总是在个体生命的直接参与中，在个体生命的亲身情感体验里，使个体生命欲望得以升华，而使原本相对受压抑、受强制而感到难耐痛苦的心灵得到安慰、爱抚，获得暂时的平静，并使紧张的人生能获得一种自由的休歇，储备新的、更强的生命能量。因此，没有审美便没有完整的生命，当然，没有审美的人生便永远是真正悲凉和痛苦的人生。

尽管，在人类的整体世界中，审美世界及其意识难免不受到特定人类意识形态的影响和制约，必然带着时代的、民族的、阶级的理性色彩，但这种理性的影响和制约在审美的整个过程中，却是被分割、破碎地体现在每一个人的自我情感之中的。也就是说，审美过程吞并且同化了理性的世界，人们几乎感受到：审美更显为个人生命的事实。所以，我们说，只有在审美世界的观赏与创造中，人的个体感性生命才能在没有任何外在关系网络的规范、制约状态中走向生命的最佳境界，也就是说，人只靠个体生命意识的自由流动、外泄，借生命自由的、潜在的创造力就能造就出一个个全新的人生境界。只有在审美中，每个人的个性才能在无拘束状态中走向自我的审视，走向不可重复的生命的自由完成，审美世界便是一个充满着个体自由生命力的世界。

2. 美的认识

美作为生命张力的追寻途径，是人生自由缺陷的补偿，并不是我们给美冠以了多么美妙动听的词语，而是美作为一种生命存在的事实，它自身便存在着任何其他生命形式所不可替代的本质特征。

美应该说是相对于人的生命及生命意识的存在而言的，美是人的生命的专利。虽然，美的形式或形态确实客观地存在于外界事物之中，但是，没有人的感官直觉和人的情感意识，事物所固有的那种特定的形式或形态也是无法表现为"美"的。仅此一点，美总是赖以人而存在的。因此，许多著名的思想家无一不认为，美是人的生命力量的表现。如黑格尔所说："只有心灵才是真实的，只有心灵才涵盖一切，所以一切美只有在涉及这较高境界而且由这较高境界产生出来时，才真正是美的。"[1] 意大利当代美学家克罗齐（1866—1952）干脆说道："美不是物理的事实，它不属于事物，而属于人们活动，属于心灵的力量。"[2] 即使在哲学上坚持唯物主义思想的美学家们，也仍然指出美所展示的人的主观情感。如英国美学家柏克（1729—1797）说："我们所谓美，是指物体中能引起爱或类似情感的某一性质或某些性质。"[3] 18世纪法国著名哲学家狄德罗（1713—1784）也说："美就是本身有能力在我的悟性中唤醒关系概念的东西。""一切能在我们心里引起对关系的知觉的，就是美的。"[4]

当然，我们并不为此而否定美的客观性，但是，美的客观性不是纯客观，它是人们生命实践的结果，用现代人们对美的研究结果来表示：美就是人们自由能动地创造生活、改造世界的活动及其在现实中的实现或对象化。美只是那种肯定着人类自由创造的活动，肯定着人的目的、力量、智慧和才能的实现，并使人在其中能感到自由创造的喜悦、兴奋、愉快的那种生动形象。美，就是人类自由创造活动的生动体现。

美，首先不是一种主观臆造的虚幻形象，它是人们通过社会实践活动，把自己的本质力量，即人的自由创造性外化为一种感性形式的结果。美是一种感性具体的存在，它不是自然事物中某种与人无关的自然属性，也不是纯意识和精神的虚幻投影。从某种意义上讲，没有人的存在也就没有美，没有人对自己自由创造活动所体现出来的生动形象的感知也就没有美。

美不是自然生成的产物，它是人们通过自己的自由能动活动与自然界、社会生活共创的产儿。美通过人的自由创造，充分地展示着人的特性。人通过对自己特性的形象把握，由此而亢奋，由此而激动，

---

[1] 〔德〕黑格尔：《美学》第一卷，朱光潜译，商务印书馆1981年版，第3页。
[2] 引自阎钢：《交际美学》，四川大学出版社1996年版，第38页。
[3] 北京大学哲学系外国哲学教研室：《西方美学家论美和美感》，商务印书馆1980年版，第118页。
[4] 北京大学哲学系外国哲学教研室：《西方美学家论美和美感》，商务印书馆1980年版，第129页。

由此而愉快，由此而喜悦，美也就由此而孕育、形成和发展。马克思说："自由自觉的活动恰恰就是人的类的特性。"① 美正是由于它内含人类的自由创造活动，从根本上就显示出了人类的特性。人们通过美的形象感知，直观到人类的本质特性，直观到人的力量、人的智慧、人的才能，由此而使人直接体验到的，是人生命自由度的充分展示。

作为人的类特性，自由自觉的活动，即自由创造活动是人类借以生存的根本，是人类最珍贵的特性。人类正是在生命的实践中通过自由自觉的活动创造了物质财富和精神财富，满足了人类社会生活需要的衣食住行；人类通过自由创造推动了历史的发展，没有创造就没有人类的生命历史；人类自由自觉的活动是人生命本能的外化，使人充分感觉到生命状态的满足；人类在自由自觉的活动中体现了智慧、勇敢、灵巧、力量等品质；人类通过自由创造将"人的本质力量对象化"，将"自然人化"，也就是说，人类通过自由创造的结果使自己的思想、意识、观念和情感物化为审美欣赏的对象，同时，又使自然界具有人的特性、人的情感，使自然与人融为一体，从而使人在其中感到可亲、可爱，感到舒心、愉快。

美，离不开人类的自由创造活动，也就离不开人类的社会生活实践，离不开人类的生产劳动。马克思说："劳动创造了美。"② 就是从美产生的现实性上概括了美的形成根源。当然，人类通过劳动，使自己的特性、自己的本质力量——人的自由创造活动转化为生动具体的形象，并不是一种盲目的冲动，或是一种主观意念的自流，在其现实性上，人们是按照美的规律创造着自己的生动形象的。马克思曾经指出："动物只是按照它所属的那个物种的尺度和需要来进行塑造，而人则懂得按照任何物种的尺度来进行生产，并且随时随地都能用内在

---

① 〔德〕马克思：《1844年经济学哲学手稿》，中共中央马克思恩格斯列宁斯大林著作编译局编译，人民出版社1983年版，第50页。
② 〔德〕马克思：《1844年经济学哲学手稿》，中共中央马克思恩格斯列宁斯大林著作编译局编译，人民出版社1983年版，第19页。

固有的尺度来衡量对象。所以，人也按照美的规律来塑造物体。"① 这就是说，人能根据客观事物本身所具有的规律性和符合人自身需要的目的性来塑造自己的生动形象，即创造美，而动物则只能被限定在自己物种的范围内，根据本能造就自己需要的物体。所以，只有人才具有美的创造力，也只有人才享有美。因为，只有人才具有自由创造活动的特性，也只有人才能在现实中展现出自由自觉活动的这种特性。

美，作为人的自由创造活动的生动体现，不是抽象的理论，而是活生生的具体的实体。美，总有着感染人的形象性。一方面，美是形象的、具体的，是可以凭借欣赏者的感官直接感受得到的。无论什么样状态的美，自然的、生活的、还是艺术的美，都有着一种感性的具体形态，它们的内容都要通过由一定的声、色、形等物质材料所构成的外在形式或形态表现出来。正因如此，美赋予人的才不是理性的思考，而是感性的直观；一方面，美又必须具有强烈的感染力。美诉诸人的情感体验，凡是美的，一定要是以情感人、以形愉悦人的。正是因为感染性，美才使人们感到特别可亲、可爱。美应该包含一种可爱的、为人们所珍视的东西，才能引起人们爱慕、喜悦的心情；美才能使人暂时地忘掉人生的痛苦与烦恼；美才能使人趋于心灵的平缓和欲望的休歇。人们无私地爱着美，追寻美，欣赏美，犹如对待亲爱的人一般。人们面对美，就如同面对一面镜子，人可以从中看到自己生命的自由形象，看到丰富多彩的生命形式，人在美的感染下，能鼓起生活的信心和勇气。美凭借它的感染力，给人们以生命的力量，使人们热爱生活，并热衷于创造生活，使人生充满盎然生机和无限乐趣。

总之，人们应该清楚地看到，美是一种可爱的、具有精神、思想、情趣上无限感染力的生动形象。美是人自由创造活动的现实性形象展示，美的形象感染力就在于使人在情感、精神上得到生命的愉悦和自由的满足。

---

① 〔德〕马克思：《1844 年经济学哲学手稿》，中共中央马克思恩格斯列宁斯大林著作编译局编译，人民出版社 1983 年版，第 51 页。

3. 生命的美

生命是美的。人是自身生命意志通过实践造就的结果，在此没有第三者，也不容第三者。劳动创造了人本身，正说明人的生命中充分体现了人自由创造活动性，人是人的本质力量的产物，是人的自由自觉活动特性的凝聚。正如恩格斯所说："如果说动物不断地影响它周围的环境，那末，这是无意地发生的，而且对于动物本身来说是偶然的事情。但是人离开动物愈远，他们对自然界的作用就愈带有经过思考的、有计划的、向着一定的和事先知道的目标前进的特征。动物在消灭某一地方的植物时，并不明白它们是在干什么。人消灭植物，是为了在这块腾出来的土地上播种五谷，或者种植树木和葡萄，因为他们知道这样可以得到多倍的收获。"[①] 显而易见，人的生命之美，正在于他总是能展现人的自由自觉的创造性活动力量，总是这种力量的生动体现。

因此，人通过人自己生命的观照，无论在人的形式和内容上都会产生一种强烈的情绪振奋与感动，从而使人感到可亲、可爱、舒适、愉悦、赏心悦目、心旷神怡。生命无可置疑地拥有美的全部要素和表现形式。在此，我们肯定生命的美，旨在唤起人们对美的自觉。

生命的美更凝聚、更展示着人的自由创造活动，换句话说，正是因为人的自由创造活动才产生了生命的美。因此，当人们在现实生活中把握生命的美时，最关键和核心的问题便是要捕捉和体现生命的自由度。只有自由的生命才是美的生命，只有在生命自由的状态中，人才能最大限度地创造和完善生命本身。当然，自由的生命并不是随心所欲的，人的自由本身便潜含着人有计划、有目的的对必然的认识和改造。在此意义上，人的生命的美是一种动态的美、实践的美，而绝不仅仅是静态的、意识的美。人的生命所体现的创

---

① 《马克思恩格斯选集》第三卷，中共中央马克思恩格斯列宁斯大林著作编译局编译，人民出版社1972年版，第516页。

造性越强，人的生命便富有更强的美感魅力。所以说，生命的美，是人创造出来的。

也正是由于生命是人的产物，人们对自己生命的欣赏远比对自然中其他事物的美的欣赏要早。人们从来不吝啬对其生命美的追逐和创造。凡是能使人直观到人的自由创造活动——这一人的本质力量特征的任何生命形式，总是能引起人的美感共鸣的。因此，健康的、匀称的、充满活力的生命总使人直透出生命的自由、生命的创造性，让人激动与振奋，而病态的、失衡的、无生气的生命总使人联想到生命的死亡、生命的无奈和生命的不自主，让人悲伤与哀怨，前者是美，而后者却是丑了。

丑与美是相对立的。相对于美，丑应该是具有否定意义的事物和现象，相应，生命的丑便对人的生命具有否定的意义。李泽厚先生说得透彻："丑作为美的对立物，它在现实生活和审美领域中，只应有消极、否定的意义；它之所以与积极的肯定的审美对象发生密切联系，只是因为它作为美丑斗争的一个方面，成为有时间接表现美的本质一种感性形式的缘故。"[1] 本质上，生命的丑是生命的实在对人生实践的直接否定，是人生的目的性与规律性的不统一，是对人的自由创造活动形象的扭曲表现。具体说，生命的丑是在社会实践中不符合客观发展规律、有害于人类社会进步的，在形式上显示畸形、破损的生命状态。或者也可以说，生命的丑是在社会生活中人们生命行为现象的假、恶内容和畸形、破损的形式的一致性，所带给人在审美感觉、审美心理中产生极大障碍的生命形式或形态。

因此，生命的美必须摒弃生命的丑。人们不应当容忍有违于人的本质力量特性的生命行为和事实存在。当然，人生是沉重的，因为还有许多未知的必然需要人们去开拓、去认识、去掌握，但人生绝不能是残破不全的，生命绝不能是丑的。在此意义上，我们需要美来补充我们的生命，但首先，人的生命应该是美的，只有将生命确定在美的

---

[1] 李泽厚：《美学论集》，上海文艺出版社1980年版，第200页。

基点上，我们才能以美补美，人生才能在不断地审美的过程中，使生命更富活力、更加生动、更具创造性，人生由此才更具其意义，才更加充满生机，人的生命才更日趋完善。

第八章 人生的追求

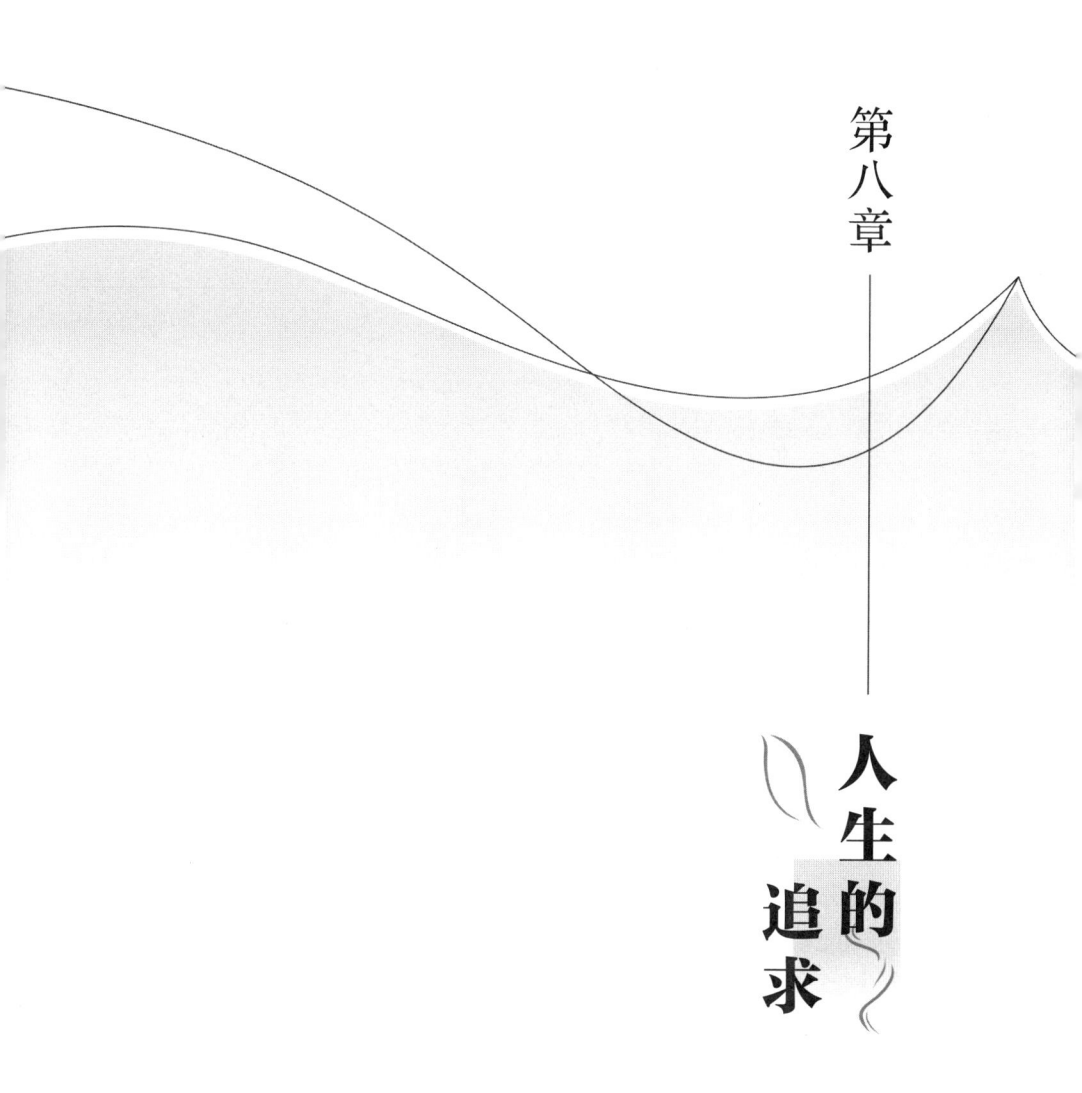

人，总是有追求的。只要生命存在，就必然有所期盼与向往。纵观人类生命史，没有人生追求的生命是不存在的，没有追求的生命是静止而僵化的。可以这样说，人类停止一天的追求，人类也就停止一天的生活，同时也就终止着发展。人生的追求启导着生命的活动、运作和发展，生命本身就是一种追求。

　　然而，人生应该追求什么？怎样追求？对每一个具体的生命而言并不是清晰明了的，个体生命往往受着自然生命的限制，最亲近的便是个体生命自然生存欲望需要的满足，在任何社会、任何历史状态下，人们总是在满足物质生活需要的基础上，致力于满足精神生活需要及其他文化生活需要。因此，随着人类社会物质生活水平日益提高，物质生活质量日益改善，今天，人们对自己人生的追求，到底应该怎样去思考、去设计，确实还是需要下一番功夫认认真真来探讨和认识的。人到底应该成为什么样子？人是不是还应该更高级地活着？人的生命是不是该更完善一些？人是仅求肉体生命的存在，还是应有所创造？等等，无一不引发我们的思考。

完善人格

　　毫无疑问，追求每一个个体生命的完善，应该是人类行为的终极目的，而个体生命完善的基本标志应确立于人格的完善。人格，就是人的规格和定式。它包括两个方面的含义：一是人的外在规格、定式，也就是说，人应该是什么样子？从形态上看，人的身体结构、形式比例、外显状态应该是怎样的？一是人的内在特征、规范，即人的思想、品质和文化、知识水平等内在因素的状态和规范。完善人格，也就是致力于人的外在表现形态的完善与人的内在素质的充实的高度统一。应该说，完善人格，是人生追求的第一要点。

1. 人体与心灵

人体与心灵是人格规定的两个方面，前者是人格的物质载体，是人格的重要表现形态；后者是人格的内在规定，是人格的本质内容，是人之为人最重要的表征。人体与心灵构成人格的全部内容。追求人格的完善，就必须关注人体的完美性和心灵的充实性。

我们曾说，生命是美的。从人格完善的整体意义来把握，生命的美首先应该显示出人体的美，并且，人们需要人体的美。人体美主要通过人体的自然性因素表现出来，人体的自然性因素是人体美的基础。人的体形，是那么富于造型美；人的肌肉，是那么饱满而富有韧性；人的肤色，在一定光线的作用下，是那么富于色调的变幻；人的姿态，又是那么千变万化……人体蕴含着力量、技巧、智慧，因而是无比美的。人体美比较集中地体现着比例、均衡、对称、和谐、多样统一等形式美的规律，在自然界，再也没有比人体结构更完备、更优美、更和谐、更富有生机的美了。人体美充分展示出了人的自由创造活动力量，并是这一力量更为典型的生动体现。

因此，追求人格的完善，就应加强人体美的塑造。首先，应保持身材相貌的美，使身体健康、匀称、充满朝气与活力；其次，应注意身体各部分之间的比例和对称。也就是说，人的四肢比例（上肢与下肢、四肢与躯干、躯干自身的各部位及肌肉各部位之间的发展比例）要匀称、平衡、协调。同时，身体整体线条起伏要错落有致，给人以视觉流畅、韵律美妙之感受；其三，应遵循"黄金分割律"。所谓黄金分割律，即大小（长宽）的比例相当于大小二者之和与大者之间的比例。列为公式是：a∶b＝（a＋b）∶a。也就是说，宽与长的边长比例为 0.618∶1 或 5∶8。

人体之所以美，就是由于它符合黄金分割律的比例关系。就人的身体结构整体而言，肚脐以上与肚脐以下为 0.618∶1，这就是最优化的比例，看上去就最匀称、最舒服，也就显得最美。此外，人体结构还有三个黄金分割的比例关系，即：一是肚脐以上部分，黄金分割点在咽喉，咽喉至头顶与咽喉至肚脐之比为 0.618∶1；二是肚脐以下部分，黄金分割点在膝盖，肚脐至膝盖与膝盖至脚后跟之比为 1∶0.618；三是上肢的黄金分割点在肘关节，肩关节至肘关节与肘关节至中指尖之比为 0.618∶1。如果人体各部分结构比例都符合这样的黄金分割律规定的话，那就是理想而标准的、极富形体美感的人；其四应保持人体姿态动作的美，即人的行为动作要自然而敏捷。车尔尼雪夫斯基说得好："动作敏捷、从容，这在人的身上是令人陶醉的，因为这只有在生得好而且端正的条件下才有可能；生得不好的人既不可能有良好的步伐，也不可能有优美的动作，因此，动作的敏捷与优美，是人体的端正和匀称的发展的标志，它们无论在什么地方都令人喜爱的。"① 总之，人体美的最高原则是健（体质健康）、力（体壮身强）、美（体态优美）三者的和谐统一，它重在人的正常发育和后天锻炼。

心灵的充实是人格完善最重要、最本质的方面。心灵是人的内心世界，它包括人的品行、学识、智慧、思想和作风等人的内在素质，心灵的充实也就是人的内心世界的高尚和完美。黑格尔说："人的躯体不是一种单纯的自然存在，而是在形状和构造上既表示它是精神的感性的自然存在，又表现出一种更高的内在生活，因此就不同于动物的躯体，尽管它和动物的身体大体上很一致。"② 黑格尔在这里所说的

---

① 北京大学哲学系外国哲学教研室：《西方美学家论美和美感》，商务印书馆1980年版，第245页。
② 〔德〕黑格尔：《美学》第三卷上册，朱光潜译，商务印书馆1981年版，第126～127页。

"更高的内在生活"就是指的人的心灵。正是由于人的心灵，即人的内在的规定，才将人的躯体与动物的躯体在本质上断裂开来，人才成其为人，而不是其他物。

心灵的充实，首先应在于品质的优秀和情操的高尚，在于充满为社会的进步事业，为他人的幸福而勤奋工作、勇于舍己的精神。在现代社会中，如爱国主义精神、廉洁奉公精神、追求真理精神、艰苦奋斗精神、勤劳俭朴精神、无私奉献精神，等等，都是优秀的品质与高尚情操的现实表现；其次应力求心灵的美。因为，"心灵的纯美，是决定人的价值的第一标准。心地污秽的人决不会成为人们敬爱的对象，利用一下是可以的，但决不会爱他。那种家伙可能也有益于人类，但同时不得不被认为是没有信用的人。正因为有了心灵纯美的人物，人们才能够爱人，才能够体会到人生的美"[1]。这是武者小路实笃在他的《人生论》中所述的一段话。应该说，他确实把握住了人的心灵美与人的整个规格及人生完善的关系。

此外，心灵充实的人，应该是具有积极的、进步的、乐观主义的人生观的人。这样的人，他的生命总是显得富有朝气、生机和力量，他的人生总会有光辉闪烁着。这样的人生便是真诚，而不是虚假；便是勤奋，而不是懒惰；便是创造，而不是享乐；便是自豪，而不是悔恨；便是充实，而不是虚度。当然，心灵的充实并不具有先天性，它不像人体，在某些方面受着生理遗传性的制约，心灵必须靠后天的培养才能得以充实，这就是说，心灵必须通过严格的自我道德品质修养、刻苦的思想锻炼和努力的文化知识学习，才能发展和充实起来。

2. 生命的和谐

生命和谐的发展，是人格最完善、完美的发展。生命的和谐就是力求人体美与心灵充实的一致性，现代化生活越来越揭示着人爱美的

---

[1] 引自《人生哲学宝库》，中国广播电视出版社1992年版，第417页。

天性，越来越使人关注自身形体塑造和美的修饰与装扮。但是，现代化生活最大的毛病，就是最易使人注重形式，而忽视人内在的修养，即心灵的充实。应该说，真正懂得人生追求的人，是不会在人格的完善上执意偏颇一面的，尤其不会仅满足或停留于外在塑造。

中国有句俗语说得好："征神见貌，情发于目。"就是指人的思想感情、内在心理动机常常自然流露于外形，不同的情感会引起外形的不同变化。看上去，人的形体塑造与人的内在情感无关，但通过人的形体所传达出来的表情、动作、语言却和人的内在品质、思想、精神、文化、知识的修养、造诣有着密切的联系。人的内心情感怎样掩盖也无法控制它从人的外部表情、行为举止中显露出来，人的一招一式、一举一动都带着内心情感的因素。如高兴时"眉开眼笑"，得意时"眉飞色舞"，愉快时"眉舒目展"，激动时"欢呼雀跃"，动情时"手之舞之，足之蹈之"，忧伤时"愁眉苦脸"，悲愤时"怒目冷对"，惊恐时"目瞪口呆"，胆怯时"举步维艰"，卑鄙时"行为猥亵"，等等。

当一个人的形体美的塑造与心灵的充实不一致时，他的人体美无论从直观上展示着多么协调与匀称，也仅仅只是一种自然的、形式的美感姿态。如果心灵充实与人体所展示的美相距太远，心灵空虚、思想浅薄、人品低下，就必然使他的人格塑造严重失衡，而且，反映在他的外在表现形态上，往往并不会产生善与美的感受，相反，会给人一种恶与丑的印象。这样的人格就是不完善的，生命是矛盾的。所以，在力求生命的和谐中，人体美固然重要，它是展现人格完善的载体和中介，但人体美总是与心灵充实相互沟通、相互关联的，也就是说，人体美不能离开心灵的充实而孤立地存在。没有心灵的充实，人体也显现不出它自身的光泽。人体美是人格完善的外在形式，仅只是生命和谐的一个方面，心灵的充实是人格完善的内在力量，是生命和谐的决定性方面，人格完善和生命和谐的造就重在心灵充实的追求。因此，我们所强调的生命和谐的原则是：人体美与心灵充实的一致，重在心灵的充实。

兰西斯·培根说得好:"人类在肉体方面的确与禽兽相近,如果人类在精神方面再不与神相类似,那么,人就是一种卑污下贱的动物了。"① 在培根看来,人的形体再好也与动物相差无几,人重在精神即心灵的充实,"神"就是一种心灵的净化、高尚和伟大,就是人心中的理想和信仰。培根说:"当人胸中具有一种神圣的理想和信仰,那么就可以激发出无限的意志和力量。"② 这种重人的心灵充实的思想,远在人类的童年时代就已经存在。古希腊的德谟克利特就说过:"身体的美,若不与聪明才智相结合,是某种动物性的东西。""那些偶像穿戴和装饰得看起来很华丽,但是,可惜!它们是没有心的。"③ 柏拉图也曾谈道:对于有眼睛能看的人来说,最美的境界是心灵的优美与身体的优美谐和一致,融成一个整体。④ 而人所创造的美都来源于心灵的聪慧和善良。中国古代所谓"木体实而花萼振,水性虚而涟漪结""诚于中而形于外"都是说明事物的内在品质对外在形式的决定作用,用以喻人,就是强调心灵充实决定人的外在形体的塑造。

古代伟大的诗人屈原就曾高歌:"吾既有此内美兮,又重之以修能。"⑤ 坚持心灵充实与人体美的一致,强调生命的和谐。屈原很注重自己的形体美,他"制芰荷以为衣兮,集芙蓉以为裳"⑥,"余幼好此奇服兮,年既老而不衰"⑦。然而,屈原却认为心灵的充实更重要,他注重外在形体、仪表修饰的目的在于更好地体现自己内在的心灵充实,即道德品性的修养。他的传世之作《离骚》所塑造的正是这样一个理想崇高、人格俊洁、感情强烈、内秀外美的抒情形象,表现了诗人为崇高理想而献身祖国的战斗精神,表现了他与祖国命运同休戚、

---

① 〔英〕培根:《论无神论》。引自《人生哲学宝库》,中国广播电视出版社1992年版,第23页。
② 〔英〕培根:《人生论》,何新译,湖南人民出版社1987年版,第88页。
③ 北京大学哲学系外国哲学教研室:《西方美学家论美和美感》,商务印书馆1980年版,第16~17页。
④ 《柏拉图文艺对话集》,朱光潜译,商务印书馆2013年版,第59页。
⑤ 《楚辞·离骚》。
⑥ 《楚辞·离骚》。
⑦ 《九章·涉江》。

共存亡的深挚爱国主义情感，也表现了诗人追求真理与正义，憎恨黑暗与邪恶的光辉人格、人品。同时，也充分展示了屈原为了追求人格的完善，保持生命的和谐，而不惜牺牲自己生命的大无畏崇高精神和人生境界思想。

伟大的莎士比亚也是十分注重人的心灵塑造的，他在《威尼斯商人》中着意刻画了这样一个场景：凡向美貌的鲍西娅求婚的人，都必须从用金、银、铅制成的三个匣子中选出一个，谁的匣子中装有鲍西娅的画像，她就嫁给谁。第一个求婚的是摩洛哥亲王，选了那外表闪光的金匣子，里面却装了一个骷髅头骨；第二个求婚的是阿拉贡亲王，选了耀眼的银匣子，里面装的是一张傻瓜的画像；第三个求婚的是一个叫巴萨尼奥的普通小伙子，他却选中了那质朴的铅盒子。莎士比亚通过他的口说道："外观往往和事物本身完全不符，世人都容易为表面的装饰所欺骗……再看那些世间所谓的美貌吧，那是完全靠着脂粉装点出来的，愈是轻浮的女人，所涂的脂粉也重……你炫目的黄金，米达斯王的坚硬的食物，我不要你；你惨白的银子，在人们手里来来去去的下贱的奴才，我也不要你；可是你，寒伧的铅，你的形状只能使人退走，一点没有吸引人的力量，然而你的质朴却比巧妙的言词更能打动我的心，我就选了你吧，但愿结果美满。"[①] 打开匣子一看，里面装的正是鲍西娅的画像，他如愿以偿。这段话充分体现了莎士比亚的人生观念，他鄙视那些华而不实的美，而歌颂人们质朴高贵的内心世界，即心灵的充实和完善。由此，他曾认为："没有德性的美貌，是转瞬即逝的。"只有一个人的美貌之下，有着一颗充实而美好的心灵，他的美貌才是永存的。[②]

当然，追求生命的和谐，应该看到人体与心灵是一对矛盾的统一体，在现实的生命展示中，人们常常会遇到这样一些情况：一是人体美而心灵却不充实、完善。也就是说，一个人的体型外貌十分漂亮，但内在品质不好，缺乏生命的力度和较为高尚的人生价值目标，生命

---

① 参见《莎士比亚全集》第三卷，朱生豪译，人民文学出版社2010版，第54~55页。
② 参见《莎士比亚全集》第一卷，朱生豪译，人民文学出版社2010版，第329页。

内在与外在的比值落差太大，生命发展极不协调，人格发展失重；一是心灵充实而身体有缺陷。也就是内心品质高尚，人生追求值高，但外在形体却因先天或后天的生存条件限制，发展不尽人意。这种生命的和谐虽有杂音，但重心稳定，虽然可能在人的感觉审视上带来一时的不舒畅，但是，会在理性的把握中得到一定的补偿。据说，古希腊的伊索就是一个内心高贵，充满智慧，但面貌丑陋的人。伊索自己都认为："他长得可怕，像怪物一样，是美丽的希腊所曾经创造出来的所有最丑恶的东西的儿子。"[1] 但是，伊索的人格是完善的，他的生命的和谐便是深含在心灵的充实之中，他的智慧、神情、语言熠熠生辉；一是人体美而心灵也充实。这是人生最完美的追求，是人格完善的理想模式，是生命和谐的最佳音。这样的人，不仅外形靓丽照人、英俊潇洒，而且内在完美、光彩夺目。比如周恩来总理，英姿挺拔，风度翩翩，具有形体美魅力，同时又具最崇高的人格、人品，一生奉献，呕心沥血，死而后已，他的心灵的充实和完善为举世惊赞；一是人体不美，心灵也不充实。心灵的极端空虚必然会使思想情操极端低下，品性卑鄙而恶劣，这往往表现在人的外在形象上，易显现得猥琐、丑陋，使人格产生极度的扭曲，生命的和谐遭到极大的破坏。

不可否认，在现实人生中，一个人不可能在追求生命和谐上做到十全十美，人体美与心灵的充实总是存在着矛盾的。但是只要能抓住矛盾的主要方面，注重心灵的充实、完善，是能调解、和谐这一矛盾的。荀子说过："形相虽恶而心术善，无害为君子也；形相虽善而心术恶，无害为小人也。"[2] 意思是说一个人形体虽然不美，但心灵好，并不妨碍他成为道德高尚的人；一个人形体虽然美，但心灵坏，也并不能避免他成为道德卑贱的人。所以，问题的实质，正在于人的内在的心灵塑造，是充实还是空虚，是高尚还是卑贱。人体美与心灵充实的统一，即生命的和谐是现实生活中人们所应努力追求和实现的理想化人格模式。

---

[1] 引自阎钢：《交际美学》，四川大学出版社1996年版，第117页。
[2] 《荀子·非相》。

3. 个性·气质·风度

人格的完善并不是抽象的、一般性的人的类完善，从根本上说，人格是带有典型的人体生理和心理特征的，人格的载体是一个一个分别独立且又不能与社会相分离的活生生的具体的人。

因此，完善人格最核心、最本质的就是完善每一个人自身。而且，每一个人自身的完善，就是一种将社会本质个性化的过程。所以，人格不能理解为人的一般性类本质，即人格不能概括为一种民族性、一种历史性和一种政治性（阶级性）的外在显示规格。人格作为人的规格和定式，应该是个体化的，即个性化的。在此，我们谈完善人格，就必须注重人的个性、气质、风度的认识及其养成。

保持和完善人的个性，是人格完善的根本。完善人格并不是要塑造一种统一的无差异的人类群体模式，只有将人格塑造稳定在个性化的过程中，并通过一个个具体生命的有差异的，但是符合每一个个体生命发展特征的方式，人格的完善才具有真实的生命意义。换句话说，具有个性的人格完善，才是真实的人格完善。当然，完善人格并不是说要将每一个人与他人、社会相分离，而是说在完善人格的过程中，将他人、社会的类特征通过个性化而成为个体的自我特征。瑞士著名心理分析学家卡尔·荣格（1875—1961）说："个性化是一种分化的过程，它的目的是个体人格的发展。……个性化就是一种自然的必然性……个性化的过程必然确定地走向更广泛更普遍的集体的联合一致，而不是走向封闭隔绝。"① 因此，实现人格完善的个性化，需要完善个性。

个性，又是指人的性格，它是一个人经常表现出来的个性心理倾向性和个性心理特征。人与人之间的差异首先就表现在个性上，个性也就是一个人区别于他人的独特表现。荣格说："我把个性理解为个

---

① 〔瑞士〕荣格：《心理类型学》。引自《人生哲学宝库》，中国广播电视出版社1992年版，第487页。

体在心理各方面的特殊性与单一性。凡是不属于集体的东西以及一切确实从属于某一个人而不是从属于一大群人的东西都是个体的。"① 所以，将人格确定在个性完善的基础之上，也就是将人格更赋予个性化特点，由此而使人类生命丰富多彩，更富于朝气和活力，同时，也使个体生命更富希望和生机。

当然，个性的完善是一个较为复杂的问题，由于个性的形成具有先天遗传的原因，即受到人体心理、生理机能的限制或制约；也有后天行为实践的原因，即受到社会关系、文化知识等方面的限制或制约。从一般性意义上来讲，个性本质上不是生来具有的，个性是后天形成的。所以，完善个性具有很强的实践性，这需要人们在生命实践中去努力，去认识个性、改变个性、塑造个性。

同时，从个性的构造上来看也并不简单。德国心理学家卢特克在《个性的层次》一书中将个性分为上、中、下三个层次。他说：

上层（自我层）——随着参加社会生活活动而形成，它具有最高的调节机能。它唤起知觉，决定反映对象，控制深部个性，并在集中注意力、调整意志行动与进行思考时发挥作用。

中层（人层）——它是上层与下层的桥梁，通过教育与自我经验而形成，起补充自我、协助自我、控制深部个性的作用。在情感活动方面，可以有选择地让深部个性中的情绪浮现出来，表现为憧憬与幻想。

下层（深部个性），包括：

情感层——产生原始情绪与欲望。

动物层——产生自然的本能冲动等动物性机能。

植物层——摄取营养，进行呼吸、循环等植物性机能。

生命层——对刺激进行反应、自我调节、自我运动等基本的生活机能。②

---

① 〔瑞士〕荣格：《心理类型学》。引自《人生哲学宝库》，中国广播电视出版社1992年版，第487页。
② 引自：《人生哲学宝库》，中国广播电视出版社1992年版，第489页。

根据卢特克的见解，很显然，个性层次的中、上层直接与人的后天社会实践相连，而下层便直接源于人的先天本能，它对个性起着生理的制能作用，但却不是起决定性作用，完善个性的关键在于个性的中上层塑造。

此外，个性通过不同的人表现出来，由于每个人都有着不同的先天因素和后天造诣，个性从人的整体反映上便具有不同的个性特质。美国心理学家雷蒙德·卡特尔（1905—1998）将人类所反映出的个性特质归纳为16种：

（A）乐群性；（B）聪慧性；（C）情绪稳定性；（E）好强性；（F）兴奋性；（G）有恒性；（H）敢为性；（I）敏感性；（L）怀疑性；（M）幻想性；（N）世故性；（O）忧虑性；（Q1）激进性；（Q2）独立性；（Q3）自律性；（Q4）紧张性。

并且，卡特尔还研究和揭示了这16种个性特质的表现特征。列表如下：[1]

个性因子从 A—Q4 的特征表现

低分者	因子	高分者
淡漠、孤独 （分裂性气质）	A^- 对 A^+	外倾 （躁狂气质）
智能低下 （低 $'g'$）	B^- 对 B^+	智能高 （高 $'g'$）
情绪抑郁 （自我力量弱）	C^- 对 E^+	成熟、稳定 （自我力量强）
谦虚、慎重 （服从性）	E^- 对 E^+	好强、固执 （支配性）
严肃、冷静 （退潮性）	E^- 对 F^+	兴奋 （高潮性）
敷衍 （低超自我）	G^- 对 F^+	认真负责 （高超自我）

---

[1] 〔美〕卡特尔：《十六种个性因素测验》。引自《人生哲学宝库》，中国广播电视出版社1992年版，第488页。

续表

低分者	因子	高分者
退缩 （缺乏自信）	H^- 对 H^+	勇敢 （少顾虑）
理智 （重现实）	I^- 对 I^+	敏感 （情感用事）
依赖 （随和）	L^- 对 L^+	疑虑 （固执）
求实际 （合乎成规）	M^- 对 M^+	重想象 （放荡）
坦率 （不造作）	N^- 对 N^+	能干 （精明）
沉着 （自信）	O^- 对 O^+	多忧抑 （罪恶感倾向）
保守 （保守主义）	$Q1^-$ 对 $Q1^+$	自由奔放 （激进主义）
从众 （集团志向）	$Q2^-$ 对 $Q2^+$	不从众 （自立）
内心冲突 （自我概念弱）	$Q3^-$ 对 $Q3^+$	严于律己 （自我概念强）
闲散安静 （能的紧张力弱）	$Q4^-$ 对 $Q4^+$	紧张 （能的紧张力强）

卡特尔对个性表现特征的研究分析具有相当的合理性，这是现代个性心理学的积极发展，应该说，这对完善个性是有帮助的。总之，人的个性是可以造就和改变的，这也正如美国心理学家马克斯韦尔·莫尔兹在《人生的支柱》一书中所说的那样：

一个人的性格能改变吗？回答是肯定的。

记住，你是由"资产"和"债务"组成的，你内心存在对幸福的渴求，时而也流露出卑劣的邪念；你有成功的意愿，也有失败的回忆；你有自我完善的动力，也有自暴自弃的惰性。在不同的时间里，你能从镜子中看到决然不同的形象：受挫失意时，你会皱眉叹气，而有时，你春风满面，满怀成功后的自豪。当你喜爱那较好的一个形象，你就在发展你的个性。如果，你选择忧虑作伴，你就会渐渐损伤自己的个性。换言之，你既能积聚"资本"，也会"债台高筑"。这里有几点或许对发展良好的个性会有所启迪：

1. 一次做一件事，一次攻一个目标。
2. 生活于现实，立足于今天。
3. 不要深陷于对昨日过失的自责，不要为一件小事怨天尤人，昨天一去不复返。
4. 渴求自我完善。
5. 公正地评判自己，树立自信心。
6. 学会静听他人的意见，这有益于消除隔阂和偏见。
7. 竭尽全力朝自己的目标冲刺，如果遇到挫折不要灰心，再试一次，再试一次。
8. 要敢于在大庭广众前公开自己的观点。
9. 注意培养自己的想象力和创造力。①

总而言之，个性对于人来说，犹如花朵散发的芬芳。没有个性的人格，一定不是完全意义上的人格，一定是缺乏完善性的人格。因此，保持人格的个性，造就个性的完善，是人生不懈的追求。

当我们不厌其烦地强调个性在人格完善中的意义时，其中最不应忽视的一个重要因素，便是气质。气质与个性有着直接的心理联系，一个人气质的类型如何，可直接影响到一个人性格的确立及其表现。气质是指人的典型的、稳定的心理特点，是个人行为全部动力特点的总和。气质能够使每一个人都具有显著的独特的浓厚的个体色彩。一般说来，人的气质本身并无好坏、优劣、美丑之分，无论一个人属于哪一种气质类型，都有积极的一面，又有消极的一面。但是，气质并不是一种藏而不露的纯精神形态，气质作为人的一种心理特点，它总是要通过人的活动表现于外的。气质的表现形态却是可以被人捕捉、感知、感觉的，一个人有什么样的气质表现形态，常常决定人们对他

---

① 引自《人生哲学宝库》，中国广播电视出版社1992年版，第489～490页。

的情感、理智判断，从而具有好坏、优劣和美丑的现象之分。气质的表现形态往往是确定为个性而展现的，所以，对气质表现形态的评判，其实也就是对个性的评判。

在日常生活实践中，人们常常说这个人脾气好，那个人脾气不好；说这个人沉稳文静，说话办事慢条斯理；说那个人爽快、热情、精明强干；说这个朋友粗犷、暴躁、沾火就着；说那个朋友淳朴、憨厚、反应迟钝，如此等等，就是指人的气质表现，且可以看作是个性。由此可见气质与人生形态的联系，气质与个性的联系，气质与人格塑造的联系。

一般说来，不同气质类型的人，往往会表现出不同质的个性色彩。俄国生理、心理学家巴甫洛夫（1849—1936）经过研究，划分了人的四种高级神经活动的基本类型，并以此确定了人的四种气质类型：第一种是强而不平衡型，为"兴奋型"，即"胆汁质"型；第二种是强而平衡、灵活型，为"活泼型"，即"多血质"型；第三种是强而平衡、不灵活型，为"安静型"，即"黏液质"型；第四种是弱型，为"抑制型"，即"抑郁质"型。这四种气质类型各有不同的典型特征，同时又表现出不同的个体形态。

胆汁质（兴奋型）。这种气质类型的人，对外界影响敏感度低，对内外刺激的反应度高，反应速率也快，主动性强，外倾，可塑性强；易动怒，易受感染，脾气火爆急躁，自我约束力差，心境变化剧烈，持续的时间不长。给人的性格感受是：热情炽烈，坦率直爽，性情倔强，性格刚毅，意志坚定，勇猛果敢，精力旺盛，工作顽强，心理外向，认识快但不够准确，带有迅速而急躁的色彩。

多血质（活泼型）。这种气质类型的人，对外界影响非常敏感，对内外刺激有很强的反应性，反应速率快，外倾，有高度的主动性和可塑性；活泼好动，反应灵活，行动迅速，动作敏捷，办事快。给人的性格感受是：情绪兴奋性高，兴趣广泛多变，外部表现明显、变化性大，表情丰富、喜形于色，脾气来得快，也去得快。对人热情、友好，善于交际，富有感染力。对新事物敏感，认识快但不深刻，易见异思迁。另外，容易适应环境变化，但坚持性差，草率，不够刻苦，容易出现厌倦和消极情绪。

黏液质（安静型）。这种气质类型的人，对外界影响不敏感，对内外刺激的反应性低，反应速度也较慢，内倾，有高度的主动性，比较刻板，可塑性低，不灵活，情绪兴奋性低，不易变化。给人的性格感受是：真挚诚恳，性情沉静、稳重，动作迟缓、踏实，脾气柔和，交际适度，遇事谨慎，善于忍耐，自制力强，情绪内向，不善辞令，沉默寡言。精神状态外部表现不足，但沉着坚定，富于实干精神，外柔内刚。另外，认识不敏感，注意力稳定而不宜转移。

抑郁质（抑制型）。这种气质类型的人，对外界影响敏感度高，但对内外刺激反应性不强，反应速度也很慢，内倾，主动性不强，刻板不灵活。常察觉到别人察觉不到的细节。给人的性格感受是：反应敏感而多心，感情脆弱经不起挫折。性情孤僻，缺乏自信，容易激动也容易消沉。犹豫不决，优柔寡断，羞怯、畏缩。工作有条不紊，善于分析各种事实，有预见性并信守诺言。另外，情感发生较慢，但持续时间长，情感体验深刻，不外露。

气质确实对人的个性乃至人格都有着极强的直接影响力，由于气质基本形成于人的先天性生理机制，因此，人们对气质的认识和把握便具有十分重要的意义。人们要完善人格，如果说不得不先完善个性化的话，那么，注重于气质的完善却是直接导向个性和人格完善的。当然，要完善气质是相当困难的，这也就意味着要改变人们的先天属性，俗话说："江山易改，本性难移"，就是指出气质改变的艰巨性。但是，气质并不是不可以受后天影响的，人后天所生存的环境、所接受的教养、所具备的学识、所进行的修养是可以影响气质的表现形态的，不仅不同气质的人所表现出的个性特征不同，而且同一气质的人所表现出的个性特征也是有差异的。因此，我们强调后天因素对人的气质的影响力，力求克服气质中先天的不足，以尽量将气质中先天的优势与后天的补差结合起来，使人的气质日渐完善，始终保持一种积极向上、生动活泼的人格形象。

最后，完善人格的终极表现，应该体现在人的风度上。个性、气质，乃至人格都不是抽象的，作为一种具体的展现形态，它们必然有一种特定的表现形式或风格，也就是说，它们必须通过风度表现出来。所以，一个完善的人格总会表现出一种怡人的风度，并给人以美的审视。

风度，就是一个人在长期人生实践中所形成的人格风采和气度，并是具有典型个性特征的举止姿态，即"风姿"。在这一点上，风度与气质紧密相连。如果说气质是一种个性心理特征，带有不太明朗的外显性，那么，风度应当是气质的直接外化形式，是气质的直接表现形态。由于风度是一种直接外观的带有浓烈个性气质特征的形象，它必然会表现出各种各样的状态。在此，追求风度的实质，一方面可促进人格能尽量完善地表现出来，没有人格就谈不上风度，没有完善的人格，也就谈不上美的风度，所以，强调风度，可以从结果去反推人格的完善，体现个性的特征和显示气质的完美；另一方面又可以丰富社会生命的内涵，使社会多姿多彩，使每一个个体生命保持自己的个性魅力和人格风范，而不致使个性失落、生命失落。

风度具有后天性质，是可以造就的。虽然，风度源于个性，气质体现于人格，但是，一个人以什么样的外在表现形态展示自己，却是后天行为的结果。也就是说，风度作为人的行为外显形式，是与人自身所从事的实践活动领域相关联的。一般来说，人所从事的职业不同，往往会显示出不同的风度样式。如：艺术家有艺术家的风度；政治家有政治家的风度；科学家有科学家的风度；运动员有运动员的风度；军人有军人的风度；学生有学生的风度；工人有工人的风度；农民有农民的风度，如此等等。风度，在一定程度上反映了一个人的身份、知识和教养，它能放射出真实自然、独具风姿的光彩。人，应该保持自己的风度，并且应该赋予风度以美的质感。由此，才能使生命增辉，使个体生命更具活力，使人生情趣无限。

应该说，懂得发展和保持独特风度，且给他人以风度美享受的人，是真正懂得人生追求的人。风度不是生而具有的，一个人要注重自己的风度，就必须在人生实践中注重人格的完善，只有完善的人格才具有怡人的风度。同时，只有充分地展示风度，完善的人格才具有现实的生命力。再加之，风度直透着人的个性和气质，它是个性和气质的现实化。发展风度，也就发展着个性和气质，也就充实着人格的完善；保持风度，也就保持着个性和气质，也就展示着相对完善的人格。所以，人生的追求在个体生命的发展方面，最期盼着人格的完善，而人格的完善不仅只是理性的现实，它应该通过风度成为感性的生命的事实。

创造人生

生命是创造出来的，人类生命的生生不息、勃勃生机，根源就在于生命的创造性质。如果说完善人格是人生追求的第一步，那么，创造人生便是生命有价值发展的必由之路；如果说完善人格是人生追求的最终点，那么，只有将生命置于创造性的实践过程中才能实现。所以，当我们对人、人生进行了漫长而沉闷的理性探索后，最后积聚的焦点便放在对人生的创造性上。

我们应该明确，人的生命发展并不是一代代的简单重复和单一循环，人的生命只有在不断创新中才具有发展的力量，而新生代必须拥有新的创造性特质，才能超越前一代生命的制约和规范，才能使自己的生命更富活力，才能使自己的人生更具有新的价值和意义。因此，只要人们对人生赋予追求，寄予希望，就应该对其赋予创造性，而创造性本身，并不是与人，尤其是个人相脱离的。马斯洛说："创造性强调的是性格上的品质，如大胆、勇敢、自由、自发性、明晰、整合、自我认可，即一切能够造成这种普遍化的自我实现创造性的东西，或者说是强调创造性的态度、创造性的人。"① 毫无疑问，我们应该成为创造性的人。

当然，创造人生是一个动态的过程，它具有很强的实践性，它需要对生命进行创造，对人生赋予意义，创造人生便不是理性的抽象和思维的想象，它需要个体生命的具体运作。同时，要超越前一代生命，并赋予现实生命以新的意义，没有较高质量的生命及不懈的努力与追求，是不可能实现的。这就需要我们对生命有一个正确的人生态度和符合创造性规律的行为实践。

1. 学不可以已

创造人生，不可以不学。人用自己的生命史证明，人类的整个历史，以及个人的全部生命过程本身应当是一个求知、求学的过程。无论从哪一个角度考察，人类社会的每一次进步、每一次创新，一个人生命的每一次充实、每一次完善都不可能与求知、求学无关。没有学，便没有知，无知便无所谓创新，求知是创造人生的基础。

人生有涯，而知无涯。一个人要成就事业、创造人生，就须通过学习具备更多、更广、更全面的知识和学问，且学是无止境的，且是不可以完结的。荀子曾在《劝学》篇中直截了当地说："君子曰：学不可以已，青，取之于蓝，而青于蓝；冰，水为之，而寒于水。木直中绳，輮以为轮，其曲中规，虽有槁暴，不复挺者，輮使之然也。故木受绳则直，金就砺则利，君子博学而日参省乎己，则知明而行无过矣。"②

荀子说得明白，学习不仅是不可完结的过程，而且是不断地变化着、超越着的生命状态，正如同青这种颜色，从蓝草中加工而来，但却深于蓝草；冰由水凝结而成，但却冷于水。人不停地学习，就能不断地改造自己，使生命富于新的性质，这也就如同一根木条通过加工

---

① 引自《人生哲学宝库》，中国广播电视出版社1992年版，第208页。
② 《荀子·劝学》。

可以变成车轮一样。人的一生只要在不停地学习过程中，不断地通过知识的学习来充实、丰富自己，并在自己的人生中去磨炼、去实践，也就如同一块木料经过规划而不扭曲、一件铁器经过磨砺变得锋利一样，成就自己的功业，创造自己的人生。同时，一个使生命有其价值的人，不仅知识要渊博，而且要敢于不断地严格地检查自己，深查自己的不足和无知，如此，这个人必定知识日渐丰厚，而行为将无过错。

现代社会更不可以不讲究其学，尤其是自然科学、社会科学领域日益扩展，知识信息量无限积累与储存，人们需要学习和掌握的东西越来越多，可以说无一刻不在求知和学习之中，学习也应该是无一刻知足之时。因此，对今天的人们来说，创造人生更是一项艰难的事业。只要今天的人们还想给自己的生命赋予一点有价值的东西，他就必须置身于学习之中，而不可终止。

在此，把握学不可以已的要害，在于做一个诚实的学问。应该说，我们生活在今天的许多人，并不是不求学问，而且是不太注重于做真实的，即诚实的学问。我们有许多年轻人，并没有把求知作为创造人生的第一步，而是把求知仅作为谋生的手段，做学问不是在于丰厚自己的德、才、学、识，而是把做学问当作换取"文凭"的一种方式。因此，许多人并不深识学问中的"知"与"不知"，这种学问无非是在做表皮文章，它的意义只在于给生命以装潢和修饰，而不真正具有人生的创造价值，生命由此并不能富有创新的意义。所以，我们需要学的真实性，即做真学问，学真知识。学不可虚假与浮夸。我们没有理由通过虚幻的知识来填充自己并不饱满的大脑，而不自以为是地迟缓或终止人生的学习。

孔子曾对其学生子路说："由！诲汝知之乎！知之为知之，不知为不知，是知也。"[1] 在孔子看来，对待知识学问的正确态度是：知道的就是知道，不知道的就是不知道，这就是真正的做学问的智慧，这

---

[1] 《论语·为政》。

也就是真聪明、真知。知识的问题是一种科学的问题，来不得半点欺瞒与虚假。一个人的好学并不在于对知识学问的一知半解，而在于全知，在于对知识学问的爱好，在于一追到底、永不止息的精神。因此，学习本身并不是一件仅仅掌握知识的行为事实，而体现着为人的精神、为人的品质和为人的风范。"活到老，学到老。"这不仅是周恩来一生的生命事实，更表现为他的人品、人格，他的精神面貌和思想风范。所以，学不可以已也是锤炼人德性修养最为重要的内涵之一。换句话说，人们对待学习的态度，便可测定出他的人格、人品状况。

凡是人格好、品性高的人，总是会不满足于应有之学，总是会"知夫不全不粹之不足以为美也，故诵数以贯之，思索以通之，为其人以处之，除其害者以持养之"①。创造人生，就需要这样的精神，只有知识才可以使生命具有创意，才可以在继承的基础上有所发展。人生就必须保持永远好学的精神，就必须有继承、有发展。孔子说："温故而知新。"② 即在继承学习人类所积累起来的知识时，能敢于有新体会、新发现。孔子的学生子夏说得好："日知其所亡，月无忘其所能，可谓好学也已矣。"③ 每天知道所未知的学问，每月复习所有掌握的知识，可以说这就是好学习。毋庸置疑，这也是一种生命的精神，如果，我们的人生真能如此去做，生命便永远具有扎实的良好的基础。

最后，需要指出一点，学不可以已还不能单纯理解为仅是对自然、人文科学知识的无止境追求，还应加入人生德行修养的内容，这也就是说，人生的思想道德修养也应是人所不懈努力学习把握的内容。在这一点上，凡有建树者无一不如此主张。曾国藩就曾说："吾辈读书，只有两事：一者进德之事，讲求乎诚正修身之道；一者修业之事，操习乎词诵记章之'术'。"④ 用现代话来说，学习应包涵德、

---

① 《荀子·劝学》。
② 《论语·为政》。
③ 《论语·子张》。
④ 《曾国藩家书》。

智两个方面，只有将一般应用性知识与德性完满地结合起来，学才是全面而完整的，这样的知才是真知，这样的识才可以用。

总之，我们没有权力在人生的进程中自满，在人类所面临的未知世界前，我们只有自知不足，生命才可以日渐充实，人生才可以日益长进。学不可以已，是创造人生的开端，是生命价值的起点。没有学，人类只有无知；终止学，生命便会窒息。

2. 笃志而体

荀子曾说："笃志而体，君子也。"① 笃志而体，也就是坚定志向、身体力行。创造人生不能仅有口头的诺言和心中的愿望，它本身就是一种现实的实践行为，所以，要使人生有创意，就必须勇于实践、敢于实践。笃志而体是创造人生所应具备的基本素质，它包括两个方面的实践内容：一方面，创造人生的过程并不是一项简单事业，它不可能一蹴而就，需付出艰辛的努力，经历痛苦的磨难，甚至于需要一个人一生的全部心血去浇灌与栽培。因此，没有坚定的志向作为支撑，是难以实现的。这就要求人们先立志，且立大志，还须坚定；一方面，就是要身体力行，亲自实践，无论有多大的志向，只有在不断的生活实践中，才可见出成就，也只有在实践的艰难困苦磨炼中，才可检验出志向的坚定性。

笃志而体的两个方面是相辅相成、相得益彰的。正所谓："必有天下之大志，而后能立天下之大事。夫以天下之志素存于胸中，贫贱患难不足以动其心。"② 因此，对于今天的人们来说，社会的复杂性、生活的艰难性、人生的创造性、知识的广阔性都是以前的时代不可比拟的，人生要成就事业、要有创意就不容须臾的懒惰，人们付出的心血将会更多，也会更辛苦。所以，不抱有志向，不坚定其志向，是谈不上创造人生的。可以这样说，一个人具有坚定的志向，就是人生事

---

① 《荀子·修身》。
② 《陈亮集·汉论》。

业成功的一半，如果致力于在实践过程中刻意磨砺，就没有不成功的人生事业，就没有创造不出来的人生。

笃志而体最要强调的就是实践性，就是学以致用性，这一点对今天的人们来说是至关重要的。现代的人们不乏空谈家，不乏人生的投机者，希望成功，希望发达，希望一夜之间就一举成名，但是却无心于生命的实践和人生的创造；期望值太高，但又不愿意一步一步地去踏踏实实践行人生；贪图舒适，但又不乐意于一点一点地去勤勤恳恳创造生活。当然，我们或许没有权力去指责任何一个人所采取的任何一种生存方式，然而，我们却可以肯定地说：没有生命的实践，人生只能是一事无成。

王阳明（1472—1528）是中国明代一位著名的哲学家和教育家。有一次他与一位朋友讨论怎样才能彻悟天下万物的道理，成为圣贤之才。阳明先生主张对着一个东西苦苦思索便可，于是，朋友遵命照办。他坐到一丛竹子前冥思苦想，怎么也想不出来天下的妙理，由于思虑过度，第三天就病倒了。阳明先生得知这一消息后不死心，便亲自坐到竹子前去"彻悟"，到了第七天，不但没有成为领悟天下万物之理的圣贤，连他自己也大病了一场。从此，阳明先生不得不承认，只是凭一种志向和现有的学问去彻悟天下万物之理，而不亲身去实践，要成为圣贤之才，真正创造人生，难矣哉！

在此，笃志而体的精神，应体现于学用结合、学以致用。也就是将志向融于知识和学问中，将一生所学致力于生命实践中。孔子曾高呼："学而时习之，不亦说乎？"① 学习了，然后根据所学的知识，在一定的时间内不断地实践，不也是一件舒心愉快之事吗？明代思想家王廷相（1474—1544）把这一思想推广为："广识未必皆当，而思之自得者真；泛讲未必吻合，而习之纯熟者妙。是故君子之学，博于外而尤贵精于内；讨诸理而尤贵达于事。"② 为此，我们不反对博学，但更提倡于精学，人生志向靠精学支撑便厚实而有力。俗语说：艺高人

---

① 《论语·学而》。
② 《慎言·潜心篇》

胆大。若没有知识、学问，便只是空有志向。

但知识必须运用于实践，仅怀一身绝技，却不在实践中显现，也无从见出"胆大"。所以，创造人生"尤贵达于事"。

此外，笃志而体应该具有一种谦虚的精神。一个人无论有多么坚定的崇高志向，有多么广博精道的知识学问，有多么光辉耀眼的实践成效，也不可傲强，不可骄横。正所谓：强而骄者损其强，弱而骄者亟死之；强而卑者信其强，弱而卑者免于罪。是故骄之余卑，卑之余骄。骄傲太盛反而弱小，知弱图强反而昌盛。这就是生活的辩证法。

据传，一日，孔子带学生们到鲁桓公庙参观，见到一个倾斜着放在庙堂里的欹器。孔子便问守庙的人："这是什么器具？"守庙的人回答说："这是一种用作座右之铭的器具。"孔子说："我曾听说过有这样一种当作座右之铭的器具，当这种器具内不装水时，则是倾斜着的；当这种器具内装上一半水时，则是完全直立着的；一旦这种器具内装满了水时，就会一下子全部翻倒在地。"守庙人告诉孔子，这个倾斜地放着的欹器就是他所说的这种器具时，孔子对学生们说："注上水试一试。"

于是，学生们便往欹器中灌水。当水灌到一半时，果然，欹器便直立起来；当水灌满时，欹器便立即翻倒在地；当水流完后，欹器内完全虚空时，该欹器又呈倾斜状。

孔子对此现象不无感慨地说道："呀！哪里有满了而不倒覆的道理哟！"子路向孔子请教："敢问这种水满而倒覆的现象，其中有做人的道理吗？"孔子十分肯定地说："聪明圣知就在于，总是能把握住自身愚蠢的地方；功满天下就在于，总是能认识到自身不足之处；勇力盖世就在于，总是能知道自身怯弱的地方；而富有四海就在于，总是能懂得谦虚礼让。这就是所谓的知弱则强、知愚则聪、知谦则富的人生之真理。"[①]

孔子从欹器中所得出的人生之道，正说明一个事实：人不可以自

---

① 参见《荀子·宥坐》。

满而知足，满则溢，溢则不明，不明则使人生浑噩。因此，人生须当清醒，清醒则在于知自不足，知不足则不傲强，不傲强则易谦虚，谦虚则明。笃志而体，就是要明志向、明事理、明实践，人生不能被盲目的志向所驱使，也不能被糊涂的知识所迷惑，更不能被浑噩的生活所困扰，人生只能在自觉清醒明了的志向和实践中创造。

3. 立德·立功·立言

如果说学不可以已和笃志而体，仅只是为创造人生夯基础、创条件，那么，创造人生的根本就是立德、立功、立言。这是千百年来人类用生命实践证实了的结论，尤其是中国文明，更赋予它以永恒的感召力。

人终其一生，追求什么？人完善人格，完善什么？无非是使生命有价值，使人生有意义；无非是使生命熠熠生辉，使人生具有光泽；无非是使生命具有永恒的价值，使人生卓有建树。我们研究人，探讨人生，不也正是启导人活得更高级一点、更有意义一点，使人的生命尽可能超越自然生存状态的局限，从人的自然属性中摆脱出来，冲破自然的肉体的有限的生命的制约，使自我的生命从现实中升华出来，让自我的生命得以超越时空，而具有永恒的生命力。如果，今天的人们接受和坚持这样的思维模式来看待人与人生，人生追求最有创造性的实践体现就是立德、立功、立言。

立德，该当是创造人生的第一要义。做人必须立德，人的一生无非是以德律己，以法束己，做人立德者为人的正道。立德就是具有自觉的道德意识和良好的道德品质，就是能树立起优秀的道德情操。能立德、善立德者便是人格完善、人品高尚的人。孔子就曾有过："君子怀德，小人怀土；君子怀刑，小人怀惠"[1] 之说。在孔子看来，胸怀大志、人品高尚的人，便会时时不忘道德规范，处处以道德规范来

---

[1] 《论语·里仁》。

要求和制约自己,并且能关心法律、依法办事。而那种念念不忘自己的生活处境,只顾自己的利益,关心恩惠、不具道德品质、不守法律制度的人,便是心胸狭窄、品性不高、胸无大志的人。

人生实践以无数事实证明,只有那种道德品质好,品格优秀的人,才可在人生实践中有所创新、有所建树,而生命才可能具有崇高的意义。孔子说:"君子上达,小人下达。"① 正说明,一个道德高尚的人,总是期盼、追求的是通晓事理、创造人生的高境界;一个不具有道德品性的人,希望、追逐的是获取财物和利益的人生低境界。

在生命的进程中,立德并不在于极力地去显示自己的高贵,也不在于追求自己的富有、生活的豪华和希求骄奢,立德本质上应时刻不忘自己身负的道德责任。因此,在人类生命史上,对立德者都有着极高的评价。荀子就十分肯定地说过:"君子能亦好,不能亦好;小人能亦丑,不能亦丑。"② 这就是说,一个具有高尚品性的人,他有知识、有才干、有能力时能行善事,无知识、无才干、无能力时也能行善事;而一个人品性恶劣、道德素质低下,即使有才干、有能力、有知识也只能行恶事,无才干、无能力、无知识更是做恶事。这是因为:"君子能,则宽容、易直、以开道人,不能,则恭敬、尊绌、以畏事人、小人能、则倨傲、避违、以骄溢人,不能,则妒嫉、怨诽、以倾覆人。故曰:君子能,则人荣学焉,不能,则人乐告之;小人能,则人贱学焉,不能,则人羞告之。"③ 从中可见立德在创造人生中的意义。

立功,是紧接立德的人生第二步。如果,立德是树人的根基,立功,就是人生追求的现实化过程,它与实践紧密相连,立功就是使生命有所成效、有所成绩、有所成就。我们说,人的生命总是要有所作为的,人的生命运作总会是有所结果的。人们逃避不了生命的事实,他也就躲不过生命的结果。问题是,我们应该有一个什么样的结果,

---

① 《论语·宪问》。
② 《荀子·不苟》。
③ 《荀子·不苟》。

而这个结果的性质将会给人生、给生命产生什么样的效应，赋予什么样的意义？这就是我们需要思索的实质。

从人生积极的意义上来说，由于受到人生价值内涵的限制，立功从本质上来讲不具有私人的意义。而且从立德的基础上来看，立功必须与他人、社会的利益相联系。因此，我们所说的立功，就不是生命进程的自然结果，它必须是有动机、有计划、有目的，而且是超越生命个体利益范围的，必须给他人、社会带来实际利益的自觉结果。换句话说，就是生命所应承担的义务、责任，所应做出的贡献。这样的立功，没有自觉的立德为支撑是不可能实现的。相应，没有这样的立功，人生所立之德也是不会尽然显示的。

在人生的实践中，只要人们希望给生命以积极的意义，他就必然会尽力地去追求着立功。而且只有通过生命的立功，才能赋予人生以价值，使人生充满光彩。立功作为人生的实践过程，它自身需要人们不辞辛劳地投身于积极的生活之中，立功是没有等待的，人们自觉投入的生命力量有多大，建树就有多大，这里没有投机与取巧。

立言，是创造人生的最高点，是生命永恒的铭文。如果，立德、立功是创造人生的现实过程，是生命价值的实体显示，那么，立言就是把生命价值的实体转化为一种精神、一种思想。立言实质上就是一种精神的创造，是生命超越肉体而得以永恒的标志。不言自明，为什么人类一旦进入文明史以来，人们总把立言作为最后的，也是最高的人生追求。

当然，立言不是胡说八道，也不是思绪杂乱的堆积，更不是低俗粗糙的思想阐释。立言得以永恒的媒介是社会和他人，是一代一代生存和发展着的人们，所以，言之能立，即精神得以永存，思想得以共鸣，必须是被人们所能共同接受的，是符合于人类进步、社会发展规律的，而且必须是有益无害的。在此，立言的内涵，即思想所传达的实质，精神所体现的核心，一定是立德、立功的生命事实。没有德和没有功的立言，是没有永恒生命力的，它在根本上缺乏理性的说服力。所以，德不修，功不成；功不成，言不立。追求生命的立言，应该具有优秀的品质、高尚的情操和成功的生命实践。

生命应该立言，生命的永恒就在于载入青史。这有两条途径：一是通过自身生命实践的体验，立德、立功，自立其言，将自己生命的体验、领悟和实践的过程升华为一种思想、精神，以自己的心血转化为文字而汇入人类精神文明的洪流；一是通过自身生命实践的辉煌创造，立德、立功，让人代立其言。生活中的每一个人不可能都是思想者，但却都是行为者，只要人们敢于创造人生，赋予人生以崇高，生命的价值是能被提炼为、升华为一种思想、一种精神的，生命的领悟和实践是可以传达出来，述诸其言的。

为此，我们不得不说，人生是可以创造的，生命的现实制约是可以超越的。只要人们认真地去追求生命中的立德、立功、立言，人们必将在物质文明的现实生命创造中，得以将生命的体验和领悟转化为精神和思想。而人们正是凭借着精神和思想，使生命永恒，使人生常在。

后记

人、人生，所需要探索、研究的问题太多了，每一个具体的生命所品味、所思考的角度和层次不同，要想给人生的问题以完全统一的定论且面面俱到，实在太难了。我也仅此基于自己对人生的体验、领悟和思考，以自己认为需要研究的人生问题，尽全力地表述给读者。为此，摆在读者面前的这本书便不能照顾到人生的方方面面，也不能周全每一个人。于是，当我不得不终止这本书的论述时，想起了这样一个故事：

传说，古希腊的第一位哲学家泰勒斯好审思天宇星辰。有一天，他仰视天空用心正专，不小心跌到井里。一个漂亮的婢女正好在他旁边，见状不禁窃笑道：天上的东西，你都一清二楚，偏偏鼻子尖下的东西倒看不见。这是个古老的故事，和哲学一样古老。柏拉图为这个故事评说道："凡事哲学者，总会被这般取笑。"海德格尔却反评论为："真正是个婢女的，也必得有点什么来取笑。"海德格尔便由此给哲学下了一个定义："哲学即是人们本质上无所取用而婢女必予取笑的那样一种思。"①

严格说来，人生的问题，就是一种哲学，对它的思考不可能不赋予理性的思辨。因此，对人生问题进行探索、深究的，必然是敢于、乐于、善于用大脑去进行哲学沉思的人。因为，我们并不仅仅只指明作为一个人，他的一生应该想什么和做什么，而且最根本的是要回答为什么。所以，关于人生的问题，只有对那些想弄明白人生事理的人才有趣味和吸引力，哪怕是掉到"井"里，受"婢女"取笑，也乐

---

① 陈嘉映：《海德格尔哲学概论》，生活·读书·新知三联书店1995年版，第21~22页。

在其中。

  当然，我并不想把问题弄得太糟，太复杂，为了尽量地使更多的人对自己、对人生感兴趣，对自己、对人生多投入些思考，我在著述时，尽可能地使语言自然流畅，用现代的思维方式，也就是大众可接受的语言表达形式来阐释那些形而上的问题。应该说，这本书是我多年来从事人生问题领域教学和研究的成果积累，其中不仅融进了我个人研究的心得和体会，也融进了近现代，乃至古代中外思想大家们的智慧学说，以助于这本书所容积的知识量和说服力。毫不谦虚地说，这本书构建了较为完整的关于人生问题研究的理论体系，并具有紧密、连贯的逻辑递进性，这将有助于人们系统地、全面地去深化对人生问题的认识与思考。

  在此，还需说明的是，我是站在积极认真、严肃负责的立场上来研究人生问题的，该书或许有"鸡汤"的元素，但绝不仅仅就是"汤"，我总是想在透彻人生的问题上，赋予读者一种超越的希望，总是想把人们从现实中拖出来，将眼光盯着前方，望着"星空"，当然，也要告诫人们不时地留意脚下那口"井"。总之，我是带着一种美好的期盼和祝愿来写这本书的，如果读者有幸从中汲取到一点有用的养分，这就是我莫大的荣耀了。

  目前，摆在读者面前的这本书是在 1997 年版本的基础上，重新整理修订完成的，时间一晃 27 年过去了。记得当年那个版本刚一面世，就引起了不小的社会反响，这主要表现在"盗版"比"重印"快，出版社面对当时市场上的"盗版本"，也显得十分无奈，于是送了我一本从市面上弄来的"盗版本"做了个"念想"。

  今天，中国开启了现代化强国建设的新征程，面对物质文化生活的日渐富足，人们对自我的思考将不得不成为精神补缺的重要需求。为此，在本书出版之际，我必须感谢原四川大学出版社的曾春宁先生，他曾经对这本书的构想特别感兴趣，并用职业出版人的眼光透视，认为：人们必将在物质需要满足达到一定程度时，奔向精神，即形而上的思考。可惜，他已经仙游了。

最后，我还想说说：自 2010 年 9 月我受张桂芳董事长之邀，一直在四川大学锦江学院延续自己的教学、科研工作，负责前期的思想政治理论教学部，如今的马克思主义学院的建设和发展。这里有一支年轻且活力十足、团结而又温馨的队伍，他们给了我无限的青春活力与创造力，非常感谢他们。

此外，须得感谢孔祥明，作为妻子仍然一如既往地把日常家务做得井井有条；还要感谢四川大学出版社的张宇琛编辑和蒋姗姗编审，她俩对本书的出版给予了全力的奉献；还要感谢四川省哲学社会科学高水平研究团队，即四川大学锦江学院"四川大中小学思政教育一体化建设研究团队"的建设计划支助，以及那些不断关心、帮助我的朋友们，也在此一并致谢。

作　者

2023 年 9 月 6 日于四川大学江安花园